DU BIG BANG À L'HOMO CONSCIENTUS UNIVERSALIS

Le roman scientifique de nous-mêmes

DU MÊME AUTEUR :

Ballade sous les étoiles, Nathan, 1998

Les énergies de la Planète, Sang de la Terre, 2002

© ELLÉBORE - SANG DE LA TERRE • PREMIER TRIMESTRE 2007 • ISSN : 1952-0239 • ISBN 978-2-86985-176-4

Éditions Ellébore - Sang de la terre

BP 60001 • 75560 Paris cedex 12 • Tél. : 0891 670 008 (0,204 €/min) • Fax : 01 40 01 09 94
E-mail : info@ellebore.fr • Sur internet : http://www.sang-de-la-terre.fr

DG

François BARRUEL

DU BIG BANG À L'HOMO CONSCIENTUS UNIVERSALIS

Le roman scientifique de nous-mêmes

Préface

Albert Jacquard

ELLÉBORE - SANG DE LA TERRE

À Frédéric, Laurence,
Paolo, Bruno

« Un être humain fait partie d'un tout que nous appelons l'Univers ; il demeure limité dans le temps et dans l'espace. Il fait l'expérience de son être, de ses pensées et de ses sensations comme étant séparés du reste ; une sorte d'illusion d'optique de sa conscience. Cette illusion est pour nous une prison, nous restreignant à nos désirs personnels et à une affection réservée à nos proches. Notre tâche est de nous libérer de cette prison en élargissant le cercle de notre compassion afin qu'il embrasse tous les êtres vivants et la nature entière dans sa splendeur »

ALBERT EINSTEIN

PRÉFACE D'ALBERT JACQUARD

Définir l'être humain

Du Big Bang à l'Homo conscientus universalis raconte la meilleure histoire qui aboutit non à moi mais à nous, à la société que nous construisons.

Toute activité sociale suppose l'adhésion à une définition de l'être humain. Cette adhésion reste souvent implicite, mais, pour mieux assurer la cohérence entre les pensées et les actes, il est préférable de la préciser. Qu'est-ce donc un humain ?

Une réponse peut être donnée par le biologiste. Il est capable de décrire avec de nombreux détails le parcours évolutif qui, partant de l'apparition de la vie sur la planète, a abouti aux innombrables espèces actuelles, dont la nôtre, et de préciser les quelques traits spécifiques attribués par la nature à Homo sapiens ; il peut aussi expliquer comment chacun de ces humains se construit à partir d'une dotation génétique dont le contenu est, depuis peu, décrypté.

Toutes ces informations sont précieuses mais elles négligent l'essentiel.

Osons une métaphore. Pour définir tel silex, le spécialiste le soumet à de multiples tests physiques ou chimiques ; il en mesure mille caractéristiques ; mais il ne peut découvrir celle de ses propriétés qui est la plus remarquable : la capacité de ce silex de produire une étincelle lorsqu'il est heurté par un autre silex. Cette performance en effet n'est pas celle d'un objet isolé ; elle a pour source la rencontre de deux objets.

De la même façon la performance la plus décisive d'un être humain, celle qui fait de lui un produit du cosmos à nul autre pareil, ne peut pas être constatée si on l'isole ; cette performance inouïe est non seulement la capacité à être, ce qui est à la portée de tout objet, mais à se savoir être, ce qui est réservé à nos semblables. Elle ne peut se manifester que dans le rapport à l'autre ; c'est le choc de la rencontre qui fait apparaître en chacun la conscience de sa propre existence.

Nous ne pouvons dire je, c'est-à-dire parler de soi comme si on était un autre, que grâce aux « tu » qui nous sont adressés. L'éclair de la conscience ne peut jaillir que de la fécondation de notre pensée par celle de l'autre. Un humain ne peut donc être défini que par les caractéristiques de son insertion dans la communauté humaine. Ce qu'il est n'est pas seulement l'objet visible qui se manifeste, mais l'ensemble des liens qui le relient aux autres. Chacun est le produit d'une métamorphose : l'individu biologique fait par la nature devient la personne construite par les rencontres.

C'est toute la finalité d'une société qui se trouve ainsi remise en question. Certes, elle doit satisfaire les métabolismes naturels, mais elle doit surtout veiller au tissage des liens afin que personne, quelles que soient les difficultés, ne soit exclu de ce jeu collectif.

Merci à François Barruel de nous aider à cette lucidité.

AVERTISSEMENT

« Dis, maman, j'étais où avant ? »

Cet ouvrage s'adresse à celle, celui, qui, au prix d'immenses difficultés, n'a guère pu dépasser l'an 1515 dans l'élaboration de son arbre généalogique ! Pourtant chacun sait bien que son histoire se perd dans la nuit des temps. Et pour la connaître il eut fallu pouvoir lire dans le texte les écrits de Einstein, de Darwin et de bien d'autres scientifiques... pour remonter aux sources de la vie, aux origines de l'Univers.

Bien que presque toujours écrits avec talent, les ouvrages de vulgarisation sont encore souvent trop compliqués pour le commun des mortels tant la recherche scientifique a atteint un haut niveau de complexité. Pourtant qui n'a pas envie de frôler les contours des connaissances qui « expliqueraient » les pourquoi(s) et les comment(s) de notre présence sur ce petit grain de matière, la Terre[1], poussière de l'Univers ?

D'où la tentative de cet ouvrage.

Les questions qui peuvent se poser un soir de rêve (ou d'insomnie), paisiblement adossé(e) à une meule de foin dans un champ aux effluves d'herbe fraîchement coupée, les yeux plantés dans les étoiles, sont multiples :

S'il n'y avait rien il y a 14 milliards d'années, peut-on expliquer, à partir de nos connaissances scientifiques actuelles, la création *ex nihilo* de la matière, son organisation jusqu'à devenir animée, l'apparition du vivant, son évolution, la formation de la conscience ?

---

[1] Ce n'est pas pour les porter à la hauteur des divinités que j'ai mis une majuscule à Terre (planète) et à hommes. C'est pour la différencier de la terre (nourricière) pour la première et inclure hommes et femmes pour les seconds.

Peut-on imaginer une histoire continue d'une particule de notre corps qui, à travers des histoires extraordinaires, aurait parcouru dans l'espace ces 14 milliards d'années ?

Les scientifiques, toutes disciplines ajoutées les unes aux autres, peuvent, apparemment, répondre par l'affirmative à ces deux questions. Notre histoire est continue de A à Z : du quark issu du vide originel au neurone de l'*Homo sapiens sapiens* que nous sommes aujourd'hui. Mais pas vraiment deux fois « sages » pour autant.

Un récit qui présente dans la continuité des personnages évoluant dans le temps et dans l'espace et qui raconte leurs aventures, leurs destins, est un roman. C'est ici le **Roman scientifique de nous-mêmes**.

Nous nous contenterons du « bien connu », du « jusqu'à ce jour bien admis », laissant de côté pour l'instant les dernières découvertes et théories, attendant qu'elles passent l'épreuve du temps. Une base, de toute façon nécessaire, pour qui veut suivre les scientifiques dans leurs nouvelles investigations.

Avec autant de rigueur que le permet l'exigence d'une lecture facile pour les non-scientifiques de naissance (!) c'est un voyage que nous relatons. De 14 milliards d'années. D'un bout à l'autre de l'Univers.

Un voyage, outre l'invitation à s'ouvrir à de nouveaux paysages, porte inévitablement à la réflexion, aux interrogations. Sur la suite du voyage, entre autres...

PROLOGUE

Être ou ne plus être

En ouvrant ce livre[1], faisant défiler les pages en en contrôlant le débit du plat de mon pouce, je me suis soudain arrêté, qui saura jamais pourquoi, sur ce schéma. Mon regard s'est figé. D'emblée j'ai été fasciné. Un axe vertical ponctué de chiffres indiquant l'écoulement du temps, les millions d'années. Et des traits pleins de différentes couleurs, également verticaux, tracés d'une plume large, représentant les différentes espèces d'hommes qui ont foulé la Terre. Ces hommes, ces femmes, ces enfants arrachant jour après jour un quelque chose – une racine, une feuille, des baies – à la nature pour apaiser les tiraillements de la faim, cherchant à travers épineux ou forêts épaisses une grotte pour en faire un abri, y poser la tête et les rêves, aiguisant leurs sens, ouïe, vue, odorat, tous confondus pour détecter avant qu'il ne soit trop tard la moindre bête sauvage. Ces hommes, femmes et enfants maîtrisant progressivement de mieux en mieux la position debout, cherchant à voir à la surface d'un cours d'eau apaisé leur propre image, s'escrimant à tailler et tailler encore un silex récalcitrant pour en faire un outil performant. Que ce soit il y a quelques dizaines ou centaines de milliers d'années, voire un, deux ou trois ou quatre millions d'années, de toute façon c'était hier. Oui, on peut dire hier lorsqu'on sait que la Terre s'est formée il y a 4,5 milliards d'années, que les fossiles des plus vieilles bactéries sont évalués à 3,6 milliards d'années, que les premières cellules sexuées – c'est-à-dire les briques fondamentales de

[1] *Aux origines de l'humanité*, Y. Coppens, P. Picq, Fayard.

la vie future – ont fait leur apparition il y a un milliard d'années. À la vue du squelette partiellement reconstitué de Lucy – plus de 3 millions d'années – il n'est pas certain qu'un étudiant en médecine de première ou deuxième année ferait la différence avec l'ossature d'un de nos contemporains sur une table d'autopsie ! Ces hommes dits d'autrefois, nos ancêtres, sont nos proches, nos parents, nos frères et sœurs.

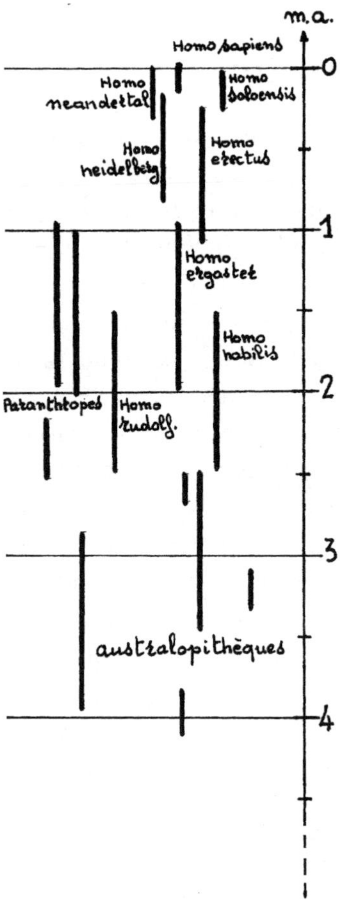

Illustration 1 : **Chronologie des différentes espèces d'hominidés** (d'après *Aux origines de l'humanité*, Y. Coppens, P. Picq, Fayard.)

Sur ce schéma on peut voir qu'ont existé et souvent cœxisté différentes espèces humaines.

Par exemple il y a 1,8 million d'années l'*Homo habilis*, l'*Homo ergaster*, l'*Homo rudolfensis*. Ou bien il y a 300 000 ans l'*Homo solœnsis*, l'*Homo erectus*, l'*Homo heidelbergensis* et l'homme de Neandertal. Chacune de ces espèces d'homme avait sa morphologie (forme du crâne, configuration du fémur, développement de la mâchoire inférieure, structure des dents...) qui lui était spécifique. Chacune avait ses acquis et ses capacités cognitives (outils, habitats...) qui lui étaient propres. Mais ce qui me fascine et m'interroge c'est de voir ces traits verticaux, représentatifs de vies, d'amours, de quêtes de ventres remplis, de sécurité, de bonheur... qui, tantôt l'un tantôt l'autre, s'arrêtent brusquement. Une espèce humaine qui, ici ou là, s'éteint comme la flamme d'une bougie qu'un souffle inconnu a anéantie. Ce trait vertical qui se termine sur le néant. Seuls subsistent quelques fossiles pour nous parler de ces lignées à jamais disparues.

ILLUSTRATION 2

Exemple d'outil : racloir

Fossile de squelette : os du bassin de Lucy

Après tout, on sait bien que chaque année 100 ou 1 000 ou peut-être plus... espèces végétales et animales disparaissent. La belle affaire ! Qu'une plante rare ou qu'un insecte bizarre soit définitivement rayé de la liste du vivant, quelle importance ? Bien sûr, peut-être contenait-elle la molécule qui demain aurait pu guérir (l'Homme) ou possédait-il le pouvoir de transmettre la vie par pollinisation ou... À l'heure de l'éradication systématique de tout ce qui n'est pas immédiatement source de profit, l'homme d'aujourd'hui ne s'embarrasse pas de telles considérations. L'homme d'aujourd'hui, l'*Homo sapiens sapiens* ! Ah ! Oui ! Celui qui se trouve en haut du schéma. Et pas d'autres traits verticaux à côté, pas d'autres espèces d'humains ? Non, il n'y a plus qu'une seule espèce d'homme aujourd'hui sur la Terre. Et peut-être qu'elle fait partie des 100 ou 1 000 ou peut-être plus... espèces qui disparaîtront cette année. C'est drôle comme le mot espèce prend un sens différent selon qu'il s'agit de la mienne ou de celle des autres. Sur le schéma la lignée Homo sapiens sapiens peut s'arrêter brusquement, déboucher sur le néant. Fini. Terminé. Et qui, dans quelques milliers ou centaines de milliers d'années, exhumant nos os, tentera de reconstituer nos squelettes ? Nos fossiles n'auront d'autre perspective que celle de devenir poussières, appelés à connaître la fin des temps quand, dans 4,5 milliards d'années, le soleil s'éteindra à son tour, entraînant dans sa chute tout le système solaire.

Si l'unique espèce humaine disparaît aujourd'hui, la Terre, elle, continuera sa ronde. Sans doute ne s'en portera-t-elle que mieux, délivrée de l'espèce qui l'aura saccagée, délivrée de l'espèce qui se sera elle-même exterminée, en connaissance de cause, à l'image du scorpion qui peut, dit-on, s'autodétruire. D'autres formes de vie profiteront de la place laissée libre, des abeilles, des acariens, des coccinelles ou des loups ? Peut-être des robots intelligents qui se seront échappé des laboratoires des centres de recherche ou des « êtres » issus des nanotechnologies qui auront réussi à proliférer !

Mais mes yeux reviennent encore et encore à ce dessin, montrant d'une façon on ne peut plus explicite que l'*Homo sapiens sapiens* est l'unique branche des hommes qui subsiste et qu'elle peut s'arrêter brusquement. Un psy pourrait me suspecter d'être habité d'angoisses de mort, de peur du vide, restes d'une enfance inquiète. Un fervent disciple d'une religion pourrait me reprocher mon manque de foi en un bienheureux paradis, une Terre de résurrection, un havre de paix, un nirvana lumineux. Mais quand même, dur, dur ! De tirer un trait définitif sur l'Homme, de balayer à tout jamais ses désirs conscients ou inconscients d'enfin rencontrer l'amour fou ou l'âme sœur de sa vie, d'effacer irrémédiablement les spectacles de la Terre, ses montagnes hautes à toucher le ciel, ses mers crêtées d'écume ondulantes à l'infini, ses plaines rasantes à border le soleil couchant. De partir en laissant derrière soi une poubelle.

Pour connaître la fin d'une histoire il faut commencer par le début. L'homme, le lumineux arnica doré des Alpes, le milan royal qui s'élève en spirale, l'escargot qui trimballe sa caravane dans la rosée du matin, la planète Terre, les étoiles, n'ont pas toujours existé. Tout apparaît en son temps, à l'issue d'une naissance. Et tout ce qui naît est appelé un jour ou l'autre à mourir. L'histoire de l'Univers, de la vie, de l'homme, est un *thriller* – un roman qui procure des sensations fortes pour parler français ! L'épilogue viendra en son temps, lui aussi.

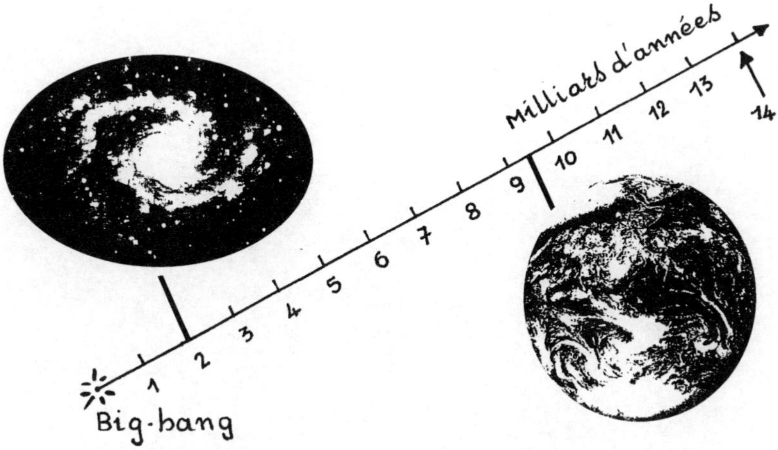

ILLUSTRATION 3 : **Échelle des temps. Notre galaxie se forme dans les premiers milliards d'années, la Terre vers 9,5 milliards d'années.**

Chapitre I

LE RIEN

Le rien et la matière

Tout c'est tout

Nous sommes assis sur une petite planète comme dans un train qui viendrait de l'infini en direction de l'infini. Qui n'aimerait pas être chef de gare, une casquette plantée au sommet du crâne, le chef d'une gare qui arrêterait le convoi et poserait les bonnes questions : d'où viens-tu, où vas-tu ? Non, nous ne sommes pas au bord de la voie, nous sommes dans le train, nous faisons partie du train qui roule avec le loisir de regarder le paysage à côté de nous, entre autres les vaches célestes qui se retiennent de brouter pour nous regarder passer d'un œil torve. Nous sommes dans le temps présent de l'Univers avec l'envie d'ouvrir la fenêtre, jeter un coup d'œil en arrière pour connaître notre passé, puis, le vent dans la figure regarder vers l'avant, essayer d'entrevoir le futur. Là-bas, à l'infini du passé, comment s'est construit le train, quelle est l'énergie qui l'a lancé initialement ? Et l'infini du futur, invisible à nos yeux, que l'on peut seulement imaginer, non sans risque de se tromper, à partir de ce que l'on connaît d'aujourd'hui et d'hier.

C'est long un voyage d'un infini à un autre. Dans le temps comme dans l'espace. C'est l'Univers : le tout, la totalité. Le tout, la totalité de quoi ? Si c'est le « tout », ça comprend la matière (le marteau et les pommes de terre), la lumière (le rayon de lune et le lampadaire), le vivant (le cèdre du Liban, le vautour et le bébé Inuit)... Tout ce qui relève de la physique, des mathématiques, de l'astronomie, des sciences de la vie et de la terre, du passé et du présent... Mais alors est-ce que sont inclus la pensée, l'amour, la haine, l'empathie ? Les premiers on peut les mesurer – tout le monde sait ce que représente un kilo de petits pois ou les 20 W d'une ampoule à économie d'énergie ou les 1,90 m d'un champion de basket. Alors que les seconds ne le sont pas – pas d'unité de mesure de l'amour ou de la haine, seulement la démesure. Or ils existent bien et ont même souvent une influence sur la matière : dans un accès de colère je peux casser une chaise ou lors d'un coup de foudre amoureux quelqu'un peut oublier de manger et perdre des kilos ! Et les animaux ont-ils des sentiments, des pensées ? Voir la joie des retrouvailles d'un couple de lapins après un temps de séparation ne permet pas d'en douter. Et le végétal ? On dit que des plantes placées exactement dans les mêmes conditions – température, terre, lumière – soumises à des musiques très différentes vont s'épanouir différemment. Et les cailloux n'enregistrent-ils pas les climats des temps les plus reculés ? Minéral, végétal, animal, tout le monde fait partie du voyage.

On choisit ici que l'Univers inclut tout, « le matériel » et « l'immatériel » : la matière et l'esprit. Même si parfois on aimerait bien - quand les courbatures ou les rhumatismes se font trop sentir par exemple – on ne peut pas être « pur esprit ». De même qu'on ne peut pas être « pur esprit », il n'y a pas plus de raison de n'être « que matière ». Corps et esprit marchent ensemble. Dans un roman tout est possible, surtout s'il s'agit du nôtre. Toutes les dimensions, toutes les composantes de l'Univers sont les nôtres, nous sommes l'Univers. Oh ! Vous croyez ? Le train de l'Univers ou « Transunivers » a un nombre infini de wagons, une longueur sans fin, une contenance illimitée, un intérieur capable d'accueillir le monde entier.

Les mains vides

On dit qu'« au début » il n'y avait rien. Ni silence ni bruit. Ni lumière ni obscurité puisqu'il n'y a rien. C'est très difficile d'imaginer le « rien ». Fermons les yeux : pas d'herbe, pas de fleur, pas d'arbre, pas d'oiseau, pas de visage, pas de sourire. Rien. On peut rouvrir les yeux. Parce que tout ce

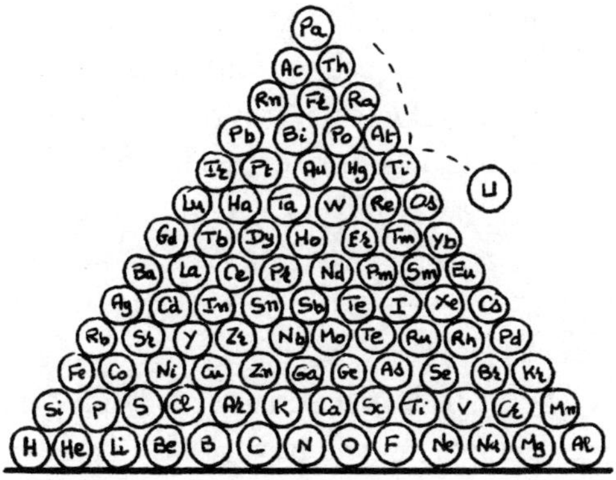

ILLUSTRATION 4 : **Les 92 atomes naturels.**

qui est là, qui nous entoure, le monde minéral, végétal, animal, humain, c'est de la matière. Des empilements, selon des architectures diverses, d'atomes que l'on a coutume de représenter comme des petites boules même si cette image est trop simpliste. Mon corps par exemple, le support matériel de cette histoire – personnage lambda au même titre que les six milliards autres lecteurs potentiels de cet ouvrage faisant partie des acteurs de cette inénarrable aventure – est un édifice élevé avec la quasi-totalité des 92 atomes naturels classés dès 1869 par le physicien Mendéleïev : en quelque sorte les briques élémentaires judicieusement assemblées pour le bon fonctionnement de l'ensemble du propriétaire. Qu'il vienne à nous manquer quelques pièces, du magnésium, du fer ou... le médecin aura tôt fait, par une analyse, de trouver l'élément manquant responsable de nos troubles. Finalement, le galet que la marée a roulé et laissé sur le sable luisant comme un ver à la limite des vagues, la feuille dorée du bouleau qui tourne à toute vitesse autour de sa queue dans un vent d'automne, la libellule bleue qui tel un hélicoptère vrombit en remontant un cours d'eau, ne sont aussi que des empilements d'atomes. Comme si la matière qui façonne notre paysage était seulement l'aboutissement d'un jeu de legos contenant initialement 92 types de pièces différentes.

Revenons au début. À l'aide de nos deux mains, disposées en forme de coquilles associées l'une contre l'autre, nous délimitons un volume intérieur. Dans ce volume il y a de la matière : de l'air composé d'oxygène, de gaz carbonique, d'azote... et quelques particules de pollution... Imaginons maintenant que dans ce volume il n'y ait rien. Pas d'air, pas d'atomes, rien. Le vide total. Alors nous tiendrions entre nos mains l'origine de l'Univers.

La famille

Rien. Nulle chose, dit le dictionnaire ! À la fin d'un repas, quand les ventres sont bien remplis, que le partage de l'amitié a donné autant de bonheur que les herbes aromatiques dans les assiettes bien garnies, que les cellules se retournent d'aise dans leur bain amniotique légèrement alcoolisé, vient l'heure de philosopher. Autour des tasses à café vides, des couverts éparpillés, ne restent que des miettes de pain miraculeusement rescapées des trous noirs que sont les estomacs des convives. Entre elles et sur elles courent quelques mouches escaladeuses. Le temps prend son temps en attendant l'heure bénie de la sieste. C'est alors qu'on voit souvent un couteau se lever, tenu d'une main plutôt molle, et la lame descendre lentement sur une miette et, suite à une pression plus accentuée, la couper sans pitié en deux. Et l'opération de recommencer avec l'une des deux parties. Et encore et encore. Mais échanger de grandes idées sur le monde n'empêche pas la persévérance, et le fil du couteau vient encore partager en deux une microscopique miette. Les rescapées auront la vie sauve car elles sont alors plus petites que la largeur de la lame. Mais si le bourreau, qui se dit pourtant non-violent, avait pu techniquement continuer encore et encore longtemps il serait arrivé à la plus petite particule de matière existante que l'on disait être il n'y a pas si longtemps : l'atome[1]. Mais on a aujourd'hui des instruments beaucoup plus performants que les couteaux ! Des accélérateurs de particules capables de casser l'atome et d'étudier ses composants. Continuons donc la dissection. L'atome est

[1] La théorie atomiste a connu son apothéose au début du XIXe siècle. Toutefois, Démocrite, philosophe grec, 400 ans avant J.-C., pensait que le monde était constitué d'un assemblage d'atomes : les plus petites particules de matière insécables.

ILLUSTRATION 5 : **Représentation symbolique d'un atome.**

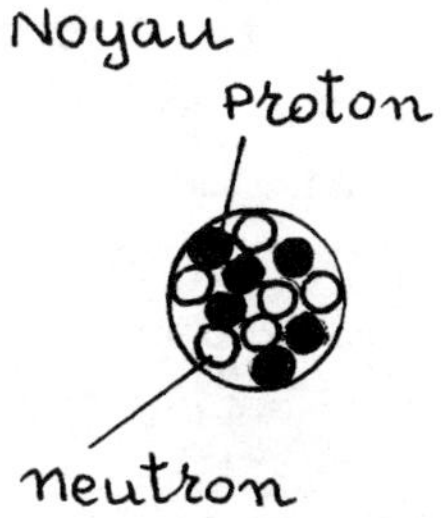

ILLUSTRATION 6 : **Représentation symbolique d'un noyau d'atome de carbone.**

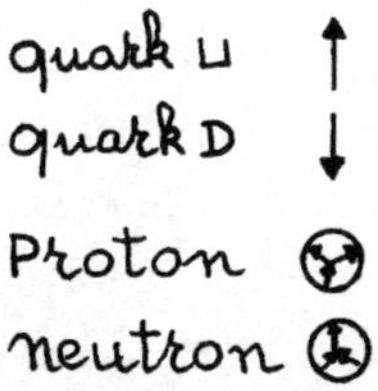

ILLUSTRATION 7 : **Représentation symbolique des quarks U et D, d'un proton et d'un neutron.**

constitué d'un noyau autour duquel « gravitent » les électrons[1]. Les amateurs de ballon rond disent que la grosseur du noyau par rapport à celle de l'atome correspond à celle d'un grain de riz au milieu d'un terrain de foot. Les électrons, joueurs infatigables ont donc de l'espace pour courir. Par commodité on va se représenter un atome comme une sphère au milieu de laquelle se trouve un infiniment petit noyau et autour duquel se baladent des électrons encore bien plus petits. Autrement dit un atome c'est essentiellement du vide ! – ce qui est bien aussi le cas d'un terrain de foot quand les vingt-deux joueurs et l'arbitre sont à l'arrêt.

[1] L'électricité, l'électronique... reposent sur l'existence de l'électron, particule de charge électrique négative et de masse 0,000000000000000000000000000000911 kg que l'on peut écrire 9,11 10-31 kg.

L'esprit de destruction l'emportant, cassons maintenant le noyau, toujours avec l'accélérateur de particules. On constate qu'il est composé de deux types de particules évidemment encore plus petites : les neutrons et les protons qui ont sensiblement la même masse[1].

Les neutrons sont électriquement neutres, d'où leur nom, alors que les protons ont une charge électrique exactement égale et opposée à celle de l'électron, donc positive. Un noyau est constitué d'un assemblage de neutrons et de protons, appelés nucléons, en nombre et en proportion variables selon l'atome. L'ensemble des neutrons et protons constitue la famille des nucléons. N'y a-t-il pas plus petit qu'un nucléon ? Si, ce sont les quarks. Il existe plusieurs espèces de quarks : deux d'entre eux assemblés trois par trois servent à former les neutrons et les protons[2]. Mais les physiciens n'ont pas encore pu isoler – c'est-à-dire mettre en évidence – un quark seul, même si on a la preuve de leur existence trois par trois. N'est-ce pas bientôt fini de toujours vouloir casser en morceaux plus petits ? Presque. On suppute l'existence de brins de matière (les supercordes) encore plus petits que les quarks. Mais on entre là dans le domaine des hypothèses, des théories « théoriques » pour essayer

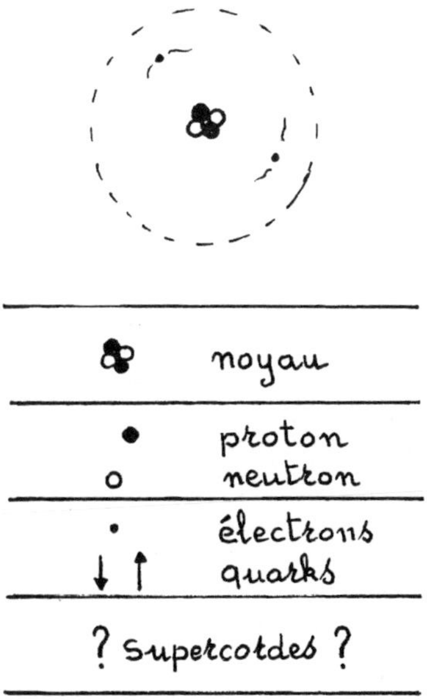

ILLUSTRATION 8 : **Composants de l'atome d'hélium.**

[1] La masse d'un neutron ou proton est de l'ordre de 0,00000000000000000000000000167 kg soit 1,67 10-27 kg.

[2] Le quark U – ce n'est pas très poétique ! – a une charge électrique positive égale aux deux tiers de celle de l'électron et le quark D une charge négative, le tiers de celle de l'électron. De telle sorte que deux quarks D + un quark U donnent un neutron. Et deux quarks U + un quark D donne un proton.

d'expliquer l'inexplicable ! On en reparlera plus tard, quand les vapeurs d'alcool se seront totalement dissipées à l'issue de ce repas qui risque de devenir indigeste si on continue.

Résumons-nous, l'atome, brique élémentaire de matière, est constitué avec certitude à ce jour de quarks, de neutrons et de protons dont l'ensemble forme le noyau et d'électrons. N'existe-t-il pas d'autres particules ? Oh, que si ! Mais pour rester simple, nous ne signalerons maintenant plus que le neutrino. Particule électriquement nulle, de masse peut-être de l'ordre du 1/10 000 seulement de celle de l'électron, et assez étrange. Il semblerait qu'il est de nature changeante, existant peut-être sous plusieurs formes et pouvant passer de l'une à l'autre au gré de ses déplacements. De plus il n'interagit pas avec la matière. Il peut traverser notre corps sans que nous nous en apercevions. Il peut traverser de même la Terre, le Soleil. Bien que très peu massique il constitue peut-être une part importante de la masse totale de l'Univers si, comme on le pense, il est omniprésent. Mais invisible !

Alors, quel souvenir de ce repas ? Et bien... quarks, électrons, neutrons, protons sont les particules élémentaires de notre pain quotidien : blanc, bis ou complet, miche, baguette ou couronne. Et pas de pain, c'est le vide !

Le rayonnement

Au fond de l'œil

Une route toute droite. Je marche, la pluie devant, le soleil derrière. Entre mes cils les gouttes jouent à chat perché. Dans mon dos les rayons tricotent une chaude laine. J'avance. Le soleil me pousse, la pluie m'attire. Arriverai-je à temps pour passer sous ce pont de lumière aux sept couleurs uniformément étalées ? Magie. Comment aurais-je deviné sans le feu et l'eau étonnamment reliés que la lumière a des richesses insoupçonnées. Pour parler de l'arc-en-ciel un physicien dira beaucoup plus simplement que les rayons du soleil en passant dans les gouttes d'eau sont décomposés en ondes lumineuses colorées à nos yeux – violet, indigo, bleu, vert, jaune, orangé, rouge. Ainsi un rayon de lumière (dite blanche), en lui-même invisible, est la somme d'un ensemble de rayons de couleurs mélangées selon certaines proportions. Un peu comme si un artiste brassant ensemble des pigments issus de différents pots obtenait dans son récipient une peinture invisible ! C'est vrai que la lumière a un côté magique.

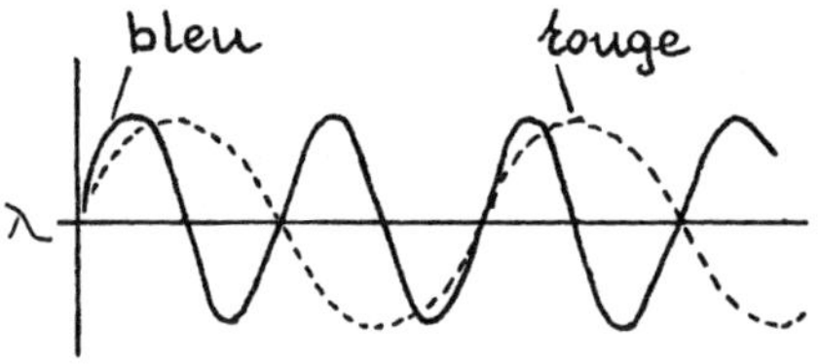

ILLUSTRATION 9 : **Représentation des ondes lumineuses.**

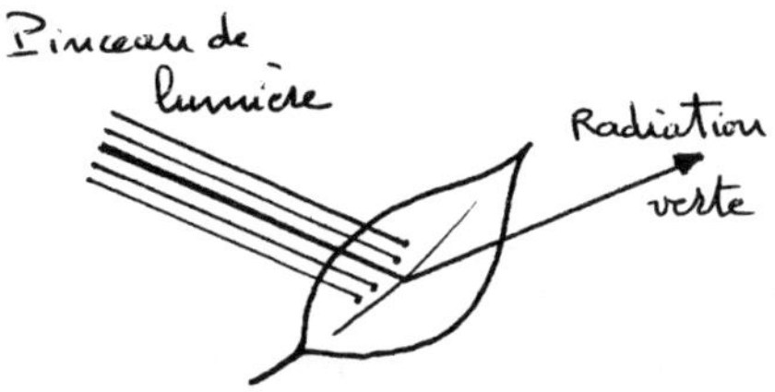

ILLUSTRATION 10 : **Explication de la coloration verte d'une feuille.**

Ce sont des ondes (une onde lumineuse est un phénomène vibratoire résultant de la composition d'un champ électrique et d'un champ magnétique) issues d'un brin de matière agitée : par exemple, sous l'effet d'une excitation, d'un échauffement, d'un choc... les électrons d'un atome peuvent, autour du noyau, effectuer des modifications de trajectoire, des sauts, qui auraient pour conséquence l'émission d'ondes électromagnétiques. Le mot onde évoque plutôt une après-midi passée au bord d'un lac ou d'un étang ou une journée de vacance sur une plage océane. La distance séparant deux crêtes successives des ondelettes ou des vagues s'appelle la longueur d'onde. C'est la même définition qui convient pour un rayon lumineux sauf que celui-ci n'est pas matériel. On imagine bien que si on ajoute une onde dirigée vers le haut et une onde, de même forme, de même amplitude mais dirigée vers le bas, la somme est nulle. On peut alors comprendre que si on additionne précisément toutes les radiations colorées d'un rayon du soleil, la résultante soit nulle. Pas d'onde visible. Il faut que ce rayon lumineux frappe de la matière – une feuille, une plume d'oiseau, les tuiles du toit d'une maison – pour qu'il soit rendu visible car le matériau éclairé absorbant seulement certaines des radiations réfléchit les autres rayons colorés alors détectés par les cônes et les bâtonnets du fond de l'œil. Voyageurs de l'Univers, nous ne pouvons voir naturellement que les ondes lumineuses dont la longueur d'onde est comprise entre 0,4 et 0,8 micron[1]. Cela sera-t-il suffisant pour voir une lumière au bout d'un tunnel de 14 milliards d'années-lumière de long[2] ?

Ça baigne

La lumière n'est qu'une toute petite partie d'un phénomène physique immensément plus large appelé du terme générique de rayonnement. C'est-à-dire des ondes, toujours de nature électromagnétique, dont la longueur d'onde λ peut aller du plus petit, rayons γ, rayons X[3], au plus grand, radar, télévision, radio[4]. Nos sens, nos yeux ne les détectent pas, toutefois nos peaux virent au crabe ébouillanté quand on reste trop exposé aux ultraviolets[5] et nos chairs peuvent cuire comme celle des poulets sous l'action prolongée des infrarouges[6]. Évidemment, comme dans le cas de la lumière, ce sont des vibrations de la matière qui

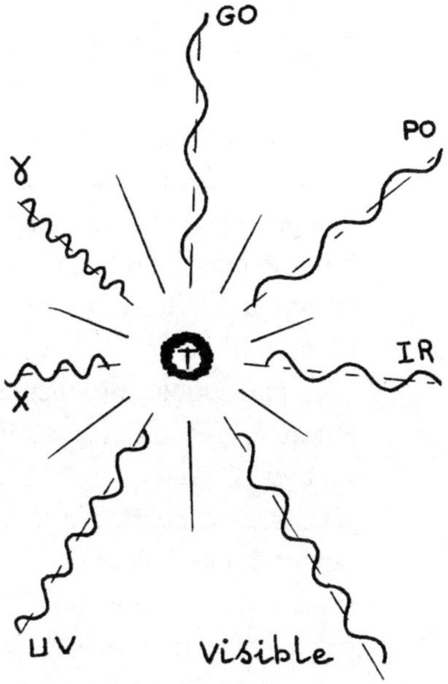

Illustration 11 : **Rayonnement émis par un corps à la température T (UV : ultraviolet, IR : infrarouge, PO : petites ondes, GO : grandes ondes).**

[1] Micron = un millième de millimètre.

[2] L'année-lumière est une mesure de longueur qui correspond à la distance parcourue par la lumière à la vitesse de 300 000 km/s pendant un an, soit environ 9 600 000 000 000 km ou 9,610[12] km.

[3] λ de l'ordre de l'Angström c'est-à-dire 0,0000000001 m.

[4] λ allant du cm, au m, au km.

[5] λ inférieur à 0,4 micron.

[6] λ supérieur à 1 micron.

émettent le rayonnement. Une des causes des mouvements des atomes de la matière est la température. Un soir d'été, par exemple, autour d'un feu de bois devenu braises chatoyantes, les convives qui dévorent déjà des yeux les grillades finissant de dorer, se laissent aussi fasciner par les mouvances colorées entre rouge sombre et rouge vif qui, telles des feux follets, dansent en surface. Entre 800°C et 1 500°C un corps émet des ondes qui se situent dans les rouges. Une étoile de température de surface 3 000/4 000°C nous paraît rouge orangée (Arcturus, Antarès). Dès 5 000/6 000°C l'étoile est vue jaune (Soleil) et bleue au-delà de 12 000°C (l'Epi).

Mais, plus généralement, toute matière dont la température est supérieure au zéro absolu (- 273°C) émet un rayonnement dont la longueur d'onde dépend évidemment de sa température. Alors tout rayonne ! Un bout de bois, le livre qui est entre nos mains, le nuage bourgeonnant qui entreprend la traversée du ciel bleu. Et tous les êtres humains rayonnent (dans un domaine de longueur d'onde qui correspond à l'infrarouge, donc non perceptible visuellement mais bien réel quand même). Ce qui entraîne, en conséquence, que chacun d'entre nous reçoit le rayonnement de tout ce qui l'entoure, autres humains compris. Que ce soit dans une fête, à un concert, sur la place d'un marché un samedi matin... ou au boulot... nous baignons dans le rayonnement des autres. Illustration physique d'une loi humaine... la vie est échange de gré ou de force ! Une balade au clair de lune en forêt est une bienfaisante exposition aux ondes de la nuit et des arbres. Et qui sait si le rayonnement qui émane de notre peau n'ira pas arrondir encore plus les yeux d'une chouette ou réchauffer un écureuil solitaire. À l'image de tout ce qui sur Terre rayonne, l'Univers est aussi rayonnement. Par une nuit d'étoiles, debout entre Terre et ciel, je reçois les ondes des plus lointaines galaxies et envoie dans l'infini ma modeste contribution. Nous sommes reliés.

Mais toutes les manifestations de la lumière et du rayonnement, toutes leurs propriétés, ne peuvent s'expliquer physiquement avec les ondes. Les scientifiques (Planck, Einstein, De Broglie) imaginent que la lumière – le rayonnement en général – peut aussi être considérée comme un flux de petits grains appelés photons. Le photon est donc une particule qui n'a pas de masse (ce n'est pas de la matière) mais une énergie et qui se déplace à

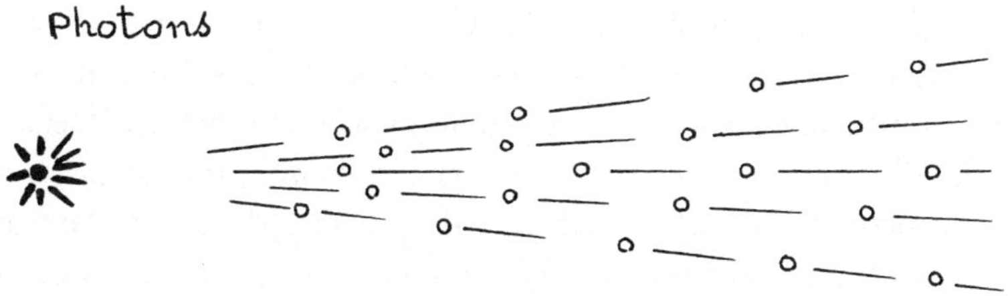

ILLUSTRATION 12 : **Représentation symbolique d'un pinceau de lumière par un flux de photons.**

la vitesse de la lumière. On comprend peut-être mieux la cause d'un coup de soleil lorsqu'on sait qu'on a été bombardé toute la journée par des photons ! Les rayons γ, les rayons X correspondent à des photons très énergétiques, dommageables pour les cellules, pouvant engendrer brûlures profondes, cancers, mutations génétiques.

Énergie et magie

Généralement le mot énergie évoque surtout le passage à la pompe à essence avec sa voiture ou le remplissage de la cuve à mazout. Dans un cas comme dans l'autre la note ou la facture ne peut pas laisser indifférent ! Comme d'ailleurs non plus l'énergie nucléaire quand l'on sait les risques, par leur durée dans le temps et leur extension dans l'espace, en cas d'incident technique. Dans la vie de tous les jours on a besoin d'énergie mécanique (déplacements, levage... tout ce qui est associé au mouvement), d'énergie électrique (éclairage, chauffage, alimentation des moteurs...), d'énergie chimique (piles, accus, engrais ?)... d'énergie calorifique (chauffage de l'habitat, de l'eau...). Les sources d'énergie, c'est-à-dire ce qui fournit l'énergie, sont la force humaine (!) ou animale, les produits fossiles (charbon, pétrole, fuel, gaz), les minerais d'uranium, demain peut-être l'hydrogène (pile à combustion, fusion nucléaire ?) ou d'autres matériaux à venir qui pourraient s'avérer rentables ! Et puis il y a aussi les énergies renouvelables qui, précisément, ne sont pas rentables, aux yeux de certains, mais qui pourraient peut-être sauver la planète de ses maux endémiques. On en reparlera à la fin de cet ouvrage si notre espèce existe encore !

Mais c'est d'une façon moins terre à terre qu'il nous faut maintenant parler de l'énergie. Qu'est-ce que l'énergie ? Pouvoir, efficacité, force, vigueur... permettant l'action, capables de produire du travail... ou du plaisir. Bien sûr, un morceau de charbon, un litre de gasoil, un cheval de trait, un bout d'uranium, un chou, une cascade, le mistral, un rayon de soleil... répondent à cette définition de l'énergie mais sont plutôt dans ce cas-là des sources d'énergie. Le terme générique d'énergie n'est pas concret, pas matérialisable, impossible à dessiner, encore plus difficile à expliquer !

On sait qu'un corps en mouvement est porteur d'énergie (énergie cinétique). Mais immobile aussi ! La célèbre et géniale formule de Einstein $E = mc^2$ (énergie = masse x carré de la vitesse de la lumière) signifie que toute matière, de par son existence – c'est-à-dire résultant de sa fabrication originelle – est riche d'énergie. Un caillou sur le bord du chemin, s'il ne vaut pas son pesant d'or, n'est pas à négliger pour autant. Peut-être est-ce pour cette raison que certains accumulent chez eux les objets les plus hétéroclites et les plus inutiles, ne pouvant se résoudre à s'en débarrasser ! À côté de l'énergie de la matière il y a aussi l'énergie de rayonnement. Les photons, dépourvus de masse mais animés d'une vitesse qui est celle de la lumière, sont, on l'a vu, porteurs d'énergie et un nez trop exposé au soleil en sait quelque chose. Les photons correspondant aux rayons γ, X, sont très énergétiques, ceux correspondant aux ondes radar, télévision, radio sont plutôt mous mais peuvent quand même servir à nous verbaliser ou à nous livrer des images ou des paroles qui peuvent aller du meilleur au pire.

Énergie de la matière et énergie de rayonnement sont reliées par la formule de Einstein qui, au-delà des mathématiques, signifie plus simplement qu'une masse de matière qui disparaît donne naissance à du rayonnement (c'est le cas des étoiles, du Soleil) et qu'inversement peut se créer de la matière. Créer de la matière ? Attention, il est facile de transformer de la matière, les alchimistes du Moyen Âge s'y sont essayés, c'est un jeu d'enfant pour les physiciens, les artistes. Mais créer de la matière, c'est-à-dire d'un claquement de doigt faire jaillir quelque chose de rien, ça, c'est autre chose !

L'énergie du vide

Voir l'invisible

Vide fascinant, celui qui donne le vertige à l'alpiniste accroché du bout des doigts à une paroi à pic, celui laissé par le départ pour un autre monde d'un être cher à notre cœur, celui délimité par nos mains assemblées en forme de coquille si on pouvait en extraire tous les atomes, molécules et autres particules, celui du début du monde quand il n'y avait rien. Le vide, origine de notre histoire ? Si c'est vrai qu'au départ il n'y avait rien, ni matière ni rayonnement et que nous sommes maintenant un peu plus de six milliards d'êtres humains autour d'un soleil parmi cent milliards d'autres étoiles d'une galaxie entourée de millions ou d'un milliard d'autres, il a bien dû se passer quelque chose.

Le XXᵉ siècle a vu la naissance d'une branche de la physique résolument différente de la physique classique déterministe, appelée mécanique quantique ou mieux physique quantique. Un mode de pensée et une façon de raisonner qui laissent la place à l'improbable, à l'aléatoire, voire à l'inexplicable pourtant vérifié expérimentalement. Une physique humaine finalement, bien sympathique, dans laquelle peuvent s'immiscer la philosophie, la fantaisie de la pensée, l'extrapolation des analogies, les rêves... si on ne perd pas de vue que ces « délires » ne sont pas scientifiques, qu'ils ne sortent pas, comme un lapin d'un chapeau, des équations mathématiques, d'ailleurs très complexes.

ILLUSTRATION 13 : **Deux façons de « voir » le vide.**

Donc en physique quantique le vide n'est pas vraiment vide. H. Casimir, le premier, en 1948, a postulé que le vide est le siège de fluctuations énergétiques correspondant à l'apparition-disparition de particules de matière. Aujourd'hui les physiciens multiplient les expériences permises par des technologies de pointe. Ils constatent que dans une enceinte, même après avoir enlevé toutes les particules responsables de la pression, même après avoir abaissé la température au voisinage du zéro absolu pour supprimer tout rayonnement, il reste quelque chose[1]. Physique quantique et formule ($E = mc^2$) de Einstein, peuvent justifier à partir de cette « énergie du vide », l'apparition de paires de particules matière et antimatière, qui, à peine nées, disparaissent déjà pour restituer l'énergie empruntée pour leur création. Mais comme ces manifestations ont des durées de vie infiniment petites, on ne peut pas les détecter. Dans le vide on ne voit rien et il ne s'agit pas plus de vision oculaire que de détection par les instruments les plus performants d'aujourd'hui. Alors pour essayer de traduire cela par des images – exercice absolument impossible ! – on pourrait peut-être dire que le vide est comme une espèce de bouillonnement d'apparitions de grains de matière s'annihilant aussitôt en flashs de rayonnement. Un « bouillon de culture », un bouillon transparent fait avec des petites pâtes en forme de lettres d'alphabet qu'on n'aurait pas le temps de lire car déjà dissoutes dans le consommé. Rien de bien consistant et pourtant peut-être la clé de l'origine du monde.

Boule de gomme

Mais alors nous qui connaissons maintenant bien les arcanes de l'énergie, pourrions-nous demander quelle est la nature de cette énergie du vide ? Une énergie de matière ? Une énergie de rayonnement ? C'est exactement la question qu'il ne fallait pas poser ! À notre échelle de temps l'énergie du vide pourrait être à la fois celle de la matière et celle du rayonnement puisqu'on n'arrive pas à séparer le temps de l'existence de la paire

[1] Appelé « fluctuations quantiques ».

matière et antimatière de celui de la durée du flash qu'elle génère en s'annihilant. On a l'impression d'une simultanéité. Mais peut-être que pour quelqu'un qui aurait une vision plus subtile il pourrait s'agir d'une énergie qui transcende celle de la matière et celle du rayonnement, qui serait celle d'un « tout », mélange des deux mais probablement plus que ça puisque, si on a le temps de poursuivre cette histoire, nous apprendrons que le tout est toujours plus que la somme des parties. Un plus un fait plus que deux ![1]

Quoi qu'il en soit, les résultats des expériences en cours nous obligent à accepter l'incompréhensible : le vide est rempli d'énergie. L'ennui c'est que ces résultats expérimentaux posent de sérieux problèmes même aux physiciens théoriciens... Alors que d'autres, plus pragmatiques, rêvent de l'extraire (du vide) pour enfin disposer d'une énergie inépuisable ! Comme dans tout roman policier qui se respecte il y a toujours un moment où l'inspecteur se trouve devant un mystère sur la logique ou le fonctionnement mental du tueur en série qu'il cherche à débusquer. Il lui faut bien pourtant continuer. Ce qui est aujourd'hui un mystère pour les scientifiques ne le sera peut-être plus demain, dans dix ou cent ans. Continuons nous aussi.

Où es-tu ?

Il y a une symétrie dans l'apparition de la matière à partir de l'énergie du vide. C'est un couple qui surgit, c'est-à-dire un grain de matière et un grain d'antimatière, par exemple un électron et un antiélectron. Un antiélectron est une particule de même taille, de même masse que l'électron mais de charge électrique positive. L'antimatière n'est pas une spéculation fumeuse ! Son existence, soupçonnée dès 1929 par P. Dirac (1902-1984), a été détectée en 1932 parmi les particules des rayons cosmiques venant frapper la Terre. On connaît aussi beaucoup d'autres particules et antiparticules plus ou moins exotiques. Dans le vide ces couples de matière et antimatière par recombinaisons accompagnées de flashs de rayonnement,

[1] $1 + 1 > 2$ pour les matheux !

s'annihilent, retournent au néant. Disparus. On entend souvent dire que si un moi rencontre son antimoi et qu'ils se serrent la main – ou se font un bisou – ils vont fusionner et disparaître dans une gerbe de lumière digne du bouquet final d'un feu d'artifice. Et si c'était ça un coup de foudre ? Deux opposés, un masculin et un féminin qui en s'unifiant retrouvent l'unité originelle ! D'où cette quête incessante, à chaque coin de rue ou à la plage ou... de trouver l'autre ! Les retrouvailles de deux opposés complémentaires nous laisseraient-elles entrevoir ce feu de lumières du vide originel ? Nostalgie ?

Les forces

Au boulot

On récapitule. Pour faire un monde il faut du vide car dedans se trouverait l'énergie d'où jailliraient matière et rayonnement. Bon, admettons. En bons matérialistes regardons côté matière ! Puisque tout objet est constitué de particules, prenons des quarks, des électrons, faisons bonne mesure et rassemblons l'ensemble pour en faire un petit tas. Pleins d'enthousiasme essayons de réaliser, je ne sais pas moi, disons une statue – La Joconde par exemple, en 3D – ou bien la petite décapotable rouge vue au dernier salon de l'auto ou bien cette petite robe à croquer... Relisant la notice je vois qu'il faut d'abord assembler les quarks trois par trois pour fabriquer neutrons et protons, les regrouper en noyaux, disposer autour des électrons pour obtenir des atomes qui, par définition étant crochus, vont se regrouper en molécules et générer de la glaise à modeler, du fer à carrosser, du textile à coudre. Facile, allons-y, ou plutôt, puisque demain commencent les vacances, attendons notre retour pour nous mettre à l'œuvre. Aujourd'hui, sur la plage, le ciel est gris, c'est marée basse et les vagues sont molles. Bien loin du bord de l'eau, assis sur le sable sec, mes mains jouent avec ces petits grains solides qui peuvent couler entre mes doigts comme un liquide. Puis mes pensées s'envolant peut-être en

Égypte ancienne, j'essaie inconsciemment de dresser une pyramide. Mais dès la deuxième poignée de sable ajoutée à la première, celle-ci s'écroule. Je recommence. Inexorablement tout dégouline, rien ne tient, tout s'affaisse. Les grains roulent les uns sur les autres. Reste un petit monticule informe si proche du niveau zéro que je me dis que le temps des pharaons est bien terminé. Comme se terminent aussi un jour les vacances, dur retour à la réalité quotidienne.

Ça colle

À la maison c'est comme à la plage. Cherchant à assembler les particules entre elles, quarks, électrons, rien ne tient. C'est même pire car des grains de matière de même signe électrique se repoussent comme deux pôles Nord – ou Sud – de deux aimants ont tendance à s'éloigner l'un de l'autre. Dans le présent c'est le cas des quarks D entre eux, des quarks U entre eux, des électrons entre eux... Pour faire quelque chose il faut donc que s'exerce une force d'attraction plus forte que celle de répulsion. Autrement dit il faut qu'il existe une sorte de colle qui va unir certaines particules, donc différentes sortes de colle. Si on a du mal à en trouver dans le commerce, elles existent dans la nature.

On appelle force nucléaire forte ou force quarkienne celle qui unit les quarks. On a vu que la somme de deux quarks D + un quark U donne naissance à un neutron et que la somme de deux quarks U + un quark D donne un proton[1]. Le comble est que cette force quarkienne – cette colle quarkienne – est telle qu'on ne peut pas séparer les quarks les uns des autres une fois que le neutron ou le proton est formé. C'est pour cette raison, qu'à ce jour, on n'a pas pu isoler un quark, c'est-à-dire en mettre un seul en évidence même au sein des plus gros accélérateurs de particules. La glu quarkienne est plus efficace que notre super-glu. Nous ne sommes pas les rois du monde.

[1] Les physiciens, plutôt que l'action d'une force, préfèrent postuler l'existence d'une particule virtuelle appelée gluon – elle porte bien son nom ! – qui pourrait aussi être issue du vide au même titre que les autres particules.

De même il existe une autre force, dite force nucléaire, qui colle ensemble les neutrons et les protons pour former les noyaux des atomes. Là encore elle est extrêmement puissante et agit à très courte distance puisqu'elle l'emporte sur les forces de répulsion des protons entre eux (tous électriquement positifs).

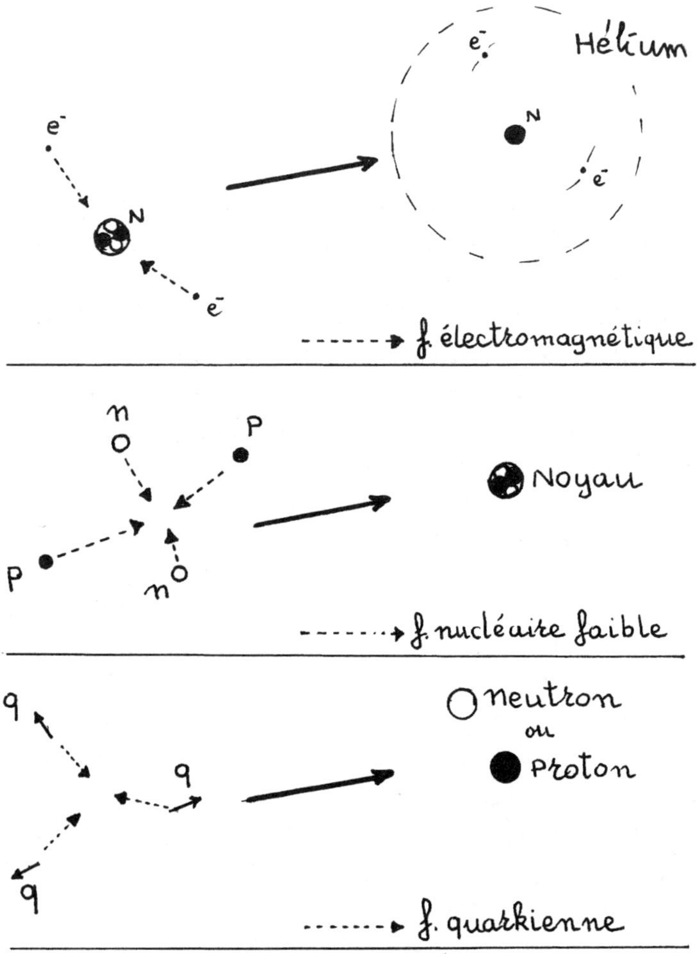

ILLUSTRATION 14 : **Représentation symbolique des forces.**

Enfin, c'est la force électromagnétique qui va être responsable du maintien des électrons autour d'un noyau pour former un atome. Cette force nous est plus familière car, au niveau macroscopique, c'est elle qui gouverne notre quotidien : l'aiguille de la boussole qui nous montre le nord, la fermeture automatique de la porte et le démarrage de l'ascenseur des tours et des gratte-ciel, le transistor qui nous annonce le temps de demain...

C'est grâce – et seulement grâce – à ces trois forces originelles correctement appliquées aux particules que nous pouvons admirer une statue, une voiture de sport ou un vêtement à la mode. Nous verrons ultérieurement qu'une quatrième force, la force d'attraction universelle ou de gravitation[1] viendra compléter le triumvirat pour former le quatriumvirat des forces qui gouvernent le monde. De même que sur la Terre il y a toujours du vent quelque part, les forces de la nature sont toujours présentes pour organiser la matière. Ce sont bien ces forces qui ont agi pour relier la moitié du patrimoine génétique de notre père à la moitié de celui de notre mère pour faire ce que nous sommes. La colle universelle !

Big Bang

L'enquête

Il y a fort longtemps on s'interrogeait déjà sur les mystères de notre présence en ce bas monde. La Genèse est le premier livre de La Bible contenant le récit de la création, donc à la base l'intervention de Dieu. D'autres récits, d'autres anciennes civilisations font aussi appel à un dieu créateur. Tout questionnement sur les pouvoirs ou l'ingénierie de cet être pré-originel peut trouver réponse dans la pensée qu'un dieu a des capacités dont nous, humains, sommes dépourvus, que nous ne pouvons même pas

[1] D'où le nom de « graviton » donné par les physiciens à la particule virtuelle correspondant à cette force, éventuellement issue du vide également.

imaginer, de telle sorte que rien ne Lui était impossible. Finalement c'est assez commode. Certains, éminents scientifiques, ne peuvent se résoudre à rejeter totalement cette hypothèse « un peu de science éloigne de Dieu, beaucoup en rapproche » mais s'accordent sur le fait que la création en sept jours est évidemment symbolique. Sans pouvoir éviter de s'interroger sur les mystères, ô combien multiples, que nous allons rencontrer, c'est la piste scientifique que nous suivrons. C'est donc la genèse – sans g majuscule – que nous abordons maintenant, c'est-à-dire la manière dont l'Univers s'est formé. Comment on pense aujourd'hui qu'il s'est formé.

Bigre, comment procéder. Imaginons les physiciens, astrophysiciens, cosmologistes en face de leur page blanche essayant de penser comment le monde a bien pu commencer. Ils disposent du bagage de leurs études scientifiques, l'arsenal puissant des mathématiques, les articles très pointus des revues spécialisées, les résultats des expériences en laboratoire ou des observations célestes les plus lointaines. Et des batteries d'ordinateurs qui piaffent d'impatience dans les salles climatisées. Les neurones, eux, tournent à plein régime. Toute idée ou hypothèse est mise en équation, avalée par l'informatique qui livre plus tard les fruits de sa digestion. On compare alors les résultats obtenus à ce qu'on connaît aujourd'hui de l'Univers. S'il y a des ressemblances c'est que les hypothèses de base sont peut-être assez proches de ce qui a dû se passer à l'origine et on recommence en essayant d'affiner les paramètres pour améliorer le modèle. Si ce qu'on obtient à partir de l'idée de base et des calculs est incohérent, n'ayant rien à voir avec notre monde actuel, on met tout à la poubelle et on se retrouve face à sa page blanche, à la recherche d'une autre idée à tester. C'est finalement un travail bien ressemblant à celui d'un inspecteur de police au démarrage d'une enquête. Nous allons suivre la piste du Big Bang. D'autres théories sont proposées : solides ou simples rivalités entre brigades de... chercheurs ?

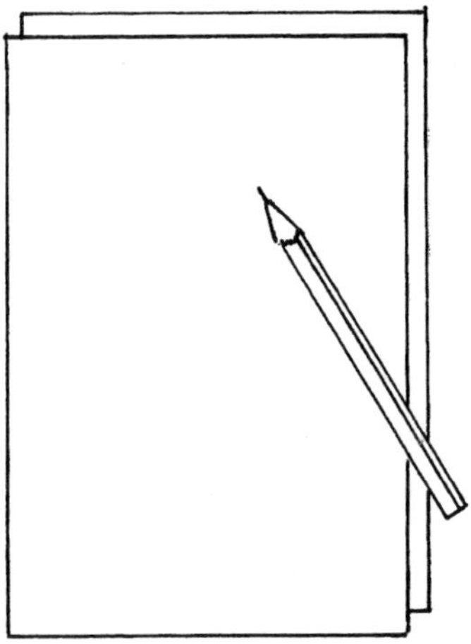

Illustration 15 : **L'angoisse de la page blanche.**

Numéro gagnant

Connaissant les particules fondamentales de base, quarks, électrons, neutrinos et éventuellement autres particules virtuelles... imaginant l'énergie du vide en action, faisant appel aux modes opératoires de la physique quantique, utilisant la formule $E = mc^2$ de Einstein et manœuvrant les forces de la nature avec doigté... avec beaucoup d'intuition et un peu de génie, la communauté des chercheurs arrive à proposer un modèle qui expliquerait la naissance spontanée de l'Univers, oui, la naissance spontanée de l'Univers. Bien sûr on peut toujours se poser des questions comme l'enfant qui demande sans cesse, dis, qu'est ce qu'il y avait avant ?... Oui, mais avant ? Et avant ? L'énergie du vide quantique d'où sort-elle ? Et ces forces fondamentales de la nature ? Reportons à plus tard ces énigmatiques questions.

À partir de 0,000000000000000000000000000000000000000001 seconde soit $1,110^{-43}$ s, de l'énergie bouillonnante du vide naissent des particules de matière et antimatière qui s'annihilent aussitôt en flashs de lumière. Un économiste d'aujourd'hui pourrait dire que la création d'une paire de particules est un emprunt d'énergie à la nature et sa disparition la restitution de cette énergie. C'est donc une fluctuation autour de zéro. L'existence systématique d'une paire de particules matière et antimatière (qu'il s'agisse d'un quark, d'un électron, d'un neutrino, voire d'un gluon... et de leurs anti...) laisse apparaître la notion de symétrie. Pour justifier l'amorçage de l'Univers « dans » le vide originel, une brisure de symétrie a dû s'opérer qui va laisser « vivre » occasionnellement et aléatoirement une des deux particules, matière ou antimatière. Une chance sur un milliard que subsiste une particule de matière dira Sakarov, célèbre dissident et éminent chercheur soviétique. Une chance sur un milliard que notre Univers existe, une chance sur un milliard que nous soyons ici aujourd'hui. Sans doute est-ce pour cette raison que nous avons toujours envie de jouer au loto, sans jamais nous décourager, sachant du fin fond des temps que l'Univers a bien gagné une fois ! Bon. Et cette brisure de symétrie, comment l'expliquer ? C'est encore un mystère. Mais les scientifiques sont persévérants... et chagrinés. Car dans leurs ébats sur l'origine des choses, ils n'arrivent pas à faire cœxister la physique quantique et la théorie de la relativité de Einstein qui devrait pourtant jouer un rôle à ce niveau. Ils cherchent donc à élaborer une nouvelle théorie, dite « théorie du tout », qui permettrait d'unifier ces deux branches de la physique. Une théorie appelée « théorie du tout », vue son nom, devrait bien pouvoir expliquer l'inexplicable d'aujourd'hui, les mystères qui subsistent ! Orgueil suprême de notre époque ou descente au plus profond de nous-mêmes, au plus près des particules de nos neurones qui y étaient, elles, ce jour-là, issues du néant à l'instant zéro. Une psychanalyse en profondeur ? Une remontée aux origines à l'écoute du cri primal (le Big Bang !) ? Comment ça, les quarks, les électrons et autres particules qui sont dans mon corps, qui nous constituent, ont été fabriqués à l'origine de l'Univers ? Bien sûr, d'où pourraient-ils sortir ? Les pièces détachées du vivant d'aujourd'hui sont toutes d'origine. En petits morceaux nous y étions. Nous verrons que cela se passait il y a environ 14 milliards d'années... Silence... Un ange passe. (Déjà ?).

Coucou

Le temps des primo-cosmologistes ne nous est pas familier. Il se compte en milliardième de milliardième de milliardième... de seconde. Avant 0,00000000000000000000000000000000000000000001 s (1,10 10^{-43} s ou plus simplement 10^{-43} s) on se heurte au mur de Planck ce qui signifie qu'avant cet instant la physique ne peut pas appliquer ses lois, laisser s'écrire ses équations et s'effectuer ses calculs. On perd pied. Alors on dit qu'on est en présence d'une singularité. Finalement c'est assez commode.

Issues donc du vide originel entre 10^{-43} s et 10^{-35} s, dans un volume infiniment petit sont apparues et subsistent des particules en nombre infini. D'où une concentration de matière primordiale infinie générant à l'intérieur une température infinie. Les mots « infini » et « infiniment » sont très pratiques quand on ne sait pas préciser exactement les grandeurs. Et la situation empire à partir de 10^{-35} s où l'accumulation de matière, induisant une légère augmentation de volume, entraîne une petite diminution de température. Il « gèle », comme l'eau du lac qui se fige en dessous de

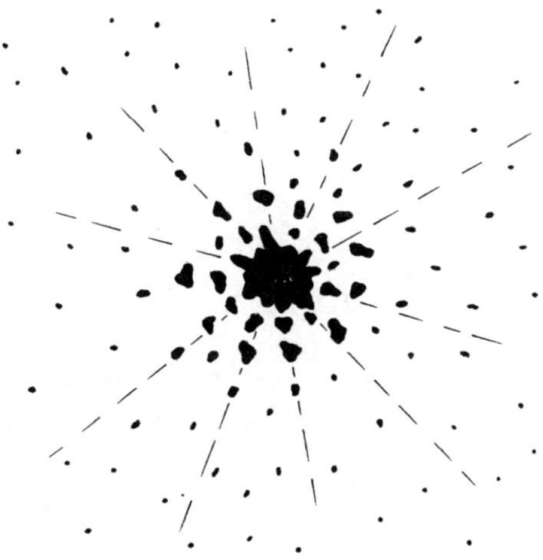

Illustration 16 : **Représentation totalement imaginaire du Big Bang !**

zéro degré avec de grandes zébrures zigzaguant en surface dans un déchirement de glace translucide – ô les glaçons qui tintent dans mon verre à l'heure de l'apéritif... je m'égare. Mais là le « gel » correspond au passage d'une température infinie à une autre température un tout petit peu moins infinie. Ce phénomène physique, appelé cristallisation, s'accompagne d'une libération d'énergie mise à profit pour générer, comme issue d'une corne d'abondance, une avalanche de grains de matière. Toute la matière de l'Univers futur est maintenant livrée. Il faut caser tout le monde, le volume initial s'agrandit un peu mais la concentration reste encore infinie, voire un peu plus ! et évidemment ça pète. Comme la dernière goutte fait déborder le vase, comme l'ultime bille qu'on veut faire entrer de force dans un bocal de verre le fait exploser, hier comme aujourd'hui, trop c'est trop. La *big* explosion. Big Bang. Pas très discret mais efficace. On peut dire qu'à partir de cet instant-là, les chronos se déclenchent et que le souffle de la déflagration en projetant la matière engendre l'espace. L'espace-temps est né. Si de nos jours l'emploi de ce mot espace-temps à chaque coin de phrase fait « branché », c'est bien à l'origine des choses que nous l'avons pioché. Est-ce précisément avant 10^{-35} s, à 10^{-35} s, à 10^{-32} s... qu'il faut situer le Big Bang ? C'était il y a environ 14 milliards d'années, alors, nous ici, on ne va peut-être pas chipoter pour moins qu'une fraction de seconde.

Big Bang égal naissance. Quand l'enfant paraît ! L'enfant naît de l'amour d'un homme et d'une femme, de cette énergie du désir de deux êtres, de la rencontre dans une bulle de vide environnemental de deux corps et de deux cœurs qui vont faire surgir du néant une « matière animée ». Une naissance est un Big Bang. Chaque naissance est la création d'un nouvel espace-temps, une histoire nouvelle, originale, originelle, qui va bouleverser le présent. Réminiscence d'une lointaine première fois, à l'aube des temps où, encore simples poussières de matière, particules de moins que la première seconde, nous avons poussé notre premier cri. Bang.

Grandir

Après c'est la routine ou presque. Le volume contenant toute la matière de l'Univers futur ne cesse de grandir en même temps que chute progressivement la température. Dedans c'est le foutoir, ce que l'on appelle aussi la soupe primordiale : des quarks, des électrons, des neutrinos, d'autres énigmatiques particules, des flashs évidemment éphémères de lumière correspondant à la recombinaison de paires résiduelles de matière et antimatière. Mais les photons (grains de lumière) étant instantanément stoppés par collision avec les particules de matière, la lumière ne se propage pas. L'intérieur du ventre Univers est obscur. Et règne dedans le désordre le plus total : le chaos ! Si à l'instant 10^{-35} s l'Univers avait la grosseur d'une orange, à 10^{-12} s il a la taille d'une sphère de rayon correspondant à celui de l'orbite de la Terre autour du soleil soit environ 150 millions de kms.

Mais vers 10^{-6} s il va enfin se passer quelque chose. La température ayant suffisamment baissé – attention, tout est relatif ! – la force quarkienne va commencer à entrer en action. Elle va coller entre eux les quarks – on le sait, deux quarks D + un quark U pour donner un neutron et deux quarks U + un quark D pour créer un proton. Un collage pour « l'éternité » puisque jusqu'à ce jour on n'a pas pu casser un de ces nucléons pour révéler l'existence isolée des quarks. Il y a bien là une histoire puisqu'avant 10^{-6} s l'agitation thermique était trop forte et détruisait toute velléité d'assemblage, alors qu'à partir de cet instant la première des forces est capable de s'imposer et commencer à construire le monde. Si une brique plus une brique plus... finit par donner un mur – avec du ciment ou de la chaux comme colle de liaison – des quarks unis trois par trois finissent par créer des neutrons et protons, premières particules de matière fabriquée - et non plus particules issues du vide originel.

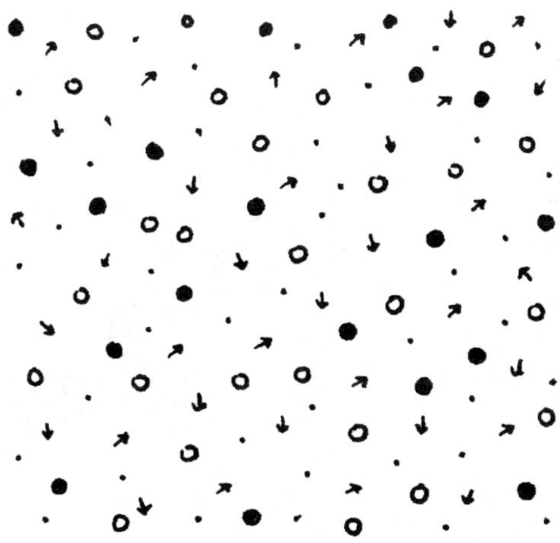

ILLUSTRATION 17 : **La soupe primordiale.**

Entre 10^{-6} s et 1 s ce sont pratiquement tous les neutrons et protons qu'on trouve aujourd'hui dans l'Univers qui ont été élaborés. La soupe primordiale est maintenant plus consistante : des quarks résiduels, des électrons, des neutrinos, d'autres particules réelles ou virtuelles... et des neutrons et protons. C'est-à-dire que tout ce petit monde se côtoie tout en s'ignorant. Mais ce temps de 1 s est fatidique – c'est peut-être pour cela qu'on dira facilement à quelqu'un « attends-moi une seconde » – car la température s'est maintenant trop abaissée pour que les fluctuations quantiques du vide fassent surgir de nouvelles paires matière et antimatière. Le temps de la gestation mystérieuse est terminé, c'en est fini du flou quantique, on reprend pied dans la physique classique. Une sorte de passage de l'inconscient au conscient quand, dans l'avant, on est obligé de faire appel à notre imagination pour essayer de deviner ce que furent nos premiers mois d'existence, alors que dans l'après on peut déjà essayer de faire resurgir les premiers mots entendus et premières images perçues stockés dans un petit coin de notre mémoire.

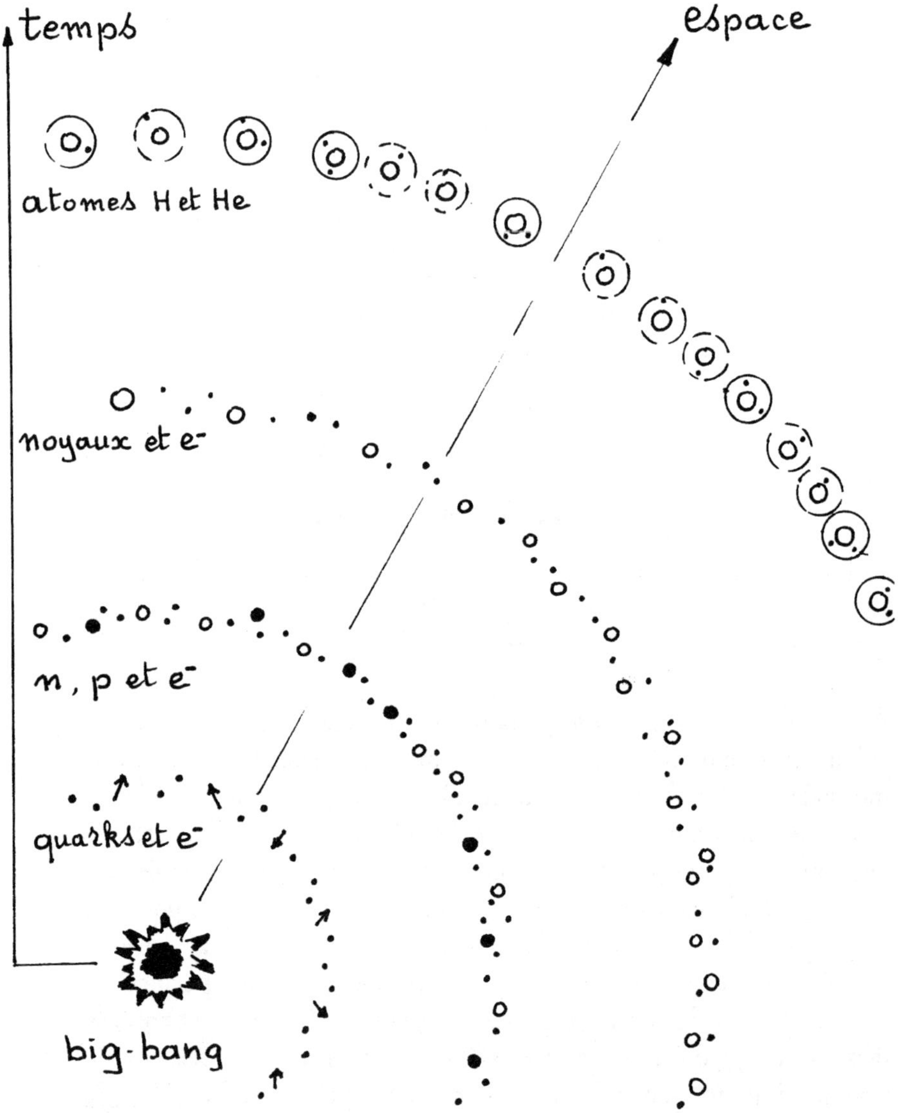

Illustration 18 : Au Big Bang se créent l'espace et le temps, au fur et à mesure que l'Univers grandit la température s'abaisse et les trois forces entrant successivement en action se forment progressivement les neutrons et les protons, les noyaux et les atomes d'hydrogène (H) et d'hélium (He).

Fin

Mais déjà à cette époque le temps file à toute allure, nous sommes maintenant à une seconde après le Big Bang. La température ayant continué à baisser, la force nucléaire devient opérationnelle pour coller entre eux neutrons et protons et générer les noyaux. Un seul proton constitue un noyau d'hydrogène, deux neutrons et deux protons forment un noyau d'hélium – ce gaz léger qui sert à gonfler les ballons et à faire rêver les enfants. Peut-être se forme-t-il aussi des noyaux de lithium. La soupe primordiale prend maintenant un petit goût de noyau qui laisse présager les saveurs subtiles du monde futur. Mais l'intérieur de la soupière est toujours obscur car les myriades d'électrons encore libres servent de cibles aux photons aussitôt arrêtés. Trois minutes sonnent à l'horloge cosmique quand entre en scène la troisième force de la nature, la force électromagnétique. Les électrons qui vadrouillaient librement sont alors attirés par les noyaux et viennent graviter autour : les atomes existent désormais. Cependant les conditions physiques de l'époque n'ont pu réaliser que la formation des seuls atomes d'hydrogène, d'hélium et de lithium (?), soit deux ou trois des quatre-vingt-douze atomes naturels qui existent aujourd'hui. Le monde aurait pu s'arrêter là, un univers d'hydrogène et d'hélium. Quoi ? Un monde sans or à compacter en lingots, sans fer pour tonifier les muscles ni phosphore pour activer les neurones ?

Pourtant tout avait bien commencé. Comme l'enfant qui veut absolument construire un avion – et c'est terriblement dur – avec des morceaux de legos patiemment et ingénieusement emboîtés les uns aux autres, se heurte soudainement à une difficulté insurmontable, l'Univers à bâtir tombe en panne. Je ne sais pas si vous avez remarqué, mais nous sommes des êtres compliqués, il faut beaucoup plus d'atomes divers autres que ceux d'hydrogène et d'hélium pour faire de l'humain. Partie de particules indépendantes, l'échelle de la complexité se construisait tranquillement : les quarks et les électrons sur le bar-

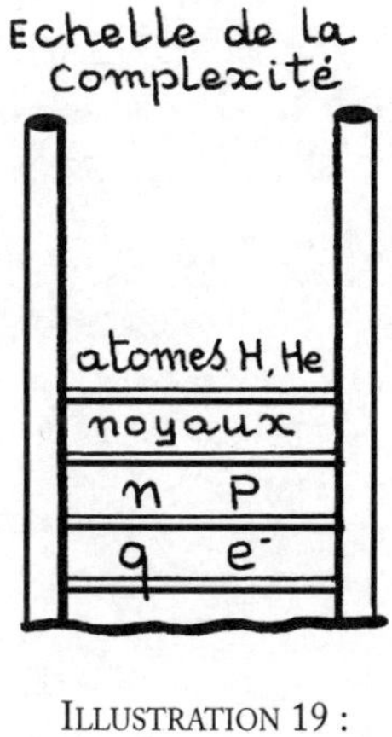

Illustration 19 :
Premiers niveaux de l'échelle de la complexité.

reau du bas, puis les neutrons et les protons sur l'échelon suivant, les noyaux au-dessus et les atomes au niveau encore au-dessus. Mais uniquement des atomes d'hydrogène et d'hélium, les plus simples, les plus faciles à réaliser. La température de l'Univers est maintenant trop basse – relativement – pour que puissent s'élaborer des atomes plus complexes. C'est physiquement impossible. Nous ne devrions pas être là !

Cependant, comme un retour de flamme sur un monde voué à la stagnation, vers 300 000 ans, la quasi-totalité des électrons ayant été enrôlés par les noyaux pour l'élaboration des atomes d'hydrogène et d'hélium, les photons ne sont plus arrêtés dans leur trajectoire, la lumière peut se propager. La lumière « est » !

L'Univers est maintenant vaste, clair, lumineux, transparent, mais sans autre perspective d'avenir que semer d'un bout à l'autre ses seuls atomes d'hydrogène et d'hélium. Pas d'humain possible à l'horizon. Pas plus que de séquoias ou de limaces.

CHAPITRE II

L'INANIMÉ

Le ciel

Lumignons

Divers offices de tourisme de Haute-Loire proposent l'été des soirées de découverte du ciel étoilé appelées « Ballades sous les étoiles »[1]. Ballades avec deux l, musique des sphères célestes oblige, comme disait Platon ! À quelques minutes en voiture d'une ville ou d'un bourg, nous nous retrouvons dans un champ ou sur un plateau protégé des lumières directes de la cité, sous une voûte nocturne parsemée d'étoiles quand on a eu le temps de balayer le ciel ! Et nous ne sommes alors plus qu'une petite grappe humaine accrochée au ciel par des fils invisibles qui relient directement les yeux aux étoiles. À la limite de l'apesanteur, les pieds touchant à peine le sol, le groupe oscille d'une direction à une autre, vers Véga, Arcturus, Altaïr, Antarès, Capella et bien d'autres encore. Petit nuage de papillons voletant entre Terre et ciel, les lumières de l'infini nous attirent comme autant de petits aimants à nous faire oublier nos soucis, notre petite personne. Pour une heure ou deux nous rejoignons l'Univers, nous sommes alors l'Univers.

Ces petits clous dorés plantés sur la voûte céleste s'appellent donc étoiles, ce sont les soleils de l'Univers. Le Soleil est une étoile comme les

---

[1] C'est également le titre de mon ouvrage *Ballades sous les étoiles, Astronomie, sciences, légendes, rêves et poésie*, paru aux Éditions Nathan en 1998.

autres mais vue de près ! (à 150 millions de kilomètres). Les autres sont à quelques années-lumière[1] pour les plus proches, à quelques dizaines de milliers d'années-lumière pour les plus lointaines – celles, non distinctes à l'œil nu, de la Voie lactée sont à 40 000 a.l. Les plus connues sont Sirius visible en hiver avec des éclats de bleu, vert, rouge, les rougeoyantes Aldébaran et Antarès, celles qui forment le Grand Triangle d'été : Déneb, Véga et Altaïr, l'éclatante Capella, la voisine Arcturus, Régulus la royale... autant de noms prestigieux, les grandes du ciel.

ILLUSTRATION 20 : **Fusion nucléaire (hydrogène → hélium) à l'intérieur d'une étoile.**

Une étoile est un feu, un plasma[2] de noyaux d'hydrogène qui, pour simplifier, lors de chocs fusionnent pour donner des atomes d'hélium. C'est un mécanisme de fusion nucléaire. S'accompagnant d'une perte de masse, la fameuse relation de Einstein $E = mc^2$ explique l'émission d'énergie sous forme de rayonnement : la nuit les étoiles brillent – le jour aussi d'ailleurs ! La durée de vie d'une étoile peut être de quelques millions d'années (celles qui, comme de gros moteurs, consomment très vite leur carburant hydrogène) à plusieurs milliards d'années comme Arcturus par exemple (9 milliards d'années d'âge) et comme ce sera le cas du soleil quoiqu'il nous arrive. La brillance ou intensité lumineuse d'une étoile dépend de trois facteurs : sa grosseur, sa distance à la Terre, sa puissance. On voit les étoiles du passé : par exemple la lumière qu'on reçoit d'Arcturus est celle qu'elle a émise il y a quarante ans (on dit qu'elle est à quarante années-lumière). Même à notre époque l'observation en temps réel n'existe pas ! C'est comme si on recevait aujourd'hui la photo d'un ami de 50 ans prise quand il avait 10 ans ! Les voyages interstellaires prennent du temps, même à la vitesse de la lumière.

---

[1] A.l. = distance parcourue par la lumière en un an soit : 300 000 x 60 x 60 x 24 x 365 = 9,6 10^{12} km.

[2] État de la matière où les particules, sous l'effet d'une intense température, sont dans un mouvement d'agitation désordonnée.

Les habitants

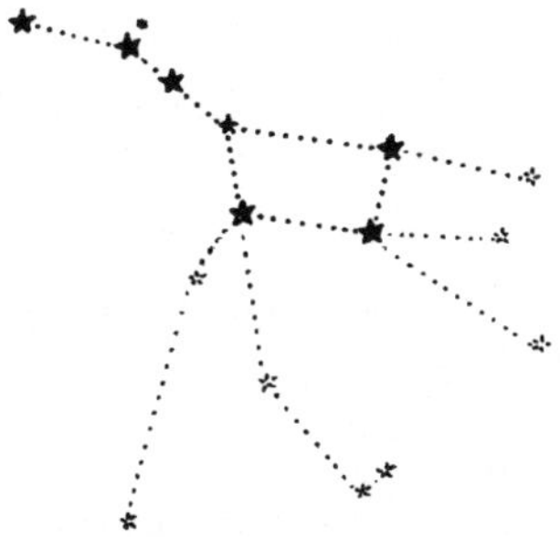

ILLUSTRATION 21 : **Constellation de la Grande Ourse.**

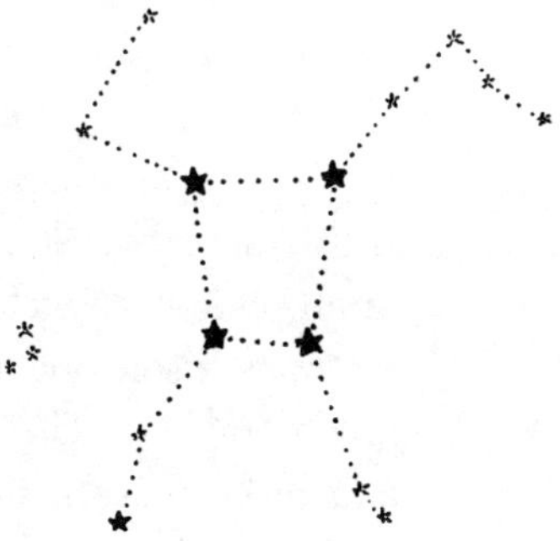

ILLUSTRATION 22 : **Constellation d'Hercule.**

Ah ! Tiens, là, tu vois la Grande Ourse ? Tout le monde connaît la constellation de la Grande Ourse ou la Casserole ou encore le Chariot, cet ensemble de sept étoiles principales (il y en a beaucoup plus, qu'on ne visualise généralement pas), bien brillantes, d'à peu près égale intensité. Mais il n'y a pas de lien physique entre elles, elles sont indépendantes les unes des autres et chacune a son mouvement propre (direction et vitesse) de telle sorte que dans 100 000 ans bien malin qui pourra voir une casserole dans cette constellation tant elle aura changé d'apparence. Ce sont évidemment les hommes d'autrefois, ceux qui dormaient à la belle étoile, qui ont fait vivre les constellations en regroupant les astres qui se trouvaient dans une certaine proximité et les ont nommées. Certains noms sont d'origine très ancienne (Chaldée, Mésopotamie, Égypte pharaonique), d'autres encore sont reliés à la vie agricole de l'époque (le Bouvier, le Corbeau, le Cocher, le Lièvre...). Sont ainsi repérées une bonne quarantaine de constellations sur l'hémisphère céleste nord et plus de quatre-vingt en tout, les deux hémisphères réunis. Sont plus particulièrement connues les cinq du ciel circumpolaire (la Grande Ourse, Cassiopée, la Petite Ourse, Céphée, le Dragon), les douze du zodiaque (Poissons, Bélier, Taureau, Gémeaux, Cancer, Lion, Vierge, Balance, Scorpion, Sagittaire, Capricorne, Verseau). Et puis il y a celles de l'été (Cygne, Lyre, Aigle, Bouvier, Couronne, Hercule, Serpent...) et celles de l'hiver, quand il gèle à « pieds » fendre, (Orion, Grand Chien, Petit Chien, Cocher...).

Toutes ces constellations sont les projections des hommes des temps anciens ; elles vivent leurs histoires, leurs amours, leurs drames, leurs grandeurs. Le ciel est peuplé de héros de légende (Hercule, Persée...). Allongé dans un pré aux odeurs de foin juste coupé on lit sur la voûte céleste la saga de l'humanité. Par exemple les cinq constellations du ciel circumpolaire parlent de l'identification de l'enfant au modèle parental pour se structurer, les douze du zodiaque tracent le chemin initiatique de l'être humain appelé à rejoindre l'Univers.

Les chèvres

Une observation attentive du ciel montre que de nuit en nuit, de semaine en semaine, de mois en mois il y a des petits points lumineux – on dirait des étoiles mais qui ne scintillent pas – qui se déplacent, leur position par rapport aux étoiles voisines évoluant progressivement, s'en éloignant ou s'en rapprochant, parfois rebroussant chemin pour repartir plus tard. Ces chèvres errantes dans le champ des étoiles, disaient les Anciens, sont les planètes : Mercure, proche du Soleil, difficilement visible dans le ciel si clair du levant ou du couchant ; la belle Vénus – improprement appelée « étoile » du berger – resplendit également le matin ou le soir, une deux ou trois heures (mais jamais plus) avant ou après le lever ou le coucher du Soleil ; puis après la Terre, la rougeoyante Mars encore porteuse il y a quelques décennies des fameux petits hommes verts (?) prêts à débarquer de leurs soucoupes dans un champ un matin de gelée blanche. On connaît bien aujourd'hui la planète Mars qui, à défaut de porter des êtres nous ressemblant, a peut-être connu les prémices de la vie puisque de l'eau y a coulé ; l'imposante Jupiter, presque aussi lumineuse que Vénus, dont la composition gazeuse rappelle celle d'une étoile naissante ; l'illustre Saturne auréolée de ses anneaux – actuellement en cours d'étude grâce à la sonde Cassini-Huygens qui vient de l'aborder – ; les invisibles à nos yeux nus – mais depuis longtemps connues avec les lunettes astronomiques et les télescopes – que sont Uranus, Neptune, Pluton – Pluton n'est même peut-être qu'un énorme astéroïde, d'autres astéroïdes à peine plus petits ayant été détectés également à la limite du système solaire.

Comme la Terre, le Soleil, les planètes et, à l'infini, les douze constellations du zodiaque sont dans le même plan (appelé plan de l'écliptique)

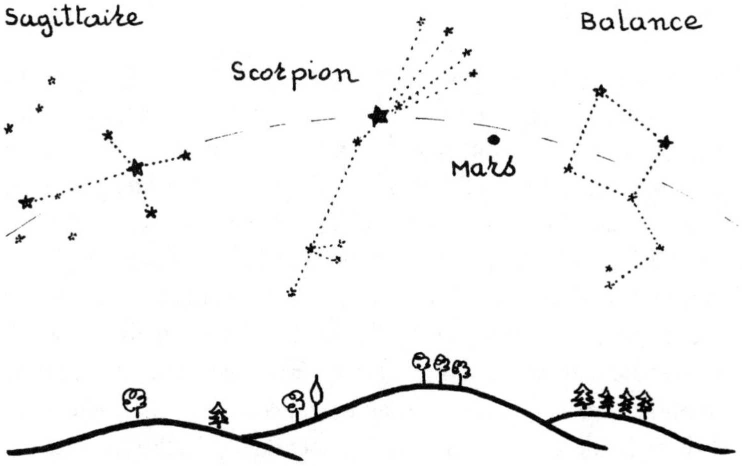

ILLUSTRATION 23 : **Vue du ciel côté sud en début de nuit en août.**

on voit forcément les planètes dans les constellations du zodiaque – on dit parfois sur la piste zodiacale. La Lune, notre satellite naturel, se déplaçant autour de la Terre dans un plan très proche du plan de l'écliptique, Soleil et Terre, les parents, et la Lune, l'enfant chéri, jouent parfois à cache-cache comme dans une famille où l'un des trois participants éclipse, consciemment ou inconsciemment, un des deux autres. La vie à trois n'est pas toujours simple ! On peut même parfois assister à des éclipses de planètes, par exemple comme ce jour où la Lune est passée devant Saturne... Les familles nombreuses connaissent aussi les aléas de la vie affective même s'ils passent parfois inaperçus parce que noyés dans le fond continu du quotidien : une blessure ou une chance selon les cas. Nous verrons plus loin les conditions d'élaboration et les caractéristiques physicochimiques de ces planètes. Mais aucune n'est habitable naturellement en l'état. La délocalisation des populations terriennes, parce que surabondantes ou dans l'impossibilité de vivre sur un sol totalement souillé, vers les planètes du système solaire est un leurre.

Trop tard

Une bonne soirée sous les étoiles exige l'apparition d'étoiles filantes... quelques étoiles qui profiteraient de ce qu'on regarde ailleurs pour se décrocher ! Non, ce ne sont que de petits grains de matière, de la taille d'un gros grain de sable ou d'une miette de pain, qui, à quelques dizaines de kilomètres au-dessus de nos têtes, entrent dans la couche atmosphérique. Frottements et chocs avec les molécules échauffent ces météores qui deviennent incandescents et ionisent les gaz de la couche atmosphérique et laissent à nos yeux une bien belle trace fugitive... mais pas assez de temps pour faire un vœu. Quand la Terre sur sa trajectoire autour du Soleil passe dans l'ancien sillage d'une comète – qui a semé derrière elle pléthore de débris de matière – on a une nuit et une pluie d'étoiles filantes. Celles du 12 août s'appellent Perséides car les météores semblent provenir de la constellation de Persée alors que les Géminides (direction des Gémeaux) ou les Quadrantides (direction du Bouvier) qui surviennent respectivement le 12 décembre et le 4 janvier... personne n'en parle... sans doute parce qu'il n'y a personne dehors la nuit à ces dates-là !

Les comètes sont plus rares... blocs de matière originelle contemporaine à celle de la Terre lors de l'élaboration du système solaire. Ce sont les excentriques de la famille planétaire qui, pour des raisons de conditions initiales (direction, vitesse) différentes, se sont exilées en suivant des trajectoires elliptiques extrêmement allongées, les entraînant aux limites du système solaire mais gardant malgré tout une petite attache au soleil qui reste leur pôle gravitationnel. Alors, passant dans notre environnement, elles fondent dans les rayons du soleil, ces grandes sentimentales, et laissent dans leur sillage des petits cristaux de glace et des poussières de matière brute... une bien belle chevelure mais pas de quoi tirer des plans sur la comète pour ceux qui aspireraient à établir une relation durable ! Une, deux ou trois semaines plus tard elle est déjà partie et reviendra dans 76 ans (Halley) ou 100 ou 500 ou 1 000 ans... peut-être, histoire de se faire regretter. Ah ! Ces exilés !

Les astéroïdes sont de gros blocs de matière, soit des planètes avortées soit des restes de collisions entre satellites naturels ou entre planète et satellites ou les restes non utilisés du système solaire naissant. Autrefois

« ça tirait » dans toutes les directions et les traces de cratères sur la Lune ou Mercure attestent d'un bombardement intense aux débuts de notre environnement solaire. Aujourd'hui une météorite qui tombe sur la Terre est précieusement recueillie et entourée de mille soins puis mise sous cloche. Car si sa surface extérieure a été perturbée par une excessive chaleur lors de sa traversée de la couche atmosphérique, son intérieur est généralement resté intact, tel qu'il y 4,5 milliards d'années, tel qu'était la matière originelle de la Terre. C'est donc une source d'information unique sur la genèse de la Terre. Si ce n'était pas le cas autrefois, les météorites qui nous parviennent aujourd'hui sont rares et de taille modeste. Mais il suffit d'un seul gros pour rendre caducs nos plus pointilleux contrats d'assurance quand on sait qu'un seul et unique gros astéroïde a suffi pour rayer de la mappemonde les mastodontes de l'époque, les dinosaures, il y a 63 millions d'années. Demain peut très bien ne pas être ! À ne jamais oublier.

Les profondeurs du ciel

Pas très clair

Pour scruter le fin fond du ciel il faut une vue aiguisée et très vite des instruments performants. Beaucoup de nébuleuses se voient à l'œil nu mais si elles ont pris ce nom, c'est peut-être bien parce qu'on ne les voit pas nettement ! On peut les imaginer comme des nuages énormes composés non pas de gouttelettes de vapeur d'eau comme nos jolis petits cumulus blancs mais d'atomes maintenus ensemble dans cet amas cotonneux par la force d'attraction universelle (voir plus loin). Soit c'est une nébuleuse en cours de contraction, la matière se rassemblant de-ci de-là (sous l'effet de la gravitation) en petits flocons, germes de futures étoiles. Ce sont donc des nébuleuses-maternité comme par exemple M42 et M43 (noms donnés par l'astronome Messier qui a, le premier, catalogué les objets célestes) visibles le soir à l'œil nu dans la constellation d'Orion au sud en janvier, février, mars. Soit c'est une nébuleuse en expansion, la

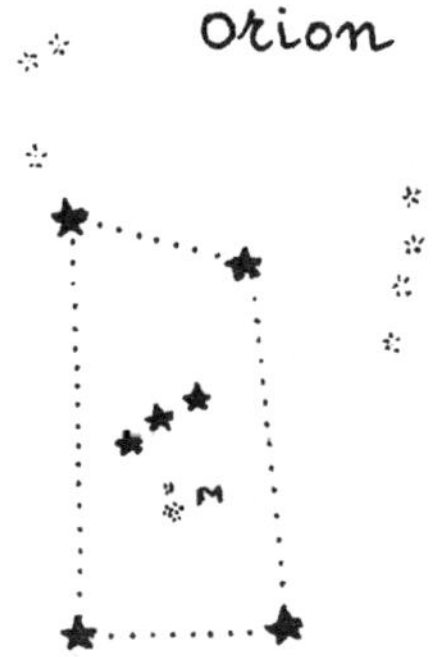

ILLUSTRATION 24 : **Constellation d'Orion avec les nébuleuses M42 et M43.**

matière se diluant progressivement dans l'espace cosmique, ou, bien sûr, on peut penser à la résultante de l'explosion d'une étoile, mais ceci n'a été confirmé qu'il y a une cinquantaine d'années. C'est le cas de la nébuleuse du Crabe engendrée par l'explosion d'une étoile qui a pu être datée – 4 juillet 1054 – grâce à un rapport d'un empereur de la Chine ancienne et grâce à la persévérance de sinologues pour décrypter leur écriture et leur calendrier solaire lunaire. C'est un immense cadeau offert aux scientifiques contemporains que de connaître l'image résiduelle d'une étoile 950 ans après son explosion. C'est une bien belle nébuleuse rose que l'on voit au télescope dans la constellation du Taureau, un souvenir attentionné de la défunte comme peut l'être un petit tapis de feuilles jaunes, brunes et rouges au pied d'un arbre à l'automne ou un petit quelque chose laissé d'une façon inattendue à un voisin dans un testament.

Du sérieux

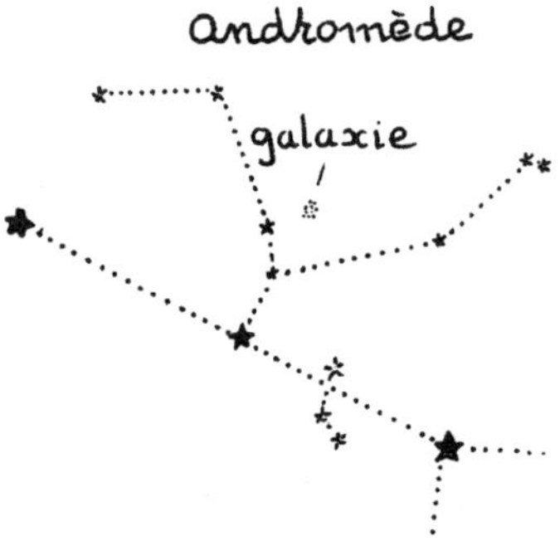

ILLUSTRATION 25 : **On peut deviner à l'œil nu la galaxie derrière les étoiles de la constellation d'Andromède.**

Vous voyez là-bas, entre Pégase et Persée, les étoiles bien lumineuses de la constellation d'Andromède. La deuxième – très intense – en partant du coin de Pégase est surmontée de deux petites étoiles. Juste au-dessus on peut voir une minuscule tache de lumière diffuse. Vous ne voyez pas ? Silence... Et enfin : « Ah ! Oui ! » C'est une galaxie appelée galaxie d'Andromède parce qu'on la voit parmi les étoiles de la constellation d'Andromède. Mais elle n'est pas de notre monde, elle est à l'infini derrière ces étoiles, plus précisément à environ 2 millions d'années-lumière. Autrement dit il faudrait quitter notre galaxie « à nous », voyager dans cette direction à la vitesse de la lumière pendant 2 millions d'années pour « aggalaxir » dans cet autre monde d'étoiles. C'est notre plus proche galaxie voisine, la seule visible à l'œil nu.

ILLUSTRATION 26 : **La Terre, à proximité du Soleil, se trouve sur un des bras de la galaxie spirale.**

Une galaxie est une métropole d'étoiles : cent ou deux cents milliards d'étoiles dispersées sur un espace de 100 000 ou 200 000 années-lumière de longueur. La nôtre s'appelle galaxie de la Voie lactée. La Voie lactée, cette longue traînée de lumière diffuse (les étoiles sont si lointaines qu'elles ne peuvent être vues à l'œil nu distinctement) comme une légère écharpe de tendresse qui traverse le ciel de part en part de Cassiopée au Sagittaire en passant par le Cygne, est en fait le cœur, la partie centrale, vue de profil, de notre galaxie. En dépit de nos tenaces désirs égocentriques nous n'habitons pas au centre de notre galaxie. Le Soleil s'en trouve à quelque 40 000 années-lumière sur un des deux bras arrondis de la galaxie qui, en astronomie, porte pour cette raison le nom de galaxie spirale. Sur le bord de la plus grande roue de la fête foraine de l'Univers nous tournons autour de son centre à raison d'un tour en 250 millions d'années. Ça laisse du temps pour voir le paysage, pour entendre les flonflons de la musique céleste. De notre petit poste d'observation, la Terre, presque collée au Soleil, infime poussière des fonds cosmiques, nous contemplons le monde.

Si on devine à l'œil nu la galaxie d'Andromède, on sait maintenant depuis plusieurs décennies grâce aux puissants télescopes qu'au-delà il y a encore et encore et encore des galaxies. Entre elles, c'est le vide ou presque. La structure générale de l'Univers serait un peu filamenteuse avec de-ci de-là des pôles de concentration d'étoiles que sont les galaxies, des millions, peut-être un milliard de galaxies. C'est grand l'Univers. Et au bord, c'est comment ? On ne sait pas très bien mais il serait dangereux de s'y pencher ! Trois formes possibles sont proposées : un univers plat, un univers sphérique (ce qui n'exclut pas son infinité : par comparaison, faire le tour de la Terre selon un méridien sans jamais passer par le même endroit, permettrait de voyager infiniment sans jamais trouver un bord, une limite), un univers en forme de selle de cheval ce qui conduit aussi à l'infini. Les études de ces quarante ou cinquante dernières années montrent que l'Univers est toujours en expansion, qu'il est encore en train de grandir sous l'effet de la poussée originelle du Big Bang. À l'époque on savait manier les explosifs ! Et ce qui questionne la communauté scientifique c'est qu'il semblerait que cette expansion s'accélère maintenant, la matière connue à ce jour ne pouvant l'expliquer. Qui ou quoi alors ? Est-ce la masse invisible de l'Univers ? Des particules encore non mises en évidence ? Les neutrinos ? L'énergie du vide ? Il y a encore du boulot !

Coquins

On sait que les images collectées aujourd'hui du fin fond de l'Univers correspondent à des phénomènes qui se sont passés il y a très longtemps... le temps qu'il a fallu à la lumière pour arriver jusqu'à nous. Les scientifiques disent volontiers que voir loin c'est voir tôt. Et c'est ainsi que de petites lumières qui auraient pu se laisser prendre pour des étoiles éloignées se sont révélé être des embrasements d'une violence extrême, des énergies colossales libérées sous forme de rayonnements... émis il y a plusieurs milliards d'années. On les appelle quasars (contraction de quasi-star). Ils ont été mis en évidence par effet de mirages gravitationnels. Einstein ayant montré que la lumière ne se propage pas toujours en ligne droite – contrairement à ce qu'on a appris en cours de physique –, des rayons lumineux issus de ces feux d'artifice ancestraux, déviés sur leur parcours par des masses de matière (amas d'étoiles, galaxies...), vont donner du quasar une image agrandie permettant de mieux voir, une sorte de loupe (à grande échelle) pour simplifier. Et on peut ainsi observer des événements – collisions de galaxies, effondrements (c'est-à-dire implosion) de galaxies... – qui se sont passés au début de l'Univers quand il avait un ou deux milliards d'âge. À l'époque il était encore relativement petit mais contenait déjà la même quantité de matière qu'aujourd'hui. On peut penser que les chocs, les collisions, les absorptions de galaxies par des plus grosses – tiens, déjà la mondialisation ! – étaient statistiquement plus fréquents. Il semblerait qu'on ait reçu une image vieille de 13,6 milliards d'années. Ah ! Mais l'âge de l'Univers estimé étant de 14 milliards d'années, nous voilà aujourd'hui, tranquillement assis derrière nos écrans d'ordinateurs reliés aux plus grands radiotélescopes, nous voilà donc tout près du Big Bang.

Si avec un petit effort les physiciens arrivent à obtenir des images de l'Univers quand il avait 300 000 ans ils seront arrivés au terme de leur quête expérimentale, aux limites de leurs possibilités... puisque, on s'en souvient, ce n'est qu'à partir de 300 000 ans d'existence que l'Univers a commencé à être transparent. On ne pourra jamais « voir » l'intérieur de notre monde – puisqu'obscur – d'avant cette date fatidique où la lumière fût. Quoique... Aujourd'hui on voit bien bébé dans le ventre tout noir de maman !

Des questions ?

Retour

300 000 ans. L'heure de la jonction est arrivée. Après ce détour touristique nous voilà revenus là où nous avions laissé le récit de l'histoire de l'Univers en suivant la théorie dite du Big Bang. Récapitulons. Lecture dans la série *Il était une fois...*

Voilà qu'un jour, il y a fort longtemps, au royaume du non-être existait un vide bien caché au fin fond d'un rien invisible. Mais si un gnome avait pu, par effraction, pénétrer à l'intérieur, immense aurait été sa surprise. Car après s'être apprivoisé au « non-monde », sans lumière ni bruit, il aurait pu assister à un jaillissement continu d'apparitions et de disparitions d'infimes grains de matière, un spectacle inimaginable même dans les plus rocambolesques contes de fées, de la magie à l'état pur. Voilà que s'accumulent au fond de ce vide quelques particules – quarks, électrons, neutrinos et autres plus exotiques – puis très vite un plein sac, une montagne, un océan de ces poussières de matière, une température d'enfer, puis l'explosion : Big Bang. Et voilà notre curieux visiteur embarqué avec tous les constituants de cette soupe primordiale dans un voyage inédit où le paysage – l'espace – par l'effet de son simple déplacement se crée comme un tapis qu'on déroule. Alors bien sûr il ne reconnaît rien mais sous ses yeux, la température diminuant, il voit les quarks s'unir trois par trois pour former neutrons et protons, puis ceux-ci s'associer pour constituer des noyaux d'hydrogène et d'hélium... et à sa grande surprise, il assiste à la danse des électrons qui s'enroulent autour des noyaux. C'est la fin du ballet primordial. À la troisième minute et pendant les suivantes il nage dans une mer d'atomes d'hydrogène et d'hélium : tous ceux du monde à venir, tous ceux qui existent aujourd'hui. Au fur et à mesure que l'espace grandit, que le temps s'écoule, le monde s'éclaircit. Les photons maintenant libres de se déplacer illuminent progressivement tous les coins de l'Univers et à 300 000 ans le gnome inquisiteur y voit comme en plein jour. Temps, espace, matière, lumière... c'est bien de notre monde qu'il s'agit. Finalement c'est une histoire vraie.

C'est alors que la quatrième force de l'Univers entre en action : la force gravitationnelle ou force d'attraction universelle ou encore force de Newton, nom de son inventeur. Aussi mystérieuse par ses effets que la force magnétique qui attire à distance des clous ou des épingles ou toute matière contenant du fer, elle s'exerce, elle, entre des masses de matière situées même à des grandes distances, entre la Terre et le Soleil, entre la Terre et la Lune, voire à des années-lumière comme entre des étoiles, entre des galaxies. C'est une sorte de colle à grand rayon d'action qui va assurer la cohésion de l'Univers, qui va aussi être à l'origine des grands rassemblements féconds de la matière, les grands chantiers, les ouvrages d'art cosmiques. Sachant à quel point cette force a modelé le monde, Newton (1642-1727) n'a pas à regretter l'interruption de sa sieste sous le pommier qui l'a inspiré par la chute de ses fruits. Mais on peut se demander si l'attraction universelle n'anime pas aussi les humains qui se rassemblent spontanément lors d'événements festifs, qui s'unissent pour une œuvre commune de solidarité. Pourquoi s'en étonner d'ailleurs, ne sommes-nous pas aussi matière ?

C'est donc sous l'action de deux forces opposées que l'Univers continue son expansion : la poussée originelle du Big Bang, centrifuge, qui est encore prépondérante, et la gravitation, centripète, qui retient la matière, freine sa dispersion. Mais à l'intérieur du volume univers la force d'attraction agit aussi localement. De-ci de-là, autour de germes (dont l'origine reste un point difficile à comprendre pour les astrophysiciens), les atomes d'hydrogène et d'hélium, encore uniques constituants de l'Univers, se rapprochent, se rassemblent, tissent des écharpes aux contours flous, dessinent des nuages aux formes rebondies... des nébuleuses quoi ! On connaît bien ! Et ici et là dans la vastitude de l'Univers qui grandit toujours, l'attraction universelle rassemble encore les nébuleuses qui se trouvent être dans une certaine proximité. Ainsi se forment par-ci par-là des amas de nébuleuses, futures concentrations d'étoiles, futures galaxies, nos paysages du XXIe siècle !

Oui ?

Et avant le Big Bang, qu'est-ce qu'il y avait ? Ah ! L'avant Big Bang ? Celle-là, il fallait s'y attendre. Il semblerait que l'existence supposée de l'énergie du vide originel nous titille. Nous avons déjà évoqué l'existence d'un dieu endormi qui, allons savoir pourquoi à cet instant-là, se réveillerait, et, dans l'espoir – ou l'illusion ! – de ne pas rester seul, d'avoir de la compagnie, déciderait de créer le monde, à son image tant qu'à faire. C'est ainsi qu'une infime parcelle divine se retrouverait en chacun de nous comme en chaque goutte d'eau – c'est très beau la forme aérodynamique d'une goutte qui frôle mon nez en tombant du chêneau –, comme en l'acrobatique araignée qui descend en rappel du plafond, comme en la fleur de perce-neige qui n'a pas attendu la fonte totale dans les prés pour célébrer l'arrivée du printemps. Mais je lis déjà sur vos lèvres la question suivante : et ce dieu originel d'où sort-il ?

Nous sommes tous sur un pied d'égalité, tout un chacun peut s'interroger et les scientifi-

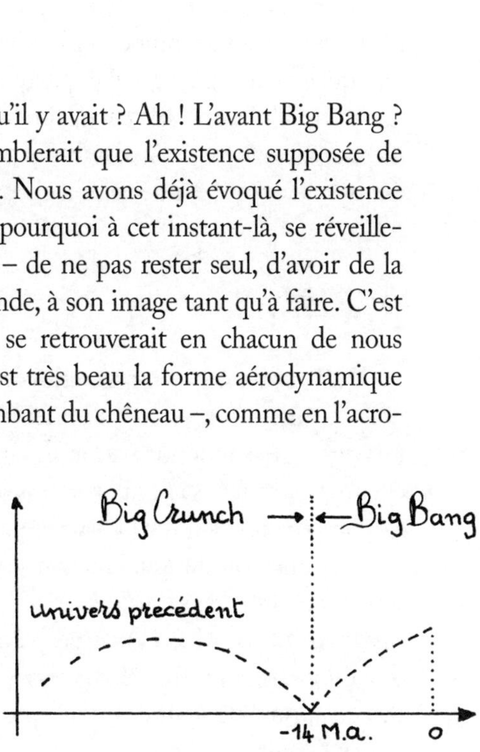

ILLUSTRATION 27 : **Une hypothèse : des univers successifs.**

ques, même ceux qui ont bac + 50 n'ont pas plus de réponses que nous. Mais ils ont une imagination raisonnée, ce qui peut être un avantage ou un inconvénient... Par exemple il aurait pu y avoir un autre Univers avant le nôtre qui se serait terminé d'une façon apocalyptique en « Big Crunch » (par opposition au Big Bang). Si – ça fait beaucoup de si –, les mêmes lois de la physique le gouvernaient, si les mêmes forces le dirigeaient, c'est la quatrième déjà évoquée, la force d'attraction universelle, qui pourrait en porter la responsabilité. En effet si la quantité de matière d'un univers est supérieure à une certaine valeur limite, arrive un jour où cette force d'attraction devient plus forte que celle qui pousse à l'expansion depuis le Big Bang, alors l'univers en question s'arrête de grandir puis se rétracte, se rétrécit à devenir à la fin un seul point de concentration de matière infinie, de température infinie. Une implosion totale... le « Big Crunch » : l'énergie de tout un monde passé désormais contenue dans un vide énigmatique. Tiens ! Ça rappelle quelque chose. Alors on pourrait s'imaginer que notre Univers serait la continuation d'un autre renaissant de ses cendres, pourquoi pas ? À condition de ne pas s'interroger sur l'origine de l'univers d'avant ! Ni de celui d'encore avant.

Ronron

Du haut de nos quatorze milliards d'années d'existence nous pouvons nous permettre de nous étonner de la naissance spontanée de notre Univers – de son autocréation et auto-organisation comme disent chercheurs scientifiques et philosophes – que l'on explique, *a posteriori*, avec les lois, les équations... qui appartiennent à la physique et aux mathématiques, et que l'on désigne du nom de théorie du Big Bang. Mais quelles sont les preuves de sa justesse ? N'y a-t-il pas d'autres explications, d'autres théories possibles ? Avant d'évoquer les arguments et les propositions des opposants au Big Bang, essayons de comprendre pourquoi cette théorie, jusqu'à ce jour et jusqu'à preuve du contraire, est celle qui tient le mieux la route.

On se souvient que tout corps à une température supérieure au zéro absolu (- 273 °) émet un rayonnement. Si notre monde a été infiniment chaud à l'origine, il devrait bien en rester quelque chose, une tiédeur résiduelle... Et bien c'est le cas. Certes pas de quoi faire cuire des patates sous la cendre mais un rayonnement thermique mesurable quand même, appelé rayonnement fossile.

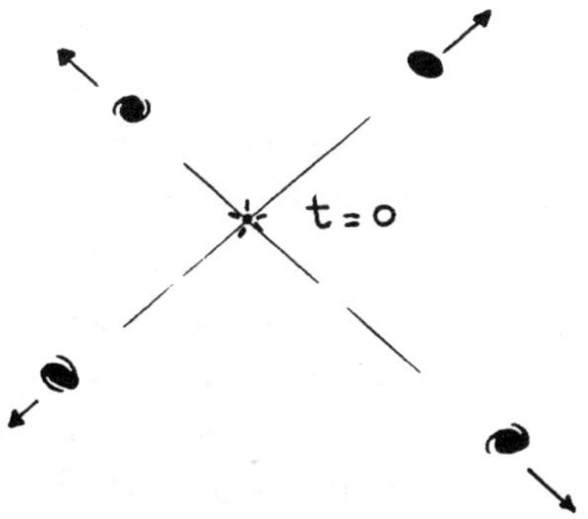

ILLUSTRATION 28 : **Dans un univers en expansion les galaxies s'éloignent les unes des autres.**

Vers les années 1918-1920, utilisant les télescopes les plus puissants de l'époque, Hubble, analysant les lumières émises par d'autres galaxies que la nôtre[1] trouve que ces galaxies s'éloignent les unes des autres et que plus elles sont loin plus elles vont vite – donc que l'Univers grandit, qu'il est en expansion. Un calcul à l'envers permettant de remonter le temps délivre la date à laquelle toute la matière était concentrée en un seul point, le Big Bang. L'observation du XXe siècle qui allait changer notre vision du monde ! L'ensemble, ou presque, de la communauté scientifique s'accorde aujourd'hui pour donner à l'Univers l'âge de 14 milliards d'années. Jusqu'à nouvel ordre, demain tout ne peut-il pas changer avec de nouvelles découvertes ?

De même qu'on peut dater avec du carbone 14 une momie égyptienne[2], en utilisant d'autres atomes radioactifs on a pu mesurer l'âge des plus vieux atomes. Les résultats s'accordent avec d'autres méthodes – ça tombe bien, il eût été gênant de trouver des atomes plus vieux que l'Univers !

Les règles de fabrication des noyaux (puis des atomes) d'hydrogène et d'hélium à l'origine nécessitent un rapport de deux neutrons pour quatorze protons (conduisant à un atome d'hélium pour douze atomes d'hydrogène). Or ce sont précisément ces rapports qu'on observe dans le monde actuel.

---

[1] Mesures par effet Doppler.

[2] Par une mesure du rapport entre le carbone ordinaire et son isotope carbone 14 qui, lui, n'est pas stable et se décompose avec le temps selon une loi connue... d'où une évaluation possible du temps écoulé.

Si beaucoup de résultats des observations de l'Univers d'aujourd'hui sont à peu près cohérents avec le modèle théorique du Big Bang, sachons que quelques-uns ne s'y conforment pas et font de la résistance[1].

Au moins trois scientifiques de haut niveau ne sont pas convaincus d'un tel déroulement des événements. Ils sont « anti Big Bang » ! Le premier, persuadé que les quasars sont dans la proximité de galaxies particulières – ce que ne pensent pas les tenants de la théorie du Big Bang – remet en cause les conclusions de Hubble, le décalage vers le rouge par mesures Doppler attribué à la fuite des galaxies pourrait, d'après lui, avoir une tout autre origine. Auquel cas tout tombe, ni Big Bang, ni expansion de l'Univers. Mais, apparemment il ne propose pas un autre modèle expliquant sa genèse. Pour un autre théoricien, spécialiste des plasmas (autre état de la matière déjà évoqué), l'Univers serait gouverné essentiellement par la force électromagnétique... la seule qui agisse sur les plasmas. Il tente d'expliquer la formation des galaxies, des étoiles, des planètes par la manifestation de champs électriques et magnétiques extrêmement puissants. Pourquoi pas ? Une équipe de chercheurs travaille dans cette direction. Un troisième éminent chercheur, l'inventeur, d'ailleurs, du mot Big Bang, n'y croit pas et ne cesse de s'opposer à ce modèle. Il postule pour un univers stationnaire, c'est-à-dire sans commencement ni fin – ah ! enfin un optimiste ! – un univers où de la matière pourrait continûment surgir du vide et disparaître par ailleurs. Mais la mise en évidence du rayonnement fossile d'une part et l'observation des quasars d'autre part ont mis à mal ses opinions. Le monde a changé, il évolue.

L'avenir rendra plus tard son verdict. Quoi qu'il en soit ces travaux qui sortent des chemins battus, même s'ils s'avèrent plus tard être infondés, auront apporté de l'air neuf à la réflexion, stimulé la recherche, fait avancer le « schmilblick ».

---

[1] Entre autres si la projection de matière issue du souffle du Big Bang était isotrope, c'est-à-dire uniforme dans toutes les directions, on n'arrive pas à expliquer les regroupements ponctuels de matière, germes des futures galaxies.

Mystères et E.P.R.

Stop

Attention. On s'est laissé embarquer dans le train de la connaissance scientifique qui roule depuis maintenant 300 000 ans. C'est sécurisant un train. À l'extérieur il suit les rails parallèles de la physique et des mathématiques et 14 milliards d'années semblant être encore très loin, on ne s'inquiète pas trop de les voir se couper à l'infini. À l'intérieur, bercés par le rythme régulier des paragraphes qui s'enchaînent, des tronçons de raisonnements qui se suivent, nous avons fini par nous faire une place bien confortable au milieu des coussins bourrés de logique, d'intuitions, d'équations, de calculs que les agents de la « Compagnie de Recherche Scientifique » mettent à notre disposition. Alors nous avons glissé du train au train-train, de la curiosité à la routine. Au milieu de notre somnolence, soulevant de temps en temps une paupière pour voir où on en est de notre voyage, sûrement déçus, nous nous abandonnons à nouveau à nos discours intérieurs... dans l'attente de traverser enfin des paysages plus connus, d'arriver au vivant, aux humains, à nous quoi ! N'est-ce pas la seule chose qui nous intéresse ? Maudit grain de sable posé sur la voie qui, par la secousse infligée au wagon, nous oblige à sortir de notre torpeur. Enfin réveillés, les bonnes questions émergent, celles qui avaient motivé notre réservation dans ce train du non-retour.

Folies

En quoi ce qui s'est passé ou a bien pu se passer il y a 14 milliards d'années me concerne-t-il ? Bien sûr que sans l'Univers je ne serais pas ici en train (c'est le cas de le dire) d'essayer de lire ce livre. Et alors ? N'existant pas, nulle interrogation, nulle inquiétude, nulle angoisse, nulle peur de mourir... aucun souci : le bonheur finalement ! Oui, mais ni voluptueux plaisir d'un doux carré de chocolat délicatement pressé entre ma langue et la voûte du palais... ni tendresse d'une main aux doigts souples s'aventurant dans ma chevelure. Bon, pas d'Univers, pas de matière. Cette fameuse matière – aïe ! Ce coup de marteau sur mon doigt... donc j'existe – qui aurait été créée *ex nihilo*. Certes les scientifiques tentent de nous expliquer par a + b que c'est somme toute plausible... Lourde tâche qui leur incombe de démystifier les mystères. Et la toute première création reste une énigme tenace malgré les explications, aussi ingénieuses et élégantes soient-elles. Et ce n'est pas nouveau : à son disciple qui croyait avoir à faire à un tronc d'arbre mort et s'apprêtait à le saisir, Lao Tseu (VIe siècle avant notre ère) se redressa vivement et dit : « Chut ! Je m'ébattais dans le commencement des choses. » Bien plus tard l'humanité va générer d'étonnantes œuvres artistiques dont certaines nous interpellent au plus profond de nous-mêmes, comme des résonances inattendues semblant venir de nulle part, datant d'avant le temps et dont l'auteur est parfois le premier surpris. L'acte créateur serait-il pour nous la réédition d'une création originelle dont il resterait quelques réminiscences ? Car nous y étions.

Bien. Mais soyons pragmatiques. Savoir que les quarks, les électrons, les protons, les neutrons... qui constituent la lymphe baignant les cellules de mes muscles ont été formés il y a 14 milliards d'années ne soulage pas mes courbatures au lendemain d'une journée intensément sportive ! Pourtant ces mêmes particules qui ont connu le Big Bang doivent bien savoir qu'aux pires cataclysmes succèdent des jours de repos, de paix et de bien-être. Dans l'éternel présent tout ce qui m'arrive m'est déjà arrivé.

Je vous vois rechigner : tout cela est intellectuel, dites-vous, et nécessite l'intervention de la pensée pour établir un pont de 14 milliards d'années-lumière de long. Or loin des yeux, loin du cœur... des choses. Alors quittons la matière. Par une nuit noire, une nuit sans lune, dans un silence d'outre-tombe, nos yeux scrutent le fin fond du ciel à la recherche de quelque lumignon accroché là-haut. Soudain une étoile jaillit du néant, chaleureuse trace de lumière qui, à peine née, retourne au néant... « Oh ! Une étoile filante ! » C'est plus fort que nous, on ne peut s'empêcher de laisser fuser ce cri d'étonnement, d'émerveillement. Pas plus qu'une foule ne peut retenir de laisser éclater une joie enfantine lorsque la fusée d'un feu d'artifice explose en poussières d'étoiles de toutes les couleurs du monde. Y aurait-il des « choses » inscrites en nous qui dateraient de bien avant Mathusalem, à une époque où dans le noir et le silence du vide originel ont jailli les premières particules de l'Univers ? Oh ! Y aurait-il des événements vécus aujourd'hui qui nous transporteraient à des vitesses bien plus grandes que celle de la lumière à l'autre extrémité du temps ? Cela pourrait-il vouloir dire que nos plus infimes parcelles de matière... quarks, électrons, protons, neutrons... auraient gardé une sorte de mémoire instinctive des temps originels ?

ILLUSTRATION 29 :
Oh ! Une étoile filante !

N'importe quoi ! Mais il n'est pas dans ce train interdit de se poser des questions. S'il est courant de dire qu'on ne peut pas tout savoir, on peut ajouter qu'on ne peut pas non plus tout ignorer ! Il y a beaucoup de choses qui existent sans avoir jamais été vues ni prouvées. Ce n'est pas parce qu'on n'a pas d'explication à « quelque chose » que ce « quelque chose » n'existe pas. D'autant plus que dans l'édifice de la connaissance, du rationnel, de l'explicable, il y a parfois des fissures intrigantes.

À en rester coi

Nous avons déjà dit quelques mots de la physique quantique, si résolument différente de la physique classique, qui introduit l'aléatoire dans le quotidien de l'infiniment petit, que même Einstein la mettait en doute. Avec deux autres scientifiques, Podolsky et Rosen, ils ont élaboré une expérience de pensée nommée E.P.R. pour tenter de montrer son invalidité. Imaginons, disaient-ils, une particule qui se désintègre en deux grains de lumière, c'est-à-dire en deux photons désignés par A et B. Ce qui signifie que A et B étaient en contact au sein de la particule avant leur départ. La stricte application du raisonnement quantique reviendrait à dire que même très éloignés, les photons auraient ultérieurement des comportements liés. Pour simplifier et caricaturer disons que si A, en un point de l'espace, à une question qu'on lui pose, dit « oui », simultanément, dans la direction opposée et à égale distance, B dit « non ». Ou inversement. Pourrait-on penser que quand A va dire « oui », il envoie vite un message à B pour l'avertir ? C'est impossible, le cri, le coup de fil ou l'e-mail devraient voyager à une vitesse supérieure à celle de la lumière ! Alors A et B se sont-ils mis d'accord avant de partir sur ce qu'ils allaient dire ? Non plus, car au sein de la particule ils ne savaient pas ce qu'on allait leur demander. Donc, concluent les trois chercheurs, la physique quantique ne tient pas debout. Oui, mais voilà que l'expérience de pensée E.P.R. des trois scientifiques a été tentée pratiquement, bien sûr sans demander aux photons de parler mais en détectant des caractéristiques physiques bien identifiables, et les résultats sont incontestables. A et B restent dans le temps comme dans l'espace, indissociablement liés... d'une façon mystérieuse et non explicable rationnellement. Comme deux jumeaux issus du même œuf maternel, A et B que la vie a séparé, sont et restent reliés en permanence. Il ne faut pas, dit la physique quantique, considérer A et B comme indépendants mais comme une entité indissociable. Après tout le genre humain, outre les jumeaux, connaît bien des situations analogues comme, par exemple, les couples ultra-symbiotiques qui, momentanément séparés, agiront ou parleront identiquement – ce qui les différentie malgré tout des grains A et B qui eux avaient l'esprit de contradiction !

Délires

Et ce qui vaut à deux reste valable à trois, à mille, à des milliards. Dans le « creux » du vide originel, toutes les particules élémentaires issues du bouillonnement quantique étaient « entassées » dans un même « espace » infiniment petit, toutes en contact, bien au chaud avant (ou simultanément à notre échelle de temps) le Big Bang. Toutes les particules qui constituent aujourd'hui l'Univers ont connu cet état fusionnel dans le ventre originel du monde. Et si maintenant, même après des milliards d'années, à des milliards d'années-lumière de distance, elles étaient toujours incompréhensiblement liées ? C'est bien de cela que nous parlent A et B.

Cher lecteur, n'oublions pas que nous nous connaissons depuis fort longtemps, que nous avons mijoté dans le même chaudron originel !

Finalement, quarks, électrons, protons, neutrons qui, associés en atomes et molécules, constituent mon corps se sont « connus » bien avant ma naissance. Un être humain forme un tout dont toutes les parties sont en interaction. Et à l'heure où la médecine s'hyperspécialise et découpe le corps en microtranches de saucisson, bien des praticiens commencent à être convaincus que leurs patients doivent être pris dans leur globalité, des connexions inattendues pouvant être observées entre des coins du corps apparemment sans rapport. Et aussi entre l'esprit – quoi ! Cette « chose » immatérielle ! – et la détérioration ou la guérison d'organes affectés.

Ah ! Il faut que j'appelle X. Je décroche le téléphone et j'entends « ah ! C'est toi » avant qu'aucun signal sonore ne se soit produit chez l'un ou l'autre. Nous avons décroché le récepteur et composé le numéro exactement ensemble. Transmission de pensée.

Qui n'a pas vécu ou entendu parler de ces simultanéités surprenantes, par exemple, telle personne ressentant un malaise pourra-t-elle constater ultérieurement que son proche parent, à l'autre bout de la Terre, était victime au même moment d'un très grave accident ?

Et si finalement j'étais intimement relié à bien plus qu'à mon corps et mes soucis, bien plus qu'au cercle de ma famille et de mes amis, mais aussi au milliard deux cents millions de Chinois qui comme moi cherchent le bonheur, au milan royal qui tournoie majestueusement au-dessus de ma tête, au chêne sage multicentenaire qui me regarde m'agiter avec condescendance, à l'immaculé iceberg qui dérive entre pur bleu mer et pur bleu ciel... intimement relié à bien plus qu'à la Terre entière qui me porte, bien plus qu'aux étoiles qui m'interpellent, bien plus... Irrévocablement relié à l'Univers, serait-ce finalement beaucoup plus étonnant que l'histoire d'A et B ?

Le destin des étoiles

Une affaire qui marche

Nous sommes maintenant familiarisés avec la relation de Einstein, $E = mc^2$ que nous maîtrisons aussi bien que la table de multiplication de deux (avant l'existence des calculettes !). Dans une étoile comme le Soleil, ce sont 564 millions de tonnes d'hydrogène par seconde qui fusionnent pour donner 560 millions de tonnes d'hélium. C'est donc une perte de masse de 4 millions de tonnes par seconde. Multiplié par le carré de la vitesse de la lumière, c'est une puissance énergétique de 36×10^{22} kW qui est émise dans le cosmos. La belle ampoule... non pas électrique mais nucléaire, car il s'agit là de la fusion nucléaire. Un cycle de réactions nucléaires que l'on peut résumer en imaginant, pour simplifier, un rapprochement de noyaux d'hydrogène avec absorption de neutrons pour aboutir à des noyaux d'hélium. Ce mécanisme physique nécessite des températures de l'ordre de millions de degrés. L'intérieur de l'étoile est alors un plasma c'est-à-dire un état de la matière dans lequel, les électrons ayant été éjectés, ne subsistent que des noyaux d'atomes vibrant et s'entrechoquant d'une façon désordonnée, une sorte de chaos incandescent. Étant donné l'agitation et la température interne de l'astre, les pressions colossales qui s'exercent au cœur de la fusion, on conçoit qu'une force, dite force de radiation, s'exerce du centre vers la périphérie et tende à faire grossir l'étoile, à pousser la matière vers l'extérieur. Mais la même quantité de matière concentrée est également soumise à la force de gravitation qui est, elle, centripète. De sorte que l'étoile, sous l'effet de ces deux forces antagonistes, trouve un équilibre dont va résulter son volume. Quand dans la cour de l'école deux équipes d'égale force tirent avec la même vigueur les deux extrémités

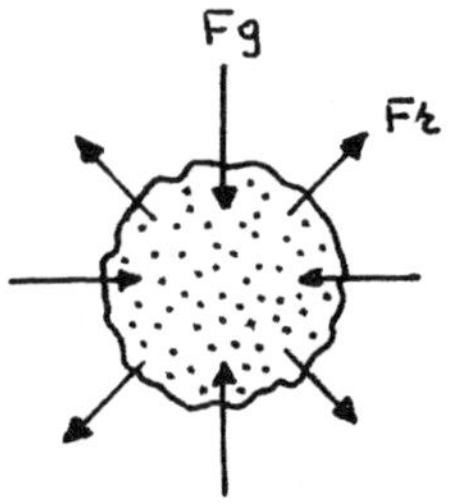

ILLUSTRATION 30 : **Forces de gravitation et de radiation s'exerçant sur une étoile.**

d'une corde, le milieu de celle-ci ne bouge guère. Ainsi vivent les étoiles, comme nous, toujours à la recherche d'un équilibre entre les forces contradictoires qui nous tiraillent de-ci de-là.

Le combustible d'une étoile est donc l'hydrogène dont les réserves ne sont pas inépuisables. Les petites étoiles telles que le Soleil sont parcimonieuses et ont une espérance de vie de l'ordre d'une dizaine de milliards d'années, alors que d'autres plus grosses, au comportement de flambeuse, risquent d'épuiser leur combustible en quelques millions d'années. Il faut de tout pour faire un monde.

Faire-part

Pour exister, le passage obligatoire est la naissance. S'il y a une cinquantaine d'années on pouvait encore se demander si les étoiles étaient issues de l'extrémité de la baguette magique d'une fée céleste, on sait aujourd'hui qu'elles résultent elles aussi d'une longue gestation, mais bien supérieure à neuf mois. Nous avons déjà vu que l'omniprésente force d'attraction universelle a rassemblé les atomes d'hydrogène en nébuleuses disséminées par-ci par-là dans l'espace cosmique comme des météorologistes mettent des petits nuages blancs dans un ciel de vacances. La même force va encore agir à l'intérieur des nébuleuses, regroupant de-ci de-là la matière autour de pôles d'attraction. Effet boule-de-neige aidant, les atomes d'hydrogène vont vite former un amas qui va grossir à vue d'œil (céleste). La concentration des atomes et la pression font monter la température interne. Les électrons sont éjectés. Un plasma de noyaux d'hydrogène est maintenant formé, les réactions nucléaires de fusion se déclenchent. Une étoile vient de naître. Comme notre époque est décevante ! Il a encore fallu trouver une explication scientifique à l'apparition des étoiles, il n'y a plus de place au rêve ni à la magie !

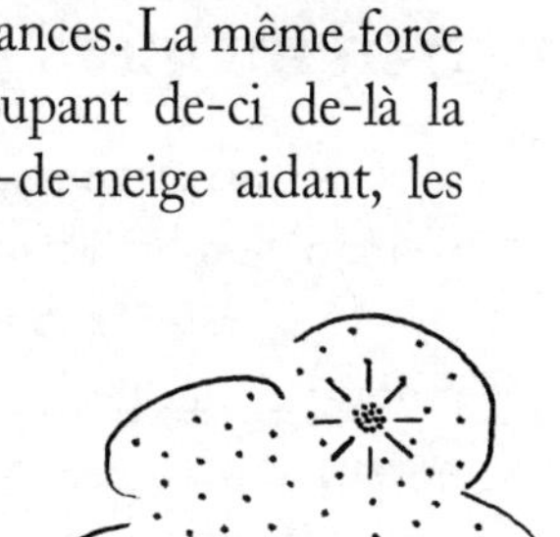

ILLUSTRATION 31 : **Création d'étoiles au sein d'une nébuleuse.**

Les plus belles photos des « scoops » célestes qu'on découvre dans les revues scientifiques sont celles des « piliers de la création » de la nébuleuse de l'Aigle où l'on voit en leur extrémité des nuages de poussière de matière en cours de condensation, des pouponnières d'étoiles. On sait déjà aussi que les nébuleuses M42 et M43 de la constellation d'Orion sont également le siège de créations stellaires. Puis les vents cosmiques se chargeront de les disperser sauf si, parce que nombreuses et formées ensemble dans une grande proximité, les forces d'attraction universelle les maintiennent liées entre elles, auquel cas elles formeront un amas d'étoiles. Dans la constellation du Taureau, les Pléiades et les Hyades sont des amas de jeunes étoiles alors que l'amas d'Hercule est constitué de vieilles étoiles d'environ 10 milliards d'années... mais qui ont été jeunes en leur temps. S'abandonnant aux musiques célestes de leur époque elles ne savaient pas ce que le destin allait leur réserver. Ce que nous savons, nous, aujourd'hui. Curieusement nous connaissons beaucoup plus de choses sur la mort des étoiles qui sont à des années-lumière que sur la nôtre qui nous touche de si près. Nous prenant parfois pour des étoiles, on peut toujours écouter ce qu'elles racontent.

Sereinement

Les images simplifient parfois les explications : soit un petit morceau de matière solide (n'importe quoi, une pierre précieuse par exemple...) que l'on va se représenter comme un empilement de petites boules transparentes (les atomes), chacune d'elle ayant en son centre un point noir (le noyau), et les électrons se baladant librement à l'intérieur de chaque sphère. Supposons qu'un centimètre cube de cette substance ait une masse de 5 grammes (la masse volumique est donc de 5 g/cm^3). On place le bout de matière solide entre les deux mâchoires d'un étau et on serre. Le volume diminuant mais la quantité de matière restant la même, la masse volumique augmente et à l'intérieur on peut imaginer que les boules commencent à s'interpénétrer. On lui serre encore la vis. Quand on arrive à 100 t/cm^3 de masse volumique, la pression est telle que les électrons sont désolidarisés de leurs noyaux respectifs et le solide se présente alors

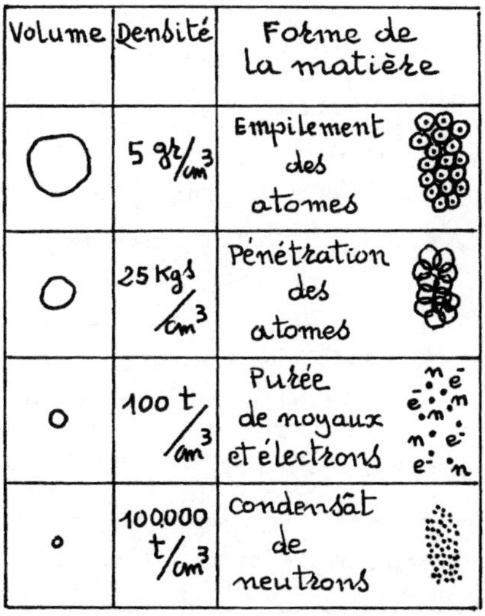

ILLUSTRATION 32 : **Evolution de la matière en fonction de la compression.**

comme une purée de noyaux et d'électrons. Si on pouvait rapprocher encore les mâchoires de l'étau jusqu'à écraser complètement le morceau, l'amenant à 100 000 t/cm^3 de masse volumique, on pourrait voir, sur notre petit dessin, les noyaux des atomes absorber les électrons et, ce faisant, les protons se transformeraient en neutrons. On aurait un condensât de neutrons, la pierre précieuse serait devenue une pierre à neutrons !

À défaut de moutons célestes, revenons à nos étoiles, soumises, on s'en souvient, à deux forces opposées, la force de radiation et la force de gravitation. L'âge venant, les réserves de combustible hydrogène diminuant, le feu intérieur s'amenuisant, la force de radiation qui poussait vers l'extérieur s'affaiblit et la force de gravitation l'emporte. On dit que l'étoile se condense ou s'effondre. C'est une sorte d'implosion, comme si l'étoile était fortement serrée entre les deux mâchoires d'un étau de dimension géante. Ce qui reste de l'étoile initiale est maintenant appelé étoile à neutrons dont le volume peut être mille fois plus petit que celui du départ. Pour donner un ordre de grandeur, une étoile à neutrons peut avoir la taille de la Terre.

Que choisir ?

Bien sûr chaque fin de vie est différente, la transformation en un autre état étant progressive, procédant par étapes, avec des paliers et des phases d'accélération.

Celles qui meurent – le mot n'est pas approprié puisqu'il s'agit d'un passage d'un état à un autre – à petit feu deviennent ce qu'on appelle une naine blanche. Dans ce cas la force de gravitation s'impose en douceur sur la force de radiation : le processus est lent. C'est généralement le cas des petites étoiles, celles dont le volume initial est inférieur à 1,4 fois celui du Soleil.

Pour des étoiles plus grosses mais dont le volume est inférieur à cinq fois le Soleil, la phase de condensation est plus intense. Tandis que le centre de l'étoile s'effondre, la matière du pourtour (la couronne) est projetée vers l'extérieur, donnant naissance à un nuage entourant la « défunte », tellement lumineux au début que les astronomes ont cru, dans le passé, avoir à faire à une nouvelle étoile visible dans le ciel. C'est ce qu'on nomme aujourd'hui une supernova. On se souvient de la nébuleuse du Crabe, repérée par les Chinois le 4 juillet 1054. Mais derrière ce bouquet final laissé en souvenir se cache le cœur de l'étoile devenue étoile à neutrons, animée d'une « vie intérieure » puisqu'émettant des signaux que l'on a commencé à détecter dans les années cinquante, entre autres par J. Bell qui s'était même demandé s'il ne s'agissait pas de messages émis par des extraterrestres. Les étoiles qui suivent ce type d'évolution s'appellent pulsar[1], du mot pulsation.

m masse de l'étoile	$m_\odot$ masse du soleil
$m < 1{,}4\, m_\odot$	naine blanche
$1{,}4\, m_\odot < m < 5\, m_\odot$	pulsar
$m > 5\, m_\odot$	trou noir

ILLUSTRATION 33 : **Trois destins d'étoile en fonction de la masse comparée à celle du Soleil.**

Et les étoiles dont la masse est supérieure à cinq fois celle du Soleil ont une fin de vie encore différente. L'effondrement est d'une telle intensité, d'une telle violence, que l'étoile devient un trou noir. Ah ! Enfin de quoi donner quelques frissons.

---

[1] Physiquement, on attribue les signaux émis à des interactions entre le mouvement de rotation de l'étoile à neutrons avec des champs magnétiques.

Indices

Comment voir un trou noir dans le fond noir du ciel ? Eh bien, on ne peut pas. Penché sur la margelle d'un puits, regardant le fond, s'il n'y a pas un peu d'eau et le reflet de la Lune, ce sera le noir total. N'imaginons pas là-haut dans les cieux des trous sans fond que nulle étoile ne serait disposée à éclairer. Il faudrait plutôt faire appel à nos rêves – ou cauchemars – quand on a l'impression de tomber sans fin dans l'obscurité la plus totale. L'implosion d'une grosse étoile est d'une telle puissance que toute matière située sur les bords de l'astre est irrémédiablement aspirée vers le centre, le cœur, comme si elle tombait dans un trou. C'est évidemment la gravitation qui agit avec une intensité sans pareille. Et la force d'attraction devient d'autant plus forte que de plus en plus de matière s'accumule « au fond ». Mais ça, ce n'est rien car l'attraction gravitationnelle s'exerce évidemment sur l'environnement. Voilà qu'une étoile qui ne siégeait pas très loin sent une force d'attirance puissante qui la déloge, l'anime d'un mouvement de rotation autour du trou noir, une trajectoire en forme de spirale qui se termine... « au fond du trou » ! Finalement la comparaison à l'eau du lavabo qui tournoie et finit par disparaître en direction du siphon est assez appropriée. Mais ça, ce n'est rien. Car l'étoile anthropophage peut aussi avaler une nébuleuse entière, une galaxie entière qui était dans les parages. On pourrait penser, à juste raison, que de tels cataclysmes célestes doivent s'accompagner d'une émission de lumière, de rayonnement plus précisément. Or le drame se passe dans un espace clos et de l'extérieur on ne voit rien car l'étoile cannibale engloutit aussi la lumière, Einstein ayant montré qu'elle suit les déformations spatiales. Sur la Terre, nos yeux, même tirés à s'en faire mal dans les profondeurs célestes, ne risquent pas de voir quoi que ce soit. Il n'y a pas de témoins gênants. Mais grâce aux télescopes spatiaux envoyés en orbite autour de notre planète et équipés de caméras sensibles aux rayons X, on

ILLUSTRATION 34 : **Trajectoires spirales d'objets cosmiques (galaxies, nébuleuses, étoiles...) aspirés par un trou noir.**

a pu entrevoir des objets célestes soumis à des arrachements de matière alors qu'ils commençaient à être sensibles à l'attraction du trou noir. On a pu aussi observer des mouvements orbitaux de corps célestes gravitant autour... de rien ! Les lois de la mécanique classique disent qu'il y a forcément quelque chose au centre de très massique... mais qu'on ne peut voir ni détecter. Les mirages gravitationnels (voir page 56) permettent aussi de mettre en évidence d'éventuels trous noirs. On sait maintenant qu'au centre de notre galaxie – oui, la nôtre à nous ! – il y a un gros trou noir... Il est situé très loin en arrière des étoiles de la constellation du Sagittaire, mais on n'en parle pas trop lors d'une sortie sous les étoiles car ce sont des soirées détente et non préparatoires à des nuits de cauchemars.

Divagations

Et dedans, au fond, que se passe-t-il ? Bien sûr au départ la même chose que ce qu'a connu la pierre précieuse broyée dans l'étau : la matière réduite à l'état de purée de neutrons. Mais on peut imaginer que le processus de dégradation ou transformation de la matière doit continuer. On arrive là à ce que les physiciens appellent une singularité, un domaine où les lois connues de la physique ne sont plus applicables. Un espace où la physique quantique et la relativité de Einstein doivent cœxister, où les quatre forces de la nature devraient être agissantes à égalité. Ce précisément sur quoi les théoriciens butent à l'heure actuelle bien que des lueurs apparaissent avec la théorie faisant appel aux supercordes, des entités en forme imagée de brins encore bien plus petits que les quarks, qui par leurs vibrations différentes, donneraient naissance à des « images » de particules. La fameuse théorie du « Tout » !

Un célèbre physicien, S. Hawking, fasciné par ces domaines de la physique où règnent le bizarre et l'incompréhensible, aime à s'ébattre parmi ces mystères. Il pense qu'au début de l'Univers, quand il était tout petit – l'Univers, pas Monsieur Hawking – se sont formés à profusion de tous petits trous noirs appelés gobelins. Et ceux-ci de « s'évaporer », donnant naissance à des « perles de lumière ». C'est beau. Ça signifie aussi que ce quelque chose ainsi créé peut être n'importe quoi... de la matière comme la nôtre ou pas du tout, un univers comme le nôtre ou complètement autre avec lequel aucune communication n'est possible, des sortes d'univers parallèles, des créations à l'état pur.

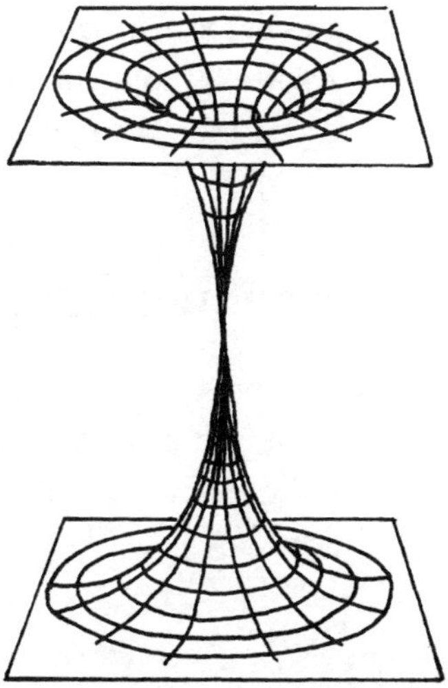

ILLUSTRATION 35 : **Représentation imagée d'un trou blanc associé à un trou noir.**

Toujours avec cette manie bien compréhensible d'essayer de se représenter les choses avec des petits dessins, les trous noirs apparaissent parfois sur les livres comme des entonnoirs dont le goulot est dirigé vers le bas. Ça nous parle car on sait bien qu'aucune goutte d'eau ou qu'aucun grain de sable ne risque de remonter la paroi et s'échapper, mais qu'ils sont inexorablement appelés à disparaître au fond. Dans la suite des travaux de S. Hawking et peut-être pour respecter le principe de symétrie, des physiciens se plaisent à aller voir de l'autre côté, et de dessiner un entonnoir cette fois à l'envers dans le prolongement du précédent et de l'appeler évidemment trou blanc. Ainsi la matière absorbée en haut par le trou noir « ressortira » par le trou blanc, l'entonnoir de la création. Image qui n'est pas sans nous rappeler le célèbre moulin mystique de l'abbaye de Vezelay, symbole de la transformation de l'être humain par le passage dans l'engrenage des gros grains d'égocentrisme qui nous habitent pour réapparaître épurés en blanche farine. Autant le trou noir évoque la mort autant le trou blanc parle d'une renaissance... et ceux qui, revenus d'un profond coma, racontent leur « voyage », mentionnent très souvent un long tunnel dans lequel ils étaient engagés, avec une lumière... au bout ! Mais qu'ils ne connaîtront vraiment que lors de leur escapade définitive, comme nous.

On a déjà signalé l'éventualité d'un autre univers avant le nôtre qui se serait terminé en « Big Crunch ». Un trou noir à l'échelle cosmique qui aurait donné naissance à l'Univers que nous connaissons aujourd'hui. Encore un schéma qui n'est pas sans rappeler ces deux entonnoirs réunis, du trou blanc pouvant jaillir des « perles de lumière » qui deviendront nous... plus tard ! Et je crois bien savoir aussi que certains physiciens n'ont pu s'empêcher de penser, toujours devant l'image de ces deux entonnoirs accolés, au coït d'un homme et d'une femme avec parfois, neuf mois après, l'apparition d'un petit être humain, authentique « perle de lumière ».

Bouquet final

Après avoir divagué de-ci de-là, après avoir épluché tous ces documents, on peut se demander si on ne pourrait pas rassembler les informations, essayer de débusquer quelques indices qui nous permettraient d'avancer. Car il faut bien le dire l'enquête piétine. Comme peut-être Einstein un jour s'installant à son bureau lisse comme un miroir pour réfléchir au fonctionnement du monde, mettons-nous – en toute modestie – devant une feuille blanche. En bas de la page traçons à main levée une ligne horizontale représentant le niveau zéro et posons dessus une échelle de meunier s'élevant verticalement. On a déjà évoqué cette image précédemment (voir page 43), mais quel inspecteur de police ne remet-il pas cent fois sur le métier les éléments de ses investigations pour découvrir le chaînon manquant ? Bon, de la base représentant le vide originel vont sourdre les plus petites particules connues avec certitude (ou presque) à ce jour, les quarks, les électrons... que l'on va ranger bien sagement sur le premier barreau. Les quarks s'assemblent par trois et donnent naissance aux protons et neutrons qui vont occuper le niveau au-dessus. Sur l'échelon suivant s'installent les noyaux des atomes. Les électrons entourent les noyaux et l'ensemble forme la famille des atomes qui occupent le degré supérieur, atomes essentiellement d'hydrogène, un peu d'hélium, peut-être quelques rares lithiums et au-dessus plus rien ! Seulement deux montants latéraux qui semblent monter très haut, mais il n'y a aucune marche pour y accéder. Jusque-là c'était facile. Et maintenant les yeux quittent la feuille, cher-

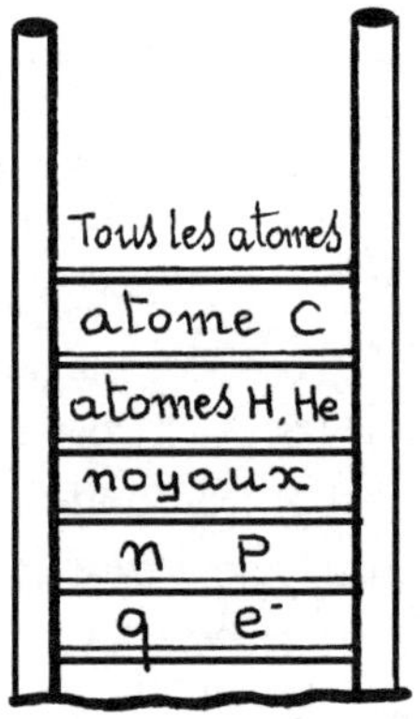

Illustration 36 : **Continuation de l'échelle de la complexité.**

chent dans la pièce un quelque chose à quoi s'accrocher, un petit divertissement, et vient cette envie irrésistible d'aller faire un petit tour du côté du bar ou du frigo... Et que faisons-nous maintenant de ces myriades d'atomes ? Ils s'enfuient avec l'Univers qui grandit. La force cosmique d'attraction universelle les rassemble en nébuleuses... en nébuleuses... en nébuleuses ?

C'est bien, continuons. À l'intérieur de celles-ci, ils forment des amas qui grossissent très vite et, la température aidant, les réactions nucléaires se déclenchant, ils deviennent étoiles. Dans le cœur incandescent de l'étoile les noyaux d'hydrogène s'associent pour donner des noyaux d'hélium. Et après ? Toujours le même barreau supérieur de l'échelle de la complexité avec dessus les atomes d'hélium, on n'en sortira pas ?

Il doit faire chaud au sein de ce plasma de noyaux dans l'étoile... chaud au sein de ce plasma... les noyaux d'hélium s'entrechoquent... Ah ! Mais, trois noyaux d'hélium qui fusionnent, ça fait quoi ? Un autre noyau avec six protons et six neutrons... un noyau d'atome de carbone !

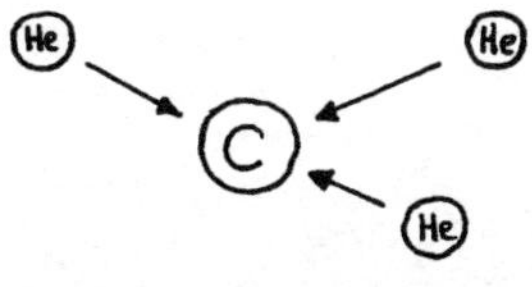

ILLUSTRATION 37 : **Nucléosynthèse : trois noyaux d'hélium s'unissent pour donner un noyau de carbone.**

Eurêka ! Et appliquant les lois de la chimie atomique (la nucléosynthèse), comme dans un jeu de legos encore une fois, apparaissent les noyaux de tous les atomes qui, dans la classification de Mendéléïev, sont en dessous du fer. Elle était là l'information non exploitée. Les étoiles sont des usines de fabrication d'atomes. Oui, des usines de fabrication d'atomes.

Petite objection : pourquoi ne se sont-ils pas formés au début, dans la fournaise du Big Bang ? Certes à ce moment-là la température était supérieure à celle du cœur des étoiles et en principe ces fusions de noyaux auraient été possibles. Mais, souvenons-nous, au bout de trois minutes la température avait déjà trop baissé pour les permettre. Et trois minutes avaient été un temps trop court pour lancer la chaîne de production avec quelque chance de succès. Il a donc fallu attendre les étoiles pour retrouver dans le cœur des températures suffisantes pour amorcer ces fusions de noyaux et avec du temps, cette fois, pour stabiliser les produits élaborés. Si

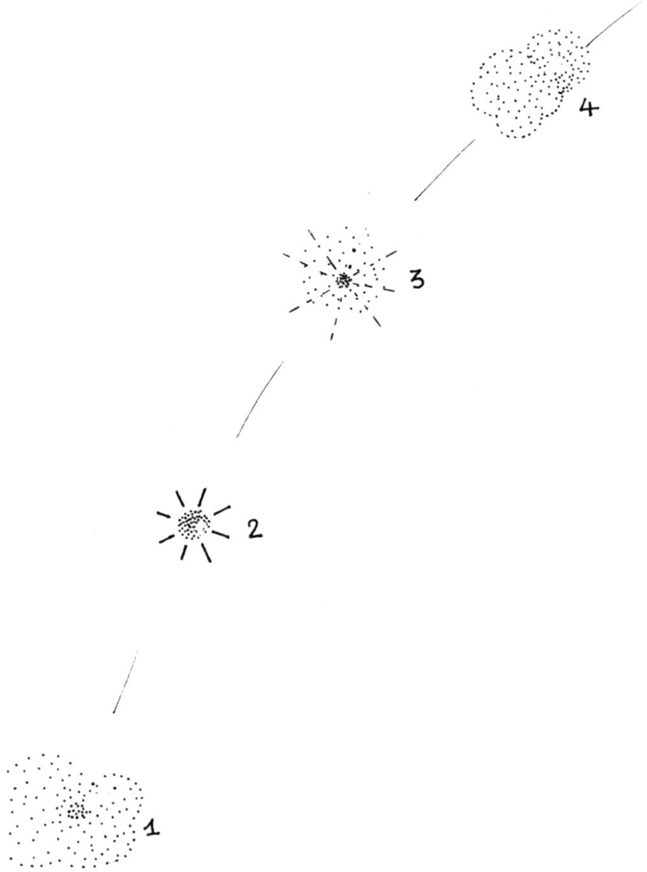

Illustration 38 : **La vie d'une étoile**
1 Naissance d'une étoile au sein d'une nébuleuse d'hydrogène
2 L'étoile rayonne et fabrique à l'intérieur d'autres atomes
3 Plus de combustible hydrogène : l'étoile implose-explose
4 La couronne de l'étoile laisse une nébuleuse enrichie

j'ai aujourd'hui un atome de carbone qui essaye de s'accrocher à un autre carbone situé de l'autre côté de la crevasse de mon tibia fracturé pour ressouder mon os, merci les étoiles. C'est bien de là-haut que viennent les pièces de l'inanimé comme du vivant.

Je me demande si ce n'est pas là une des plus belles pages de notre histoire. Nous sommes enfants des étoiles, poussières d'étoiles comme l'a dit si joliment H. Reeves. Mais je sens encore une incertitude sur votre visage. Si tous les atomes qui constituent mon corps aujourd'hui ont été fabriqués dans les étoiles, comment se fait-il qu'ils se retrouvent aujourd'hui quelque part sur la Terre, dans mon corps ? Tout feu d'artifice se termine en beauté. L'étoile en fin de vie, on l'a vu, quand elle n'a plus de combustible hydrogène et que toute la matière a été convertie en hélium et en autres atomes (carbone, oxygène, azote...) jusqu'au fer, explose-implose. Une supernova. Si l'effondrement de l'étoile entraîne près de 90 % de la matière en son sein pour devenir étoile à neutrons, environ 10 % de la matière sont rejetés dans son environnement... la fameuse nébuleuse souvenir, le bouquet céleste. Cette dernière, outre quelques atomes d'hydrogène résiduels, beaucoup d'atomes d'hélium, contient aussi les autres atomes qui ont été fabriqués... et qui, un jour ou l'autre, pour certains, se retrouveront sur la Terre...

ILLUSTRATION 39 : **Fin de vie d'une étoile : implosion-explosion.**

Notre galaxie et le Soleil

Ça va vite

Tout va bien. Lumineux depuis l'âge de 300 000 ans, l'Univers grandit en taille et en sagesse ! Nébuleuses et astres divers peuplent les espaces cosmiques. Les galaxies, mégalopoles d'étoiles, se déploient majestueusement. On sait depuis les travaux de Hubble qu'elles s'éloignent les unes des autres comme des pépites de chocolat dans un gâteau qui gonfle. Les étoiles s'affairent à briller à qui mieux mieux et à fabriquer des atomes, d'abord naturellement jusqu'au fer dans leur cœur incandescent puis d'autres plus lourds, du fer à l'uranium, dans le feu des supernovæ, lors de leur explosion. Ainsi les espaces interstellaires s'enrichissent d'atomes plus élaborés – le temps de l'hydrogène enfant unique s'enfuit à tout jamais. Les nébuleuses sont donc maintenant constituées, en plus d'hydrogène et d'hélium, d'un peu tous les éléments naturels qui font aujourd'hui notre quotidien. Le ronron. Et les milliards d'années passent. Et tout aurait pu continuer ainsi pour toujours sans qu'il y ait quelque part des quidams curieux ou des âmes inquiètes pour se demander comment cette histoire a commencé pour les premiers et comment elle va finir pour les seconds... Et les voyageurs impatients du « Transunivers » sans doute de se demander, mais enfin, quand va-t-on atterrir ? Voler d'étoile en étoile, sauter d'une galaxie à une autre, s'enrouler dans les vagues de l'espace-temps comme les dauphins s'amusent le long des plages océanes, seuls ceux qui ont une mémoire d'éléphant peuvent se souvenir si nous nous en sommes lassés alors que, simples atomes, nous attendions avec insouciance ou impatience (?) l'heure de nous poser pour gravir la marche suivante de l'échelle de la complexité.

Bon vent

Il semblerait que notre galaxie, que nous appelons galaxie de la Voie lactée, se soit formée dans les débuts de l'Univers, il y a 12 ou 13 milliards d'années. Remémorons-nous son histoire. Comme les autres galaxies, il se peut qu'elle ait pour origine l'une des failles (petite irrégularité de composition de la matière) qui aurait pu apparaître entre 10^{-35} s et 10^{-32} s lors de l'inflation engendrée par le « gel » (refroidissement brusque de température) du feu originel. On se souvient des zébrures qui, à l'identique de celles qui marbrent un lac pris par un grand froid, ont peut être brisé l'homogénéité et l'isotropie des particules soufflées par le Big Bang. Ce qui, entre-nous soit dit, est probablement la cause de nos appréhensions à traverser à pied ou en patin un étang ou un lac gelé ! Ces microfailles traduisant des fluctuations de densité de matière peuvent avoir servi de germes, de pôles d'attraction autour desquels se sont agglutinés les particules et les atomes, futures nébuleuses, futures galaxies. Mais cette explication est une hypothèse car on a vu que le mode d'élaboration des galaxies reste un point faible de la théorie du Big Bang.

Au sein d'une des nébuleuses de notre protogalaxie (prémices de la galaxie) naissent donc à l'époque les premières étoiles selon le processus de condensation de la matière que nous connaissons déjà. Un million d'années est environ nécessaire pour qu'une étoile soit opérationnelle – dirait un chef d'entreprise – c'est-à-dire qu'elle ait atteint son volume et son régime de croisière : une transformation stabilisée de son hydrogène en hélium et une production conséquente d'atomes plus lourds. Les plus grosses, les plus massives d'entre elles ont déjà brûlé tout leur combustible en quelques millions d'années et explosent-implosent (supernovæ) en éjectant dans leur environnement les produits de leur fabrication à savoir tous les atomes naturels qu'on connaît aujourd'hui. Ainsi les espaces interstellaires commencent à contenir les semences qui donneront couleurs et saveurs aux temps futurs. D'autres étoiles ont des durées de vie infiniment plus longues, certaines sont peut-être encore parmi nous aujourd'hui. L'ensemble de toutes ces étoiles constitue notre galaxie. Un petit monde qui s'auto-organise dans les champs de force d'attraction et de répulsion qui régentent l'Univers.

ILLUSTRATION 40 : **Galaxie.**

Elle prend l'allure de ce qu'on appelle une galaxie spirale, c'est-à-dire dotée d'un centre particulièrement peuplé et deux grands bras le long desquels on trouve des enfilades d'étoiles comme on voit des maisons s'aligner continûment dans les banlieues autour du centre d'une ville. Conformément aux lois de la mécanique, la galaxie tourne autour de son centre comme un manège d'une fête foraine. Une fête à l'échelle cosmique et celui ou celle qui, dans un éclat de lucidité ou aux termes de longues et pénibles recherches saura tout de notre monde, l'avant et l'après, aura certainement gagné le pompon. Pour faire un tour, 250 millions d'années sont nécessaires. Pour éviter d'avoir à nous rendre sur une autre galaxie (!) pour voir le mouvement de la nôtre dans son ensemble, on peut s'en faire une idée en regardant de face une éolienne à deux pales ou une hélice d'avion qui tournerait au ralenti. Sans être un ou une spécialiste de la mécanique des fluides on peut deviner qu'en avant d'un couple de pales qui tourne il y a une onde de compression et, à l'échelle d'une hélice de la taille d'une galaxie, on peut imaginer que ça doit décoiffer !

Astucieux

Ah ! On commence à sentir que le Soleil va bientôt se lever. Encore un peu de patience et l'heure qui précède son apparition est généralement la plus froide. On a dit précédemment, comme si ça coulait de source, que c'est au cœur du plasma incandescent d'une étoile que l'assemblage des noyaux (la nucléosynthèse) s'effectue, selon l'ordre établi par Mendeleïev dans son fameux tableau, du plus simple au plus complexe, mais cela jusqu'au fer seulement. Encore une analogie qui va nous surprendre : même si nous en sommes des adeptes assidus, la loi du moindre effort a été prisée bien avant nous. Car il se trouve que, par exemple, le noyau d'atome de carbone « a moins d'efforts » à faire pour assurer sa cohésion – mener sa vie – qu'un noyau d'atome d'hélium. L'énergie de liaison des constituants (neutrons + protons) rapportée à une même unité de masse de noyau, pour rendre les choses comparables, est plus faible pour le carbone que pour l'hélium. Donc moins de fatigue ! Les noyaux « ont donc intérêt » à s'associer et c'est pour cette raison que lorsque la température le permet ce processus s'effectue naturellement dans le cœur des étoiles. Mais ceci n'est vrai que jusqu'à l'atome de fer, car au-delà, pour des atomes plus massifs, l'énergie de liaison se met à croître. Donc la loi du moindre effort entrant en action, l'élaboration de noyaux plus lourds s'arrête. Car s'ils venaient malgré tout à se former transitoirement, ils auraient tendance à se disso-

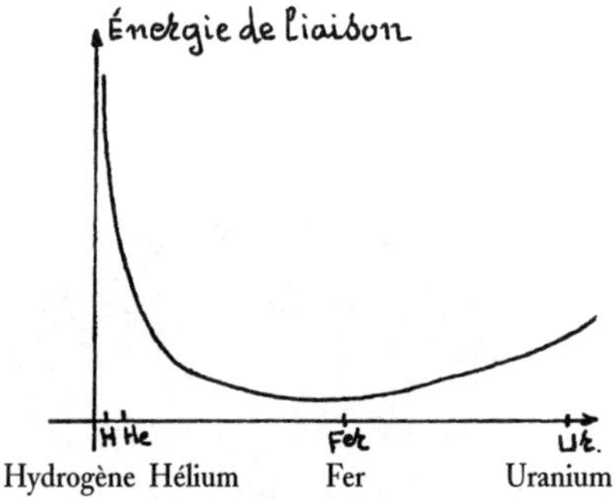

Illustration 41 : **Énergie de liaison du noyau d'un atome.**

cier pour redonner du fer. Le fer est l'élément le plus stable, le plus fort et c'est sans doute pour cette raison qu'il faut manger beaucoup d'épinards.

Mais dans le feu encore plus intense d'une supernova (explosion d'une étoile) les températures atteintes permettent la fusion des atomes lourds jusqu'à l'uranium qui vont cette fois subsister car la rapide diminution de la température après le coup de feu ne leur laissera pas le temps d'être ramenés à l'état de fer. La nature « a trouvé » ce système pour nous laisser toute la panoplie des quatre-vingt-douze éléments naturels... dont les futures adorables gourmettes en or, les miroirs argentés et les plus discutables minerais d'uranium. Et aussi l'arsenic qui éveillera toujours des soupçons lorsqu'un enquêteur en trouve des traces au fond d'une tasse à café ou sur les bords d'un verre de whisky.

Un rayon

Rien n'est trop beau pour élaborer le berceau qui nous est destiné. On ne peut que penser que la nébuleuse d'où va émerger le système solaire était particulièrement bien pourvue en atomes divers, depuis l'hydrogène jusqu'à l'uranium. Sans doute de nombreuses supernovæ avaient-elles, au cours des milliards d'années précédentes, généreusement rejeté dans leur environnement tout ce qu'il fallait pour tapisser le petit lit de dentelles. Heureux temps où nos atomes se laissaient tendrement bercer, bien au chaud et sans soucis, dans ce petit nuage de rêve qu'on appelle notre nébuleuse primitive. Mais au loin le temps se gâte. À l'horizon, un immense bras de matière (un des deux bras de la galaxie en rotation) s'annonce menaçant. Déjà on sent les effets du front de compression qui agite et comprime les atomes et soudainement (attention, tout est relatif !) c'est l'affrontement avec les étoiles de la galaxie. Pression et chocs déclenchent

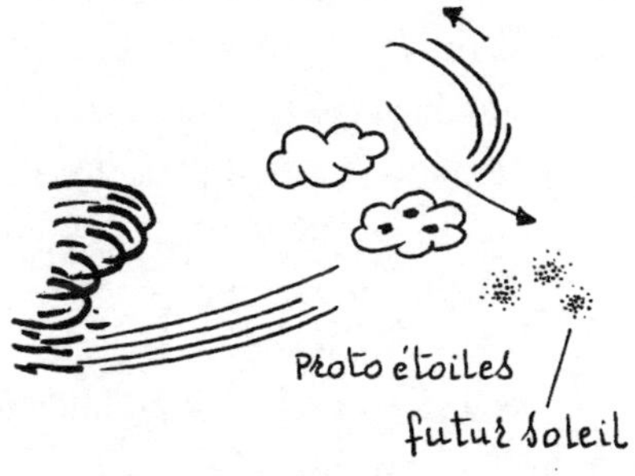

ILLUSTRATION 42 : **Processus d'élaboration d'étoiles lors de la traversée d'une nébuleuse dans un bras de galaxie.**

au sein de la nébuleuse des effondrements d'atomes et des contractions gravitationnelles autour de petits amas de matière, sortes de grumeaux servant de pôles d'attraction, germes des futures nouvelles étoiles. On estime que 20 millions d'années ont suffi pour faire de la nébuleuse primitive une pouponnière remplie de jeunes étoiles comme une maternité déborde de nouveau-nés en période de pleine lune (les statisticiens n'en sont pas convaincus !).

Ainsi est né le Soleil. Ainsi pourrait être né le Soleil car d'autres scénarios sont proposés, toute hypothèse s'accompagnant de variantes. Mais de toute façon notre étoile a suivi le même mode d'élaboration que celui que nous avons décrit pour les étoiles en général : condensation de la matière, pression et élévation de la température et dès que celle-ci atteint les 10 millions de degrés amorçage des réactions nucléaires, noyaux d'hydrogène fusionnant en noyaux d'hélium.

Le premier rayon de Soleil c'était il y a 4,5 milliards d'années. S'exprimer ainsi « c'était il y a 4,5 milliards d'années » signifie qu'on vient de prendre un virage. Jusque-là le temps était compté à partir du big-bang, par exemple « à la 3e minute... », ou bien « à 300 000 ans... ». Et voilà que maintenant on va dire que tel ou tel événement s'est produit il y a... en comptant le temps à partir d'aujourd'hui, en comptant le temps à rebours comme si on lui attribuait un signe négatif... Ou bien en disant par exemple « 4,5 milliards d'années avant Jésus-Christ... » !

Quand on regarde cette histoire avec un peu de recul, on peut s'étonner de ne voir apparaître le Soleil qu'aux deux tiers du temps écoulé depuis l'origine à nos jours. Autrement dit environ 9,5 milliards d'années auraient été inutiles, n'auraient servi à rien ! Ce qui, à notre époque de la rentabilité à tout prix, de l'efficacité à tous crins, de la productivité à flux tendu, paraît assez surprenant. Non, on le sait, il a bien fallu ces 9,5 milliards d'années, par le jeu des naissances, vies et explosions d'étoiles, pour amasser dans les cieux tous les ingrédients nécessaires et en quantité suffisante pour fabriquer... nos pommes.

C'est peut-être déjà bien présomptueux de dire « notre étoile le Soleil »... car nous ne savons pas encore où nous allons mettre les pieds. Mais je vous entends dire : « Mais si, tout va bien, on est sur la Terre, ça roule pour nous. » Je n'en suis pas si sûr. Pour l'instant le Soleil n'est qu'une boule de plasma incandescent avec autour, encore collée à ses baskets, une sphère gazeuse de particules à haute température.

Naissance de l'Univers, émergence des particules du néant, naissance des étoiles, création des atomes, naissance du Soleil... Nous sommes issus d'accouchements successifs, on n'en finit jamais de naître.

Terre, Terre...

L'union fait la force

Avant Pasteur, on croyait que si on bourrait le fond d'un pot de vieux chiffons, en sortaient quelques semaines après des souriceaux. Et que se passe-t-il si on met dans une boîte un mélange tout venant des 92 atomes naturels ? De même qu'au cours d'un rassemblement de personnes très diverses – à l'occasion d'un apéritif par exemple – on se regroupe par affinité, les atomes vont se lier par petits groupes. Deux hydrogènes rencontrant un oxygène, la température aidant – pour nous ce sera plutôt les boissons alcoolisées –, vont s'unir, mettant en commun leurs électrons pour former une molécule d'eau – l'alcool nuisant gravement à la santé, l'eau sera la bienvenue. Le nouvel assemblage H_2O s'est réalisé car le groupement de ces atomes crochus présente une facture énergétique faible. La molécule d'eau est donc stable, une composition solide que l'usure du temps n'affectera pas. Boire la tasse lors de baignades tumultueuses, c'est injecter dans ses poumons – fausse route – des molécules d'eau de peut-être plusieurs milliards d'années.

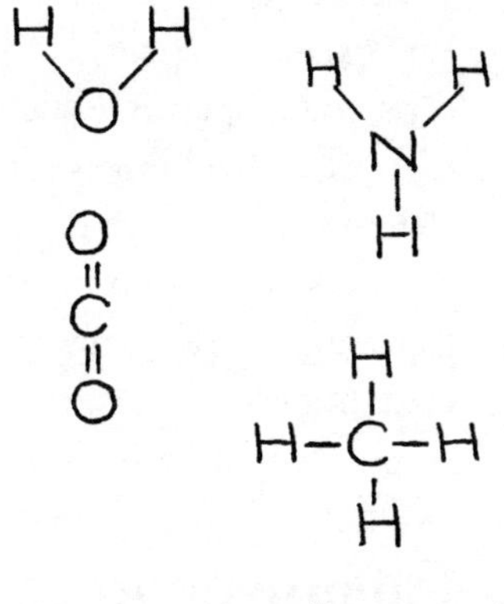

ILLUSTRATION 43 : **Représentation chimique des molécules d'eau (H_2O), gaz carbonique (CO_2), gaz ammoniac (NH_3) et méthane (CH_4).**

D'autres molécules se formeront avec facilité, par exemple NH_3 (gaz ammoniac), CO_2 (gaz carbonique), CH_4 (méthane)...etc. Ces opérations relèvent de la chimie, mettant en jeu des liaisons covalentes (mise en commun d'électrons célibataires) qui sont gouvernées par la force électromagnétique – Eh oui ! La même que celle qui a regroupé les électrons autour des noyaux dans les 300 000 années qui ont suivi le Big Bang. Voilà une force qui ne vieillit pas. Pas une ride. De même d'ailleurs que les trois autres, forces quarkienne, nucléaire, et gravitationnelle qui agissent aujourd'hui comme hier. C'est peut-être vers elles qu'il faudrait se tourner pour enfin avoir la recette de la jeunesse éternelle.

Les molécules de base ainsi formées peuvent rester isolées, auquel cas on aura un gaz, ou bien se serrer et rouler comme des boules les unes sur les autres, on aura un état liquide ou bien se structurer en forme d'échafaudage, l'état solide. Ce sont les trois principaux états de la matière. Selon la nature des atomes et en fonction des conditions physiques (pression, température), la matière se présentera sous l'une de ces trois formes. On sait tous qu'en portant de l'eau à ébullition, elle passe de l'état liquide à l'état gazeux (vapeur) et en la mettant dans le congélateur on aura les glaçons pour l'apéritif – encore ! Silencieusement – sauf en ce qui concerne le TNT – la chimie organise notre quotidien et fait parfois rêver. Les alchimistes au Moyen Âge espéraient bien faire de l'or à partir du plomb ! À moins que nous n'ayons pas compris – ou voulu comprendre – leur langage, eux pensaient plutôt à la transformation de la partie spirituelle de l'être humain.

Champagne

Revenons au Soleil. Lors de l'effondrement qui lui donne naissance, les atomes les plus lointains de la nébuleuse, soumis à la force d'attraction, se rapprochent progressivement et forment une boule gazeuse autour. Les lois de la mécanique classique expliquent que l'ensemble Soleil et couche gazeuse qui l'enveloppe, est animé d'un mouvement de rotation très rapide au début. Chocs, forces de frottements, écoulements visqueux entre les particules auront pour conséquence l'aplatissement de la sphère gazeuse qui prend alors la forme d'un disque perpendiculaire à l'axe de rotation du Soleil et tournant conjointement. Serait-ce là que les futurs forains ont imaginé la forme des manèges ? Et que les futurs musiciens de Vienne ont composé les premières valses ? Il n'y a pas de grande fête sans têtes qui tournent, il en a toujours été ainsi !

Rayonnement solaire, collisions, frictions diverses élèvent la température du disque gazeux au sein duquel s'amorcent les premières réactions chimiques, c'est-à-dire l'association des atomes en molécules selon le processus déjà décrit et le regroupement des molécules en petits grains. Le futur système solaire se présente pour l'instant comme une boule incandescente entourée d'un disque de gaz et de fines particules qui se solidifient et deviennent d'autant plus nombreuses que la température baisse et en même temps que s'achève la phase initiale de formation du soleil. Dans le disque équatorial les grains ont de quelques microns à quelques millimètres de grosseur. Du centre vers la périphérie, la température décroissant progressivement, on conçoit que les réactions chimiques ne soient pas les mêmes proches du Soleil ou loin. Sur les bords du disque, les faibles températures permettent l'élaboration des molécules les plus simples, H_2O, CH_4, NH_3, O_2, CO_2... alors qu'en son milieu, aux alentours de 1 000 °, se forment les silicates (composés à base de silice) et divers oxydes métalliques, et enfin, vers le centre, tout proche du Soleil, on trouvera l'alumine et des composés de calcium, magnésium, titane, qui nécessitent de hautes températures. Ce qui explique probablement la diversité des composants chimiques qu'on rencontre sur les planètes en fonction de leur distance à l'astre central. Planètes ? Quelles planètes ? Aucune encore n'est visible à l'horizon.

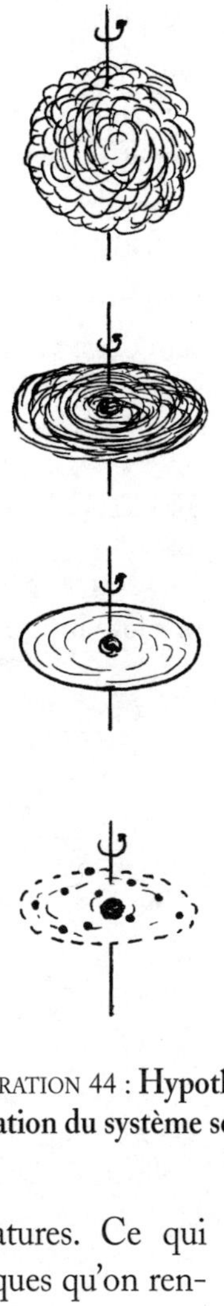

ILLUSTRATION 44 : **Hypothèse de formation du système solaire.**

Au sein de ce disque grumeleux qui s'étale autour du Soleil comme une nappe de pétrole sur un plan d'eau, les grains, toujours sous l'effet des chocs et des frottements, s'assemblent progressivement, les plus gros attirant les plus petits, pour constituer des embryons de planètes. Gros « cailloux » pour le moment, plutôt mous près du Soleil à cause des hautes températures, plutôt gazeux en périphérie. Procédant par accrétion – effet boule-de-neige pour faire simple ! – les astéroïdes grossissent, de quelques centaines de mètre de diamètre d'abord à plusieurs centaines de kilomètres et encore plus ensuite. Leur nombre diminue en conséquence et, tournant autour du Soleil dans un milieu encore chargé en poussières, grains et débris divers qui les ralentissent, ils voient leur vitesse diminuer. Ils trouvent petit à petit leur volume optimal et leur place hiérarchique au sein de la famille planétaire en cours de constitution.

Jeux de boules

Déjà à cette époque-là, les gros absorbant les petits, se forme un nombre limité de planétoïdes qui, lorsqu'ils se seront affinés, prendront le nom de planètes. Ils se déplacent sur des orbites elliptiques, véritables fils imaginaires pour des acrobates hors du commun. C'est de l'équilibre entre la force centripète (qui tire vers le centre) d'origine gravitationnelle exercée par le Soleil et la force centrifuge (qui tire vers l'extérieur) résultant de leur mouvement circulaire, que s'établit la trajectoire. Ces masses de matière aux températures élevées, encore molles et malléables, prennent une forme sphérique induite par leur grande vitesse de rotation sur elle-même.

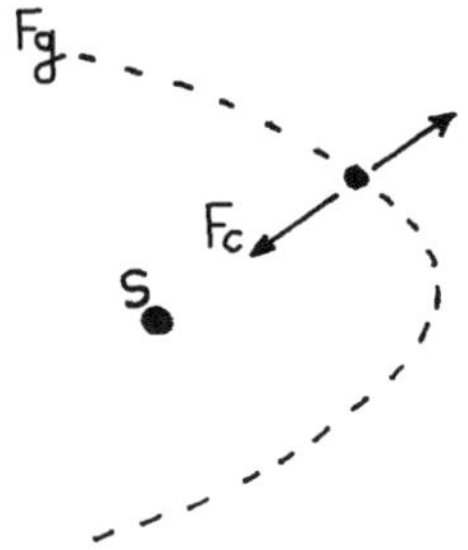

Illustration 45 : **Trajectoire d'une planète autour du Soleil. Équilibre entre la force centripète (de gravitation) et la force centrifuge.**

Ainsi se forment Mercure, Vénus, Terre, Mars, les plus proches du Soleil, appelées planètes telluriques (du type de la Terre). Bien plus loin on trouve Jupiter, Saturne, Uranus, Neptune qui sont des planètes gazeuses parce que les températures plus faibles n'ont pas favorisé l'évaporation des gaz, hydrogène, hélium... qui sont alors restés en suspension alors qu'autour des planètes telluriques ces mêmes gaz ont été rejetés. On sait déjà que Jupiter aurait pu être une étoile si deux fois plus de matière était venue se condenser dessus. Entre Mars et Jupiter se trouve une ceinture d'astéroïdes, restes d'une planète qui se serait disloquée ou simples agglomérats originels qui n'ont pas pu s'accréter pour générer une autre planète ? Dans un cas comme dans l'autre ne peut-on pas suspecter les deux planètes qui encadrent cette ceinture d'avoir comploté pour éliminer un ou une voisine qui cherchait à s'installer ! Sans oublier tous les laissés pour compte, astéroïdes, comètes... éternels errants célestes que nous avons déjà rencontrés. Au-delà de Neptune, Pluton n'est peut-être aussi qu'un gros astéroïde qui, parmi d'autres récemment découverts, n'a pas été dans des conditions de température satisfaisantes pour acquérir un véritable statut de planète[1].

La constitution de cette famille planétaire ne s'est apparemment pas déroulée dans le calme et la sérénité. Les traces de cratères observées sur la Lune ou Mercure montrent à l'évidence un bombardement météoritique intense en ces temps de gestation.

Même si physiquement le scénario que nous venons de décrire pour l'élaboration du système solaire – et qui est une hypothèse – est tout à fait généralisable à l'ensemble des étoiles de la galaxie, pendant longtemps nous avons pu nous imaginer être une famille unique en ce vaste monde. Depuis quelques années beaucoup d'autres planètes autour d'autres étoiles (planètes extrasolaires) ont été découvertes. On cherche maintenant leurs habitants. Pour se préparer à la guerre ou à la paix ?

Effluves de boulange

Parmi les planètes du système solaire en cours de formation se trouve la Terre, pas encore habillée de ses mers émeraude, de ses montagnes encapuchonnées de neiges éternelles, de ses plaines infinies, de ses déserts sculptés par les vents, de ses rivières languissantes, de ses forêts cha-

[1] On apprend à l'instant que Pluton n'est plus considérée comme une planète.

toyantes. Ce n'est encore qu'une patate chaude et fumante, hésitante sur sa trajectoire et indécise sur sa vitesse de rotation sur elle-même.

On parle aujourd'hui de la Terre comme si sa présence et le fait d'être à notre disposition pour nous supporter, nous offrir ses senteurs d'humus, ses fleurs bigarrées, ses paysages grandioses, allaient de soi. Voilà une nouvelle née qui aurait très bien pu éclater en mille morceaux, s'engager sur une trajectoire l'éloignant à tout jamais du Soleil, se volatiliser en poussière sous l'impact d'un gros astéroïde. C'est arrivé à d'autres. Non, elle a fini par trouver sa juste place, ni trop près ni trop loin du Soleil, équilibrée entre la force centripète de gravitation et la force centrifuge. Tous les atomes qui constituent aujourd'hui nos os, notre sang, notre chair, notre joli minois ou nos grands pieds étaient présents il y a 4,5 milliards d'années dans le grand pétrin qu'était la Terre à cette époque – d'où peut-être l'expression : être dans le pétrin. Nous avons été brassés avec tous les atomes, molécules et autres ingrédients qui vont servir plus tard à élaborer notre cadre de vie. Dans cette pâte originelle, nous avons côtoyé le loup et l'agneau, la rose et l'ortie, la fourmi et la coccinelle, le saule pleureur et le bouleau, la ciguë et la verveine odorante. Le minéral, le végétal, l'animal, l'Homme sont tous issus de la même fournée à l'aube d'un petit matin du monde.

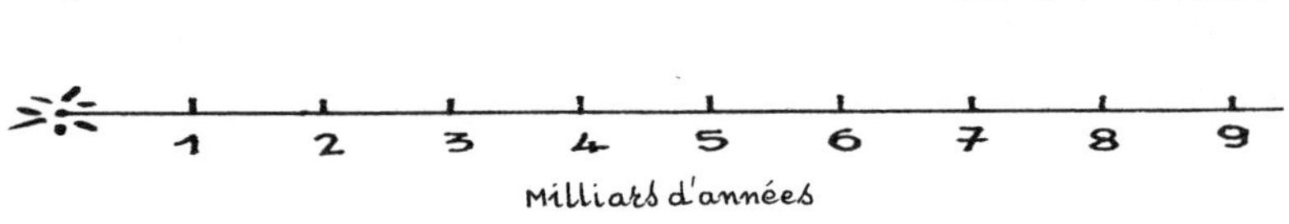

ILLUSTRATION 46 : **Évolution de la matière en fonction du temps du Big Bang au système solaire.**

Accoudés aujourd'hui à la fenêtre entrouverte du train de l'Univers, jetons un coup d'œil en arrière. Là-bas, au-dessus des rails qui lancent des éclairs dans les premiers feux du Soleil, flotte la Terre primitive comme une montgolfière émergeant des brumes matinales. Nous y étions. Et plus loin encore, à l'infini où les voies semblent n'en former qu'une seule, subsistent quelques lueurs rougeâtres du Big Bang qui a propulsé la matière hors du vide originel. Nous y étions. C'est évident, nous sommes une poignée de cette terre d'il y 4,5 milliards d'années et la Terre est un condensé de la poussière de particules d'il y a 14 milliards d'années. Le destin ! Le rien est devenu tout et, partis de rien, nous nous croyons tout ! Qui va arriver où ?

Ça chauffe

Reprenons. Le train n'a pas fait une halte dans une gare, le « Transunivers » ne s'arrête jamais. Mais rien n'empêche les voyageurs de s'extraire de temps à autre du temps qui passe, d'ignorer les paysages traversés, de s'enfermer dans une bulle de pensée, de rêve, de réflexion... Donc, parmi les planètes du système solaire en cours de formation se trouve la Terre. Le processus de rassemblement de la matière du disque équatorial (on parle d'accrétion) pour ébaucher notre future planète s'accompagne de chocs des grains, de frottements, de turbulences... qui induisent une élévation de la température de la masse globale qui s'est, pense-t-on, approchée de 1 000 °.

Cette même matière résulte, on s'en souvient, d'anciennes explosions d'étoiles qui, compte tenu des très hautes températures atteintes, ont essaimé beaucoup de matière radioactive (certains noyaux d'atomes ont plus de neutrons que nécessaire, ce sont des isotopes) qui aura tendance à se désintégrer (en noyaux plus stables) en émettant des particules de haute énergie, donc animées de grandes vitesses. Projectiles qui, lors de chocs, vont transférer leur énergie cinétique (énergie de mouvement) en énergie

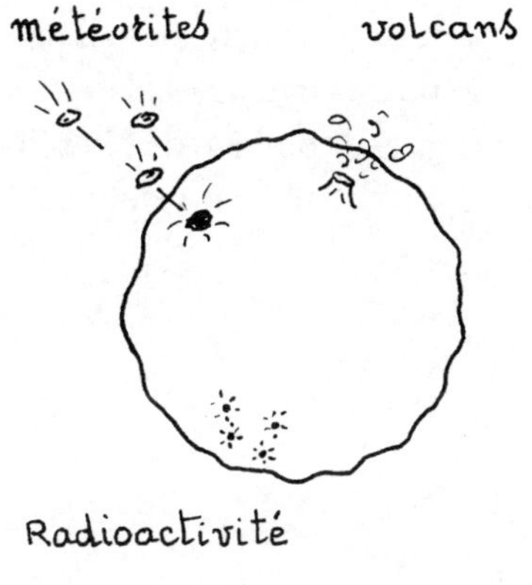

ILLUSTRATION 47 : **L'ébauche de la Terre. Chocs de météorites, émanations volcaniques, radioactivité.**

calorifique. La désintégration radioactive au niveau de la Terre est donc intense au début et va encore élever sa température de 1 000 ° environ. Ce qui la porte aux environs de 2 000 °. Le terme de patate chaude et fumante que nous avons attribué à la Terre naissante n'était donc pas déplacé.

La rotation du disque gazeux primitif autour du Soleil a induit à la Terre un mouvement de rotation sur elle-même. Au début, elle tournait très vite. Pour un corps malléable la forme naturelle qui résulte d'un tel mouvement est la sphère. Ainsi s'ébauche progressivement la rotondité de la Terre : le fameux globe qui trône, souvent empoussiéré, sur les étagères des classes primaires. En même temps, dans cette pâte semi-liquide, les atomes les plus lourds s'enfoncent petit à petit vers le centre de la Terre sous l'effet de la force gravitationnelle. C'est le cas des métaux, fer, nickel... qui vont constituer le noyau de la Terre. Cette chute – descente aux enfers – des atomes lourds entraîne un transfert de leur énergie potentielle en énergie calorifique. Leur radioactivité s'ajoutant, on conçoit que le centre de la Terre accumule de la chaleur. La Terre a un cœur chaud. Un cœur chaud.

Les atomes un peu moins lourds descendent moins profondément. Ils constitueront le manteau, composé de silicates, nitrates et oxydes métalliques. Les composés les plus légers resteront en surface et, après refroidissement, formeront la croûte. La croûte terrestre sur laquelle il est si agréable de faire des pique-niques. D'où l'expression casser la croûte. Pendant ce temps-là la vitesse de rotation ralentit et la Terre refroidit. Et ça prend combien de temps pour fabriquer une Terre ? On pense 100 millions d'années environ. Une bagatelle.

Chapitre III

LE VIVANT

Une planète vivante

Coup de bec

La plus belle photo que la Terre possède, celle qui surpasse toutes les autres de ses innombrables albums, est... la sienne. Prise un jour de grâce, à mi-chemin entre la Terre et la Lune, à quelque 200 000 km. Révélée sur fond noir, on la voit en habits de gala, couleurs nature, resplendissante dans son élégante rotondité : une parure immaculée délicatement déposée sur ses deux pôles, la robe bleu turquoise de ses mers et océans, ses continents aux formes harmonieuses, une mousseline nuageuse blanche pour voiler sa nudité, la classe. De quoi éclipser bien des starlettes s'il lui prenait l'envie de monter les marches du fameux festival de Cannes.

Bien de l'eau a coulé sous les ponts depuis ce jour où, il y a environ 4,4 milliards d'années, nous l'avons laissée, fraîchement ébauchée parmi les autres planètes du système solaire. On se souvient comment elle a acquis sa forme sphérique, avec toutefois un léger aplatissement au niveau des deux pôles, alors qu'elle était encore chaude et malléable. Maintenant les atomes les plus lourds,

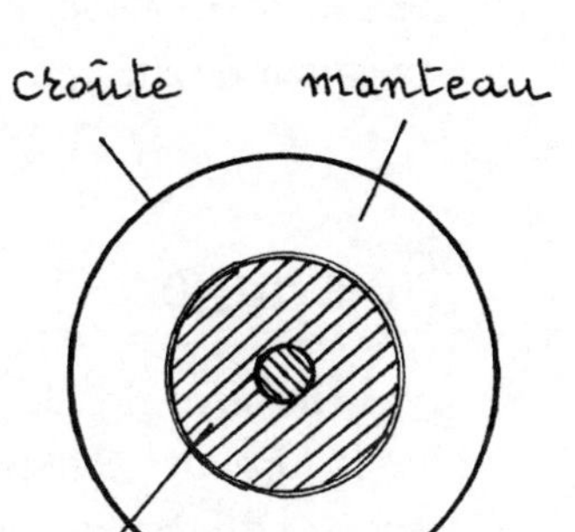

ILLUSTRATION 48 :
Coupe symbolique de la Terre.

métaux et éléments radioactifs, ont gagné le cœur et s'y sont accumulés pour former le noyau qui reste très chaud. Au-dessus se sont donc amassés les atomes plus légers, matériaux présentant une certaine plasticité, et qui constituent le manteau. En surface une croûte dure, interface entre le monde intérieur aux profondeurs infernales et le monde extérieur qui s'ouvre sur l'infini. On compare souvent la Terre à un œuf : le jaune, le blanc, la coquille. L'œuf symbole de la vie à naître... Allégorie que l'on trouve dans de nombreux récits mythologiques issus de peuples très variés, dispersés aux quatre coins de la planète, à des époques très différentes... Peut-être pas aussi ignares qu'on pourrait le croire, nos ancêtres !

Tout au moins non dépourvus d'intuition ou beaucoup plus reliés que nous aux mystères de la vie.

Tout autour les choses se sont calmées. Les bombardements météoritiques se faisant plus rares et la désactivation radioactive s'étant ralentie, la température de surface de la Terre diminue. La planète a stabilisé sa vitesse de rotation sur elle-même et atteint une vitesse de croisière sur son orbite autour du Soleil.

Cent millions d'années et voilà la Terre sortie de la matrice Univers. Tout ébaubie. Il lui reste à apprendre à vivre. Sinon elle rejoindra la cohorte des mort-nés, et ils sont légion dans les espaces célestes... Que choisir ? Les soixante millions de consommateurs – 6 milliards et quelque, pardon, que nous sommes aujourd'hui – ont-ils, à l'époque (!), poussé à la roue pour qu'elle opte pour la vie ?

Se bouger

Vivre nécessite de l'énergie. Même si des substituts peuvent parfois, par la force des choses, convenir, la chaleur maternelle et la force paternelle sont indispensables pour le développement équilibré d'un bambin. Chaleur et force sont des mots qui relèvent du vocabulaire de la physique, chapitre sur l'énergie. Pour un petit d'Homme ils évoquent bien sûr en plus la tendresse et l'autorité qui structure. Pour la Terre, les deux apports sont l'énergie calorifique du noyau et le rayonnement thermique du Soleil. Une source interne et une source externe.

La chaleur peut se propager dans un solide par conduction (le long d'un métal par exemple), par convection dans un fluide, liquide ou gaz (en effectuant des boucles) et par rayonnement, tout corps chaud, comme nous l'avons déjà vu, émettant des ondes. La chaleur ne tient pas en place, il faut toujours qu'elle bouge. L'air chaud monte (parce qu'il est plus léger) et les oiseaux en tous genres – rapaces ou amateurs de sport aérien – savent bien mettre à profit les thermiques ascendants. Les courants d'eau chaude se meuvent au sein des eaux froides tel le *Gulf Stream* à travers l'Atlantique. Masse d'air ou masse d'eau en mouvement c'est de la matière qui se déplace. De la matière animée. Animée ? « Douée de vie » dit le dictionnaire.

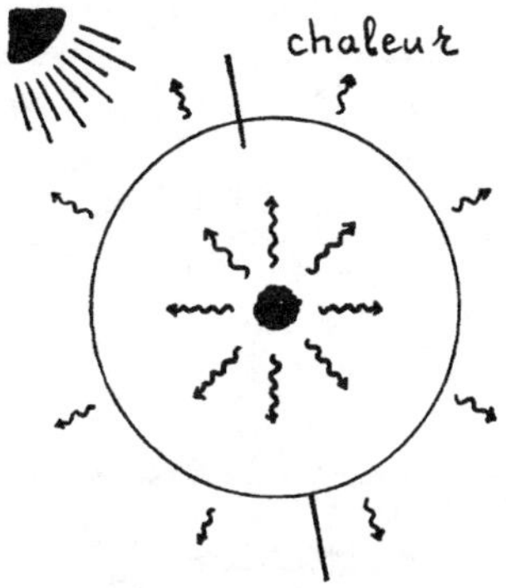

ILLUSTRATION 49 : **Échanges de rayonnement thermique Terre-Soleil.**

De même une surface recevant du rayonnement solaire devient active en réémettant à son tour une partie du rayonnement reçu (dans une autre gamme de longueur d'onde). L'échange, recevoir et donner, est une autre manifestation de la vie.

Pour en revenir à notre planète, quand cesse le bombardement météoritique et s'atténue la désactivation radioactive, la chaleur de son cœur – le noyau – et le rayonnement solaire prennent progressivement le relais et se mettent à animer la Terre naissante.

Certes, on regrette peut-être les frissonnements du vide originel, l'assourdissant Big Bang, l'autorité indiscutable des quatre forces de la nature, le confort douillet des nébuleuses, les vertiges des étoiles naissantes, les coups de feu stellaires, la peur des supernovæ, l'attraction irrésistible du Soleil naissant... mais nous voilà, il faut bien le dire, enfin posés sur une petite boule maintenant plus soucieuse de tranquillité qu'avide de grandes émotions. Les vagues gigantesques de l'Univers nous ont déposés sur une petite crique cosmique. Les atomes de notre corps, après ces aventures épiques, ont trouvé une piste d'atterrissage il y a 4,5 milliards d'années. S'il y a une époque où nous avons appris à prendre des vacances, à nous reposer de nos agitations permanentes, de nos vies infernales, ça a bien dû être à ce moment où nous avons pu enfin lâcher prise sur les plages encore virtuelles de la Terre juste éclose.

Travail de nuit

La quantité de chaleur qui s'est accumulée dans la Terre, même si elle est surtout concentrée en son centre, est en gros proportionnelle au cube de son rayon R. On sait qu'elle va se propager de l'intérieur vers l'extérieur et se dissiper à sa surface proportionnellement au carré du rayon R. Il y a donc beaucoup plus de chaleur maintenue dans la Terre que ne peut s'en échapper à sa surface : 4,5 milliards d'années après sa formation le cœur de notre mère Terre est toujours chaud ! Le manteau de la Terre, à défaut d'être liquide, n'en est pas pour autant solide. On va dire pâteux très épais, plastique. La remontée de la chaleur du noyau vers la surface va se faire par des mouvements de convection. Or la croûte terrestre étant dure, les courants de matière chaude vont être arrêtés par la fixité de la matière, faire demi-tour et replonger vers l'intérieur. Des boucles thermiques se mettent ainsi en place : réchauffement des courants en profondeur, refroidissement en surface. On estime qu'il faut plusieurs millions d'années à un globule de matière pour faire un aller-retour.

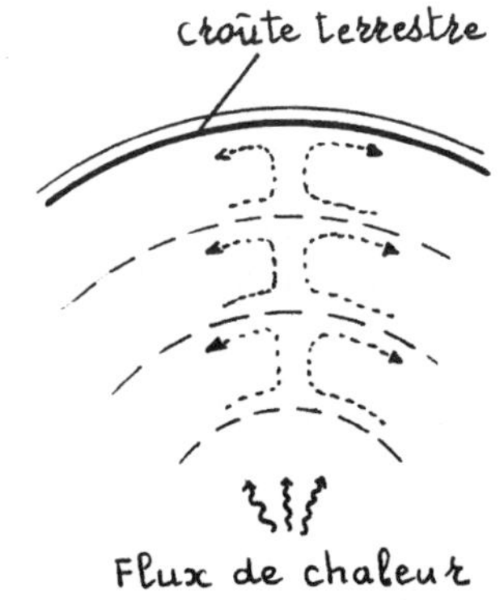

Illustration 50 : **Propagation par convection de la chaleur du centre de la Terre vers la surface.**

La croûte terrestre reçoit donc en permanence des apports calorifiques de l'intérieur, qui vont la traverser par conduction et se dissiper par rayonnement dans l'atmosphère par sa face extérieure. Mais, à la différence d'une coquille d'œuf qui est d'une seule pièce, donc globalement rigide, la croûte terrestre est constituée de morceaux – des plaques – comme les pièces d'un puzzle, qui « flottent » sur le manteau. Lorsqu'ils font leur demi-tour, les courants de matière chaude interne sont donc momentané-

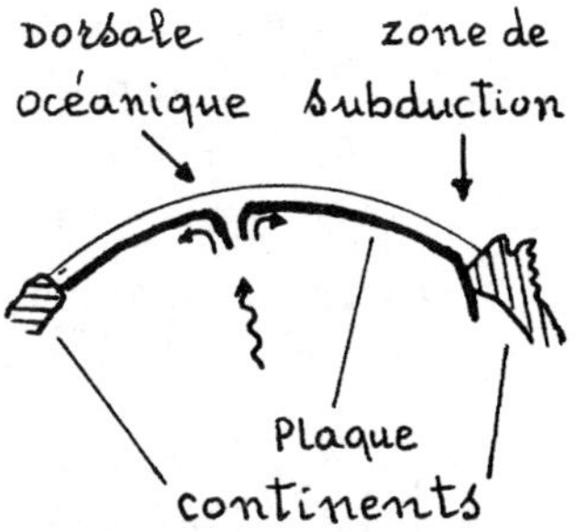

ILLUSTRATION 51 : **Explication de la dérive des continents.**

ment tangents aux plaques continentales. Ils les poussent, les mettent en mouvement, c'est la tectonique des plaques, la dérive des continents ; les idées de l'éminent scientifique Wegener (1880-1930 – infatigable investigateur du fonctionnement de la Terre) d'abord réfutées, seront ensuite confirmées. On peut se faire une idée de ces mouvements continentaux en observant d'un œil avisé la forme des continents qui, il y a 270 millions d'années, s'emboîtaient pour n'en former qu'un seul : la Pangée. Aujourd'hui, des mesures précises évaluent à quelques centimètres par an la valeur de la dérive. Ces études aboutissent à une compréhension globale de l'évolution de la croûte terrestre. Au fond des océans, les plaques sont morcelées, séparées par des failles appelées dorsales océaniques. Un peu comme le fin espace qui longe les contours des pièces d'un puzzle pré-assemblés avant leur emboîtage. Le flux de matière thermique remontant par convection des profondeurs du manteau s'infiltre dans les failles et par là même en pousse les bords. Ainsi les plaques sont écartées de part et d'autre. Étant rigides, la force est transmise sur leurs autres bords, précisément ceux qui s'appuient contre les continents qui, eux, se mettent alors à se déplacer. Ces lignes de contact entre plaques océaniques et continents s'appellent zones de subduction. On conçoit que les plaques, en heurtant les continents, engendrent des bouleversements géologiques : élévation des montagnes, plissements divers, activités volcaniques, tremblements de terre... C'est ainsi qu'on explique la création de chaînes montagneuses lors de l'abordage de continents. Déjà à cette époque nous avons connu la tôle froissée lors de collisions avant nos véhicules modernes.

Une autre conséquence de la dynamique terrestre est le renouvellement continu de la matière de la croûte terrestre puisque ses composants remontent des profondeurs, s'agglutinent aux plaques océaniques, se mélangent aux sédiments déposés au fond des mers, s'imbriquent partiellement aux continents le long des zones de subduction et s'enfoncent à nouveau dans le manteau où ils seront brassés par les courants de convection. Un travail si semblable à celui du boulanger du temps où il pétrissait à la main la pâte dans son pétrin.

Ainsi la chaleur des entrailles de la Terre modèle, modifie et régénère en permanence sa surface. Son visage reste toujours jeune, on ne voit jamais vieillir sa mère éternelle.

Mais pas encore d'escargots

On se souvient que dans le disque d'accrétion qui entourait initialement le Soleil ont commencé à s'élaborer les premières molécules simples dont celle de l'eau : H_2O. C'est un assemblage très stable qui présente en plus la particularité de pouvoir s'associer facilement et solidement à d'autres molécules H_2O grâce à une liaison particulière que possède l'hydrogène, sorte de bras tendu pour accueillir les voisines. Et beaucoup de molécules H_2O forment une goutte d'eau ! La Terre primitive chaude était donc gorgée d'eau. À l'image d'une flaque d'eau qui s'assèche et dont le fond boueux devient dur et craquelé, la surface de la Terre, à cause de la proximité du Soleil et l'ardeur de ses rayons, va s'affermir, se solidifier pour constituer la croûte terrestre. Cette transformation physique résulte évidemment de l'évaporation des molécules d'eau en même temps que celles de gaz carbonique (CO_2), de gaz ammoniac (NH_3), de méthane (CH_4) et autres... qui se sont également déposées initialement sur la planète. Alors la Terre s'est enveloppée d'une atmosphère gazeuse particulièrement dense, un brouillard à couper au couteau comme on peut en voir dans les creux des prairies ou le long des cours d'eau les matins d'automne. Encore peu habitués aux spectacles terrestres les atomes de nos yeux encore virtuels ont dû s'extasier quand, pour la première fois, les rayons du Soleil ont transformé ces microgouttelettes en perles de lumière. Mais beaucoup de

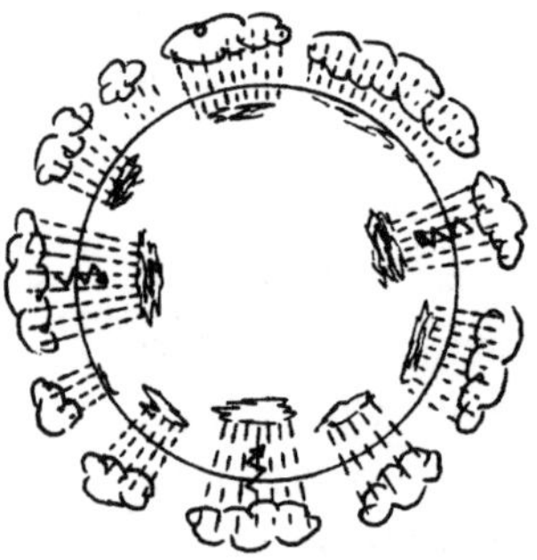

ILLUSTRATION 52 : **Pluies sur la Terre primitive : remplissage des mers et océans.**

vapeur d'eau qui s'élève au-dessus du sol finit par faire des nuages aux formes rebondies, puis une couverture de plus en plus opaque et grise et enfin un ciel noir à laisser prévoir le pire. Le rayonnement solaire ne pouvant plus traverser, la température baisse, baisse, la vapeur d'eau se condense, se forment les gouttes qui, déjà à cette époque, vont obéir à l'attraction gravitationnelle de la Terre. Elles tombent. Il pleut. Il pleut. Il pleut. Il a plu, pense-t-on, pendant des millions d'années. Ce qui explique peut-être, mémoire inconsciente, la chute de notre moral quand commence un samedi vers midi une petite pluie fine... qui risque de ne cesser que le lundi matin vers 8 heures... Alors la surface terrestre va s'entourer d'eau. Elle s'accumule dans les dépressions pour former les mers et les océans.

ILLUSTRATION 53 : **Le cycle de l'eau.**

Seules vont émerger les surfaces proéminentes que seront, selon leur relief, les plaines, les plateaux, les collines, les montagnes. Un tiers de terres, deux tiers d'eau, tel sera finalement le visage de la Terre. Le gaz carbonique CO_2 qui s'était aussi évaporé et participait pour une bonne part à la couche nuageuse, va être entraîné par la pluie, précipité au sol, courir aussi à sa surface pour finir par être absorbé par les roches constituées. Enfin, enfin, quand toute l'eau est tombée, le ciel s'éclaircit, les rayons du Soleil refont leur apparition. Sans doute le dicton « Après la pluie, le beau temps » date-t-il de cette époque. Toujours sous l'effet de la gravitation, l'eau descend des hauteurs vers les niveaux les plus bas. Petits ruisseaux des montagnes deviennent cours d'eau, fleuves, qui finissent par se jeter dans les mers et les océans. Sur leurs parcours, ils arrachent grains de matière, sable et petits cailloux qu'ils déposeront ensuite dans les vallées, les plaines, les deltas, enrichissant les terres de limons et sédiments. La pluie sur la Terre, comme sur la figure, ruisselle, suit les sillons, lave la peau, régénère.

Les oiseaux de pluie, en chantant, sont porteurs de vie ! Le Soleil maintenant ardent favorise l'évaporation des mers et océans ; au-dessus se forment des petits nuages bourgeonnants que les vents poussent, amassent en gros rouleaux, en lourds nuages progressant sur les continents. S'élevant pour passer au-dessus des massifs montagneux, ils se refroidissent et génèrent des pluies, eaux qui dévaleront des montagnes et un jour ou l'autre rejoindront la mer. On estime qu'une molécule d'eau reste en moyenne onze jours dans l'atmosphère, cent ans sur les continents, 40 000 ans dans l'océan. Ainsi, petit à petit, tout seul, s'est mis en place le cycle de l'eau. Le Soleil anime la plus grande pompe connue à ce jour.

Humeur variable

L'atmosphère terrestre, cette couche gazeuse qui entoure le globe, est constituée de molécules assez légères : celles qui trouvent un équilibre entre la force d'attraction terrestre qui les tire vers le bas et la force d'Archimède qui les pousse vers le haut. En influençant la densité de ces gaz, la température joue un rôle primordial sur la composition de la couche atmosphérique. On conçoit alors ses fluctuations incessantes depuis l'origine des temps terrestres. Lors du processus d'accrétion de la Terre, compte tenu de la chaleur ambiante, les atomes d'hydrogène et d'hélium ont dû s'évaporer alors que la vapeur d'eau (H_2O), le gaz carbonique (CO_2), le méthane (CH_4), l'ammoniac gazeux (NH_3) venaient se déposer lentement sur la planète en formation. La teneur en gaz carbonique devait résulter d'un équilibre entre les rejets des éruptions volcaniques (sous l'effet de l'impact des chocs météoritiques) et son absorption par les roches carbonées en cours de formation. L'évaporation accompagnant le raffermissement de la surface terrestre a,

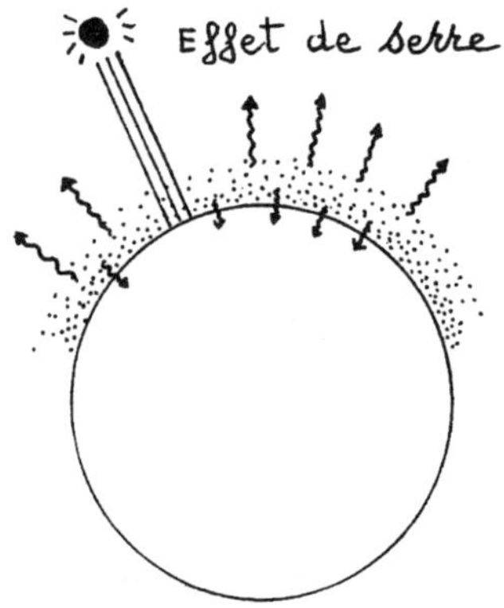

ILLUSTRATION 54 :
La couche atmosphérique et les rayonnements thermiques

on l'a vu, rejeté dans l'atmosphère de la vapeur d'eau, du gaz carbonique excédentaire, des composés azotés. C'était l'élaboration de la fameuse couche nuageuse primordiale qui a entraîné le premier déluge qu'on peut imaginer. Puis le ciel s'est éclairci et la couche atmosphérique s'est stabilisée, contenant juste assez de vapeur d'eau, de gaz carbonique, d'azote pour constituer un léger voile troposphérique et atmosphérique ayant l'épaisseur et la consistance optimale pour engendrer un effet de serre adéquat. Un sol terrestre ni trop chaud (comme sur Vénus par exemple) ni trop froid (comme sur Mars à l'ombre). Un effet de serre bien ajusté régule agréablement la température, atténuant les effets solaires en journée, maintenant la chaleur la nuit comme peut le faire une couette. On pense que la couche atmosphérique était, à cette époque, peu pourvue en oxygène (O_2). Mais peut-être de l'ozone : le rayonnement cosmique (rayons γ, rayons X, ultraviolet dur) en cassant les molécules d'oxygène O_2 en formation, permettait le réarrangement des atomes d'oxygène trois par trois pour donner de l'ozone O_3. Aujourd'hui on trouve l'ozone en haute altitude, la fameuse couche qui nous protège des rayons cosmiques dangereux pour les cellules et près du sol, mais résultant cette fois des activités humaines. Ce n'est que bien plus tard, avec la photosynthèse, que le taux de 21 % d'oxygène se fixera à la valeur connue aujourd'hui.

La composition de la couche atmosphérique étant si dépendante de la température qu'elle a dû connaître des modifications incessantes au cours des ères géologiques, à cause de la distance entre la Terre et le Soleil qui évolue cycliquement, à cause de la précession des équinoxes, à cause peut-être de collisions avec des météorites qui peuvent avoir modifié la direction de l'axe de rotation de la planète.

C'est bien cette couche atmosphérique qui fait la pluie et le beau temps sur cette Terre... l'ensoleillement, la pluie, le vent, le brouillard, la neige... tout ce qu'on aime ou déteste. Un climat de rêve ou un climat d'enfer.

En devenir

C'est dimanche. Un milliard d'années sonnent au clocher de l'horloge terrestre. Notre train est parti il y a maintenant 10,5 milliards d'années de la gare originelle dans le bruit « bigbantesque » du premier coup de piston lançant la locomotive. Nous sommes là, molécules d'eau creusant les vallées, cristal de roche bâtissant le socle du futur, ouvriers d'une plaque océanique soulevant les montagnes, voile atmosphérique stoppant les rayons cosmiques. Nous sommes les artisans du monde à venir avec de l'énergie à déborder. Celle du cœur de la Terre, celle du Soleil, celle des étoiles, celle des galaxies, celle du Big Bang, celle du vide originel. C'est dimanche, jour de repos... du temps pour ne rien faire, méditer, regarder le chemin parcouru. Nous sommes là, si petits, pas plus haut que trois atomes, tout ébaubis de venir de si loin, d'avoir traversé tant de milliards d'années sans même perdre un seul quark, d'avoir connu le monde entier, d'avoir participé à l'édification de l'Univers.

En ce point du voyage la Terre a bonne allure, bien calée près du Soleil, sous le regard bienveillant des étoiles, sous la haute autorité des lois de la nature qui assurent sa sécurité. Elle a bonne mine dans l'alternance des jours et des nuits. Le sol – la terre – s'affine sous l'action de la pluie, du vent, du gel et des brûlures du Soleil. L'eau se régénère par ses cycles incessants entre Terre et ciel. L'air, toujours en mouvement, parcourt le globe pour régulariser les climats. Tout marche bien. Tout bouge. Tout vit. Quoi ? La Terre vit ? La Terre serait un organisme vivant ? Qu'est-ce que la vie ? Naître, traverser le temps, mourir un jour : c'est bien le cas de la Terre. Vivre c'est capter et emmagasiner de l'énergie, la redistribuer ensuite : la Terre reçoit et donne. Vivre, c'est sentir son intérieur qui palpite, qui frémit : le noyau de la Terre est un cœur chaud, le manteau un ventre qui bouge. Vivre c'est assurer son entretien, se régénérer : la Terre se prend en charge d'une façon autonome, enrichit ses sols, purifie ses eaux, épure son air. Bon, admettons. Mais peut-on dire que c'est un organisme vivant puisqu'elle ne peut pas enfanter, se reproduire ? Tout être vivant n'a pas forcément une descendance, ce qui n'exclut en rien son utilité indispensable dans la dynamique du vivant. Et si la Terre n'était qu'une seule vie – assez longue d'ailleurs – pour permettre des milliards d'autres vies ? Alors oui, la Terre est bien une planète vivante, un organisme vivant, un être vivant.

À un milliard d'années d'existence de la Terre les quatre éléments qui vont gouverner la vie sont bien en place : le feu du Soleil, la terre, l'eau et l'air (même s'il devra réajuster sa composition ultérieurement). Le nombre 4 est le symbole de la Terre. La base matérielle stable sur laquelle pourra prendre appui l'évolution. Tiens, tiens, verrions-nous poindre, très loin, quelques pages qui parleraient enfin de nous ? Non pas « enfin », mais « encore » de nous. Car depuis le début nous ne faisons que parler de nous. Et ça tombe bien car il n'y a que cela qui nous intéresse. Il y a donc trois milliards et demi d'années en arrière, à l'état de molécules bien constituées, nous sommes sur la Terre. Nous sommes la Terre. Bien qu'encore poussières, nous sommes grains de sable, petits cailloux, gouttes d'eau, brises d'air, miroirs de lumière. Nous sommes partout. Actifs et plein d'énergie. La vie est belle. Tous les matins du monde sont pleins d'espoir.

ILLUSTRATION 55 : **La Terre est une planète vivante.**
Deux sources de chaleur mettent la Terre en mouvement : le noyau chaud et le rayonnement solaire. Elles animent le renouvellement de la terre, le cycle de l'eau et la circulation de l'air.

Noir

Pourquoi pas ?

Il est une pratique courante dans l'écriture romanesque de faire occasionnellement un retour en arrière, par exemple de remonter à l'enfance d'un personnage pour expliquer son comportement dans le moment présent du récit ou de retracer l'histoire ancienne d'une cité pour justifier l'existence aujourd'hui désuète de tel monument ou telle construction ou encore de revenir sur tel événement passé pour éclairer le présent. Pour comprendre les effets il faut bien remonter aux causes.

On peut aussi faire l'opposé, se projeter brusquement dans le futur, faire une anticipation, imaginer ce que sera le « plus tard ». Pour le présenter, le moyen du rêve prémonitoire est commode. Par exemple, dans le déroulement de notre histoire, alors que nous en sommes à 3,5 milliards d'années en arrière, c'est-à-dire 3,5 milliards d'années avant J.-C. (à quelque 2 000 ans près !), on pourrait imaginer que, bercés par la monotonie du récit, le ronron du train de l'Univers, nous nous soyons assoupis et que des images curieuses, incompréhensibles, se soient présentées à notre conscience endormie comme des bulles remontent à la surface d'un étang quand un poisson a remué un peu de vase en profondeur. Dans le cas présent on pourrait donc faire appel au cauchemar prémonitoire. Mais je crains que ceux qui ne croient pas au « prémonitoire » lisent d'un œil trop détaché ce qui va suivre.

La raison profonde qui m'amène à faire une pause dans le récit continu de notre histoire est la peur du temps. La peur de ne pas avoir le temps de finir l'écriture de ce roman, la peur qu'aucun éditeur ne veuille se risquer à éditer un ouvrage aussi peu dans l'ère du temps, aussi peu commercial et qu'il reste trop longtemps à l'état de manuscrit, avant de trouver preneur, s'empoussiérant sur une étagère. Peut-être aussi la peur que, vous lecteur, ayant commencé ce livre vous n'ayez pas le temps de le finir. Non pas que j'aie peur de mourir très prochainement, non pas que je craigne la disparition totale et définitive des éditeurs, surtout pas que je vous imagine soudainement pris d'un malaise fatal. Non, simplement peur que disparaisse à très court terme l'espèce humaine. Donc nous tous, moi, les éditeurs et vous parce qu'on se sera fracassé contre un mur. Il est courant d'entendre dire « on va droit dans le mur ». Un jour ou l'autre le mur est une réalité. C'est de la matière, un assemblage de pierres, de sable, de ciment, d'eau ; un empilement étonnamment solide de molécules, d'atomes, de noyaux, de neutrons et de protons, d'électrons, de quarks. Et les trois forces de la nature – les fameuses trois colles universelles – qui ont édifié ce mur ne céderont pas lors de l'impact.

C'est drôle, devez-vous vous dire, à lire ses premières pages je n'aurais pas pensé qu'il soit aussi pessimiste, aussi inquiet, aussi noir. Certains penseront que j'exagère, que je dramatise, d'autres me conseilleront de rester zen, de vivre le présent ou encore de consulter un psy.

Voyons donc ce que sont aujourd'hui les quatre éléments, la terre, l'air, l'eau, le feu.

À table

La terre est le socle sur lequel reposent nos pieds, nos habitations, nos routes, nos entreprises, nos commerces, nos banques. Très exceptionnellement, s'il a un ou deux pots de géraniums sur son balcon, le citadin pensera que c'est, en plus, un peu de cette matière de couleur brune, friable et salissante. On a tous oublié – peut-être certains ne le savent-ils même pas – que la première fonction de la terre est celle de nourrir les hommes.

Il y a sur notre planète 790 millions d'individus[1] qui souffrent de la faim. Plus d'une personne sur dix. Ouf, ce n'est pas tombé sur moi. Bien sûr, je pense « que c'est triste » ou bien « on est trop nombreux » ou « faudrait faire quelque chose ». Non, nous ne réalisons pas vraiment ce que c'est que d'avoir faim. Parce qu'alors que nous mangeons tranquillement devant la télé et que défilent sur le petit écran des enfants aux jambes maigrelettes, aux gros ventres, aux joues creuses avec des mouches collées

[1] Donnée de l'Organisation des Nations unies pour l'alimentation et l'agriculture.

autour des yeux, nous piquons le nez dans notre assiette ou nous en profitons pour dire « tiens, tu me passes le sel » ou nous nous levons pour aller chercher du pain. Histoire de ne pas trop voir. Alors qu'on nous montre des gens en haillons farfouillant dans une décharge d'une mégalopole d'Inde, d'Afrique ou d'Amérique latine, nous nous échappons par la pensée vers notre prochaine destination de vacances. Parce que, quand nous ressentons dans notre ventre les tiraillements de la faim, suite à une chute des températures ou après un travail physique intense, nous pouvons faire intervenir notre mental qui va nous rassurer sur le peu de temps qu'il reste avant le remplissage de l'estomac. Mais que peut penser celui ou celle qui sait qu'à midi comme ce soir et demain il n'aura ni argent ni rien à se mettre sous la dent ; sans parler des conséquences sur la santé, le moral, l'envie de vivre. Reste la déchéance, la descente aux enfers ou une solution finale.

Et pendant ce temps on gèle les surfaces cultivables, on empoisonne la terre, on organise le génocide des agriculteurs. Consciemment. Lucidement. Cyniquement. On bétonne, on goudronne. On étend les lotissements pavillonnaires autour des villes en chassant les maraîchers. On exproprie les petits paysans pour augmenter les surfaces de cultures intensives et industrielles des gros producteurs qui eux reçoivent en plus des primes au rendement. Les lois du marché leur permettent d'acheter et de s'approprier toutes les terres disponibles, empêchant l'installation de jeunes agriculteurs. Des cultures de céréales ou légumineuses (sources de protéines) occupent les sols pour faire des biocarburants pour les véhicules ! Dans des pays du Sud qui connaissent la sous-alimentation, on exproprie ou pousse au départ par la pratique du *dumping* (action de casser les prix) des populations rurales qui arrivaient à se nourrir sur leurs cultures vivrières pour implanter des produits exotiques à destination... des pays riches ou pour leur vendre, après, nos propres productions ! C'est la politique du « vivre sur le dos des autres » et source de grands profits. De telles pratiques devraient s'ajouter à la liste des crimes contre l'humanité. Mais non, c'est légalement autorisé, voire encouragé parce que générant des entrées de devises !

L'industrie chimique a étouffé l'agriculture paysanne en assassinant toute la vie bactérienne des sols (pourtant indispensable à la poussée et à la santé des plantes) par l'épandage forcé des engrais chimiques et l'utilisation massive de pesticides... que nous retrouvons les uns comme les autres dans nos assiettes puis dans notre sang ! Comme si on avait déjà oublié la maladie de la vache folle et la volaille à la dioxine, comme ne tenant pas compte de la grippe aviaire actuelle, on nous impose maintenant les OGM, sans même faire appel au principe de précaution ni à la mise en garde d'éminents scientifiques ni à l'évocation des premiers incidents survenus (vite camouflés). Semenciers et industriels de la chimie, acoquinés en prenant des brevets, s'approprient le vivant, volant par là même les agriculteurs qui étaient jusqu'alors les garants de la qualité et de la pérennité de la vie végétale et animale.

C'est ça la terre, aujourd'hui : l'œuvre de la PAC en Europe, de l'OMC sur la planète.

À vomir. « Est-ce que tu peux me passer le sel s'il te plaît ? »

Un bol

L'air que nous respirons se trouve, selon notre âge et notre taille, entre 50 cm et deux mètres au-dessus du niveau du sol (la basse troposphère). Outre l'oxygène dont nous avons éminemment besoin, nous inhalons en même temps de l'ozone, les gaz du trafic automobile, les retombées des émissions gazeuses des usines voire de la poussière d'amiante, de laine de verre, de poudres à récurer, d'insecticides et occasionnellement des particules radioactives. Les molécules non biodégradables – c'est-à-dire non réductibles naturellement en leurs atomes élémentaires ou molécules simples – sont persistantes et cumulables dans les organismes vivants. Elles se concentrent le long de la chaîne alimentaire dont nous sommes à l'extrémité. Elles sont cancérigènes, interfèrent avec les hormones, portent atteinte au système respiratoire, ont des incidences sur le pouvoir reproducteur des hommes. Elles affectent aussi le cerveau et le système nerveux. Tout ceci se lit dans les revues scientifiques médicales.

L'ozone troposphérique est un polluant actif. Il résulte, sous l'effet du rayonnement solaire, de réactions chimiques faisant intervenir des hydrocarbures partiellement brûlés et des oxydes d'azote. On le trouve donc dans une ville saturée d'automobiles un jour de grande chaleur ou dans certaines régions tropicales lors de feux de déforestation.

Il y a aussi les rejets des usines, surtout celles qui fabriquent des engrais, des insecticides, des pesticides. L'exemple le plus typique, outre celui récent d'une ville du sud-ouest de la France, est celui d'une usine de pesticides, au cœur de l'Inde qui a vu la fuite de 40 tonnes de gaz mortel : 7 500 personnes tuées sur le coup, 10 000 autres dans les vingt années qui ont suivi, peut-être plus de 100 000 personnes victimes de cancers, d'empoisonnements, d'atteintes génitales. Il y eut beaucoup de naissances d'enfants malformés dont les photos peuvent difficilement soutenir le regard.

La plupart des produits nettoyants, récurants, décapants, ceux qui vous éradiquent tous les parasites aussi efficacement que, en son temps, le napalm au Vietnam, sont des concentrés de molécules non biodégradables hautement toxiques. Quitte à mourir d'un cancer, autant que ce soit dans une maison nickel et sans aucun acarien sous le tapis ! L'industrie chimique s'insinue partout où il y a du profit à faire. Elle s'insinue en même temps dans nos poumons, nos cellules, notre sang.

L'air c'est aussi le temps, le temps qu'il fait, les climats perturbés, le réchauffement de la planète. Il y a toujours eu des variations cycliques de température, des périodes de glaciation et des périodes d'adoucissement, mais qui s'étalaient sur des milliers, des millions d'années. Or les scientifiques observent actuellement une élévation anormalement rapide des températures qu'on ne peut qu'imputer aux activités humaines de ces dernières décennies. Le fameux effet de serre. Les gaz qui opacifient l'atmosphère sont essentiellement le gaz carbonique (CO_2), le méthane (CH_4) et le protoxyde d'azote (NO_2). Ils jouent, dans la couche atmosphérique, et avec la vapeur d'eau (H_2O), un rôle analogue à celui de la vitre de la serre du jardinier qui, si elle atténue assez peu le rayonnement solaire incident, retient par contre efficacement le rayonnement thermique infrarouge issu du sol (voir page 102). Donc dans la serre, ça chauffe. Et sur la Terre aussi, de plus en plus et de plus en plus vite. C'est-à-dire que pour la première fois l'homme a modifié le fragile équilibre de la couche atmosphérique qui, on l'a déjà vu, régulait finement la température à la surface de la Terre. Les glaciers fondent. Les niveaux des mers s'élèvent, les terres de basse altitude commencent à être submergées comme déjà celles des îles Maldives en attendant celles du Bangladesh, d'Égypte, des Pays-Bas, de Camargue. De 10 à 80 cm en moyenne, pense-t-on, d'ici 2 100. Une autre conséquence est l'instauration d'une instabilité climatique : alternance de canicules, tempêtes, cyclones.

Les gaz à effet de serre sont ceux que nous rejetons continuellement avec nos véhicules. Les trois activités les plus polluantes sont les transports – les camions qui transportent les marchandises d'un bout à l'autre des continents pour les ramener parfois à leur point de départ ! – l'agriculture industrielle, et les industries chimiques et pétrolières. Les lobbies les plus destructeurs de la surface planétaire, de la santé, de la vie, sont intouchables. Aucun gouvernement d'aucun pays n'ose intervenir, légiférer, contrôler, punir.

Autrefois, parmi les règles d'hygiène de vie figurait celle de pratiquer chaque jour de profonds mouvements respiratoires devant la fenêtre grande ouverte. Aujourd'hui c'est mourir plus vite.

Fontaines

C'est mardi. Deux enfants seulement se sont assis à même le sol, jambes croisées, sous la paillote devant l'instituteur qui en connaît déjà la raison. Hier ils étaient onze. Les neufs autres ne viendront pas de la journée, ils sont partis avec des bidons chercher de l'eau. Un petit chemin s'est formé à force de passages à travers la brousse, végétation souffreteuse, vers une sorte de mare située à quatre kilomètres du village. Là, ils puisent une eau saumâtre, plus brune que transparente, plus épaisse que fluide. Leurs petits corps de sept à onze ans d'âge auront bien du mal à effectuer le retour. Cette réserve ne durera guère dans les familles, après demain il faudra y retourner.

Plus d'un milliard de personnes ne disposent pas d'eau potable. Un individu sur six. Ouf, ce n'est pas mon cas. Trois millions meurent chaque année de maladies causées par des eaux insalubres. Il est des pays où accéder à l'eau est à l'origine de tensions, de guerres. Sa maîtrise constitue un enjeu crucial dans les conflits du Moyen-Orient. Dans de nombreux pays se profilent à court terme des pénuries sévères ; déjà s'allument des guéguerres entre voisins, entre agriculteurs et citadins, entre industriels et écologistes. Conflits qui se terminent dans les tribunaux ou dans le sang, pour un verre d'eau.

D'une façon générale, sur la planète, sécheresse, explosion démographique, gaspillage et pollution sont les quatre mamelles qui tarissent l'alimentation en eau. Le dérèglement climatique génère ici et là des périodes de canicule, sans aucune précipitation, qui obligent à puiser dans des réserves qui n'arrivent pas à se reconstituer ultérieurement. Sur les sols secs et durs – ou bétonnés – les eaux de pluie, lorsqu'elle survient enfin, courent en surface et rejoignent immédiatement les rivières et les mers. Nappes phréatiques et puits sont à peine réapprovisionnés. La vie citadine est beaucoup plus consommatrice d'eau potable que nécessaire : fuites, lavage de véhicules, gaspillages... L'agriculture industrielle intensive vampirise les réserves planétaires. Parce que l'élimination systématique de l'humus des terres agricoles, résultant des amendements chimiques, les rend avides d'eau. L'arrosage forcé des cultures induit un gaspillage éhonté par suite d'une inondation surfacique surabondante pour imbiber les racines en profondeur ; ce qui s'accompagne d'une évaporation intense non nécessaire voire préjudiciable car favorisant les maladies cryptogamiques. Il faudra traiter encore plus ! Une suite ininterrompue d'inepties.

La propriété physique première d'un liquide est de couler. Déverser son huile de vidange dans le caniveau ou jeter le white-spirit usagé (après nettoyage des pinceaux) dans l'évier, c'est alimenter en substances chimiques les nappes phréatiques, les rivières, les mers. Scientifiques, coureurs des mers sur leurs monocoques ou multicoques, riverains avisés, pêcheurs... poussent des cris d'alarme, hurlent, se battent depuis des décennies. Les cours d'eau sont devenus des égouts. On y jette nos déchets, nos détergents, nos eaux mousseuses, nos cuves chimiques, voire du mercure, de la dioxine... Les nitrates des terres agricoles en culture industrielle chimique s'y retrouvent aussi. La quasi-totalité des cours d'eau est polluée aux nitrates. Et les pluies acides ? Ces gouttes d'eau qui en traversant la couche atmosphérique surchargée en composés soufrés ou nitrés issus de nos pollutions diverses, par le jeu de réactions chimiques, deviennent gouttes d'acides. Bienfaisantes (!) pluies qui arrosent nos jardins, nos cultures, approvisionnent les nappes phréatiques, notre eau de boisson !

L'eau. L'eau de source. Symbole de pureté. L'eau d'aujourd'hui ? Une invitation à boire l'alcool sec, oui. Ou à crever de soif. Une expression en passe de devenir réalité.

La solution

Reste le feu. Le feu du soleil. Voilà au moins un élément qui ne risque pas d'être altéré par les activités humaines. Il symbolise la force, l'énergie, la puissance, la lumière, l'éclat, la vérité... Bien des attributs qui peuvent faire des envieux et qu'il doit être bien tentant de s'approprier. Car maîtriser le feu, c'est devenir le premier, le plus fort, l'intouchable. Un dieu, quoi ! Alors sur la Terre, après la guerre du feu, sont apparues les armes à feu, la bombe atomique, les centrales nucléaires.

Le mot nucléaire est relatif au noyau de l'atome (on se souvient qu'il est composé de nucléons : neutrons et protons). On fait donc appel à l'énergie du cœur de la matière. La célèbre formule de Einstein $E = mc^2$ explique aussi bien le meilleur – le fonctionnement du Soleil et des étoiles – que le pire – les armes nucléaires. Rappelons que les noyaux plus petits que celui du fer perdent de la masse en s'unissant (fusion) et ceux qui sont plus massiques que le fer perdent également de la masse quand ils sont cassés (fission), voir page 82.

Dans les bombes atomiques A (fission) on laisse les réactions en chaîne s'accomplir librement après un amorçage, un phénomène type boule-de-neige transformant rapidement la matière en boule de feu. Un type d'explosion dont on connaît bien les conséquences (Hiroshima, Nagasaki). Dans un réacteur nucléaire, on contrôle les réactions, s'arrangeant pour que chaque fission ne dégage qu'un seul neutron actif pour casser un autre noyau. C'est la fission contrôlée. Un noyau d'uranium cassé donne deux autres noyaux, des isotopes de ces éléments (dans l'isotope le rapport du nombre de neutrons au nombre de protons est modifié par rapport à l'élément initial). Les isotopes radioactifs sont ceux qui, en retournant à l'état stable, émettent des particules α, β, γ. Rayons β, et surtout γ, sont hautement dangereux pour le vivant, à l'origine de brûlures profondes, de cancers, de malformations des nouveau-nés, de mutations génétiques. Dans le cœur de la centrale nucléaire tous les matériaux sont irradiés, donc radioactifs. L'ensemble des opérations – extraction des minerais, purification, mise en forme, chargement du cœur de la centrale, fonctionnement, rechargement après usure des combustibles, élimination des déchets (résidus de la combustion nucléaire), puis démantèlement de la dite centrale arrivant à terme de son temps d'utilisation – est entouré d'un halo de risques potentiels. Revenons sur les déchets nucléaires qui sont hautement radioactifs, pour des milliers d'années pour certains...[1] des millions d'années pour quelques autres... et dont on ne sait que faire sinon les jeter dans les fonds sous-marins – ça, c'est fait ! – ou les stocker en espérant que les générations futures seront plus intelligentes que nous pour réduire leur nocivité (merci les aïeux) ou les enterrer en espérant que leur spectre ne réapparaîtra pas de sitôt.

Tous ces produits nucléaires circulent près de nous – sans qu'on le sache – sur les routes, sur les rails, sur les fleuves, sur les mers. Non sans risques d'incidents, d'accidents, d'attentats. Certes les centrales nucléaires sont en général bien dirigées, étroitement contrôlées. Mais il est des pays où, cahin-caha, fonctionnent des centrales dans l'état de celle de Tchernobyl ! Le problème majeur de l'énergie nucléaire, outre celui des déchets, c'est qu'en cas d'accident, selon les vents, ce peuvent être des pays entiers, voire un continent, qui seront contaminés. Tout, la terre, l'air, l'eau. La terre qui nourrit, l'air qu'on respire, l'eau qu'on boit. Et ce pour des dizaines, des centaines, des milliers d'années selon les isotopes jetés à la volée. Le geste auguste du semeur... de mort.

La fusion nucléaire, qui consiste, pour simplifier, à unir des noyaux d'hydrogène n'est guère mieux. En tant qu'arme elle a conduit à la bombe H. Au prix de difficultés techniques presque insurmontables, d'un gigantisme affligeant, d'un coût exorbitant, on a pour l'instant réussi à n'entretenir la fusion que pendant quelques minutes aux dernières informations. À chacun de deviner ce que sera le prix du Kwh de l'électricité ainsi pro-

[1] Le temps de demi-vie du plutonium est de 24 000 ans.

duite ! D'autant plus que la fusion nucléaire nécessite du tritium, isotope de l'hydrogène. Hydrogène que l'on va obtenir par dissociation des molécules d'eau (H_2O) qui se trouvent... dans les mers et les océans. Certes des réserves incommensurables d'hydrogène. Mais une des lois « basique » de la physique est que toute transformation énergétique s'accompagne toujours de pertes. En fin de compte il n'est pas sûr qu'on récupérera autant d'énergie dans une centrale nucléaire de fusion qu'on en aura dépensée pour extraire l'hydrogène de l'eau de mer, pour le transporter, le convertir en tritium, pour maintenir les conditions physiques pour assurer la fusion dans des conditions d'étanchéité absolue – le rayonnement émis étant énergétiquement jusqu'à dix fois supérieur à celui des centrales nucléaires à neutrons rapides d'aujourd'hui. Ce qui n'est pas sans risques et encore une fois à l'échelle planétaire. Sans commentaires. Et pourtant on a lancé à Cadarache le projet ITER !

Le feu. À vouloir trop s'approcher du soleil, Icare s'est brûlé les ailes. Sur la Terre, le feu nucléaire couve sous la cendre, sous le béton.

En attendant mieux

Mais tout ça, tout ce qui vient d'être dit dans ce chapitre, concernant l'état de la terre, de l'air, de l'eau, concernant la folie nucléaire, tout ça donc, tout le monde le sait. Tout le monde le dit. Et pourtant ça continue ! Comment cela se fait-il ? J'ai bien peur que tout n'ait pas été dit. Et le pire reste à venir.

Édifices moléculaires

B.A.-BA

À la sortie d'un tunnel, quand la lumière inonde l'espace voyageur, que les rayons du Soleil redistribuent les couleurs aux passagers, que la Terre est belle ! Les projets d'avenir se tricotent au fond des yeux, s'échafaudent entre neurones excités, prennent forme dans l'imaginaire comme une amphore entre les mains d'un potier. Et que peut-on faire avec des atomes, les 92 atomes naturels maintenant disponibles sur la Terre, que peut-on bien faire d'autre qu'essayer de les empiler ?

Nous sommes maintenant bien familiarisés avec les molécules simples, celles qui résultent de l'assemblage d'atomes d'hydrogène, d'oxygène, de carbone, d'azote. H_2, O_2, H_2O, CO_2, CH_4, NH_3... hydrogène, oxygène, eau, gaz carbonique, méthane, ammoniac... et autres corps de la croûte terrestre... se sont formés naturellement parce que les conditions physiques (température, pression, chocs...) ont permis ces associations entre atomes de proximité. Il faut dire que ceux-ci se prêtent d'autant mieux à ces jeux de combinaisons qu'ils possèdent ce qu'on appelle en chimie des liaisons covalentes[1]. Dire qu'un atome de carbone a quatre liaisons covalentes signifie qu'il peut s'associer à quatre atomes ayant une seule liaison covalente, l'hydrogène par exemple, ce qui donnera CH_4 ou bien à deux atomes bivalents, l'oxygène par exemple, ce qui conduit à CO_2. Oxygène et hydrogène donneront ainsi H_2O. L'azote, trivalent, avec l'hydrogène, fera NH_3, etc. C'est un jeu simple qui, sous une forme à peine différente, se pratique dans les classes maternelles.

L'ensemble des constituants de l'écorce terrestre forme la matière minérale, ce sont donc tous ceux qui se sont formés « tout seul » lors du grand chambardement qu'a été l'élaboration de la Terre. On les trouve soit sous forme de cristaux (empilement régulier des atomes aux nœuds d'une structure type échafaudage) soit sous une forme amorphe. Mais ils peuvent aussi être sous la forme d'atomes simples... fer, cuivre, argent, or... Nous verrons que les minéraux contribuent au fonctionnement du vivant et sont indispensables. La vie se nourrit de la croûte terrestre, l'expression « casser la croûte » se confirme.

---

[1] Électron célibataire sur la couche périphérique de l'atome qui « aspire » à s'accoupler à un autre parce que conduisant à une facture énergétique plus basse.

Passion architecture

Mais en grande section ou en CP on a vite fait de s'apercevoir qu'en accouplant deux atomes de carbone avec une seule liaison covalente mise en commun, il en reste trois de disponibles pour chaque carbone, donc six au total. Ainsi, six atomes monovalents d'hydrogène peuvent s'associer pour donner C_2H_6. Et avec trois atomes de carbone et huit d'hydrogène on aura C_3H_8, soit une molécule avec onze atomes, et ainsi de suite. En ajoutant de l'oxygène, on peut obtenir CH_3OH (alcool) ou bien $C_6H_{12}O_6$ (glucose), $C_{12}H_{22}O_{11}$ (sucre de canne). Dans ce dernier cas c'est une molécule constituée de quarante-cinq atomes. Avec l'azote N, de nouvelles combinaisons sont possibles. Ce sont évidemment des assemblages à trois dimensions mais pas forcément linéaires. Au gré des liaisons qui s'établissent, la chaîne moléculaire peut prendre des virages, se tordre, se replier, s'élever en spirale ou s'enrouler. La macromolécule peut parfois prendre la forme d'une boule pleine de pleins (les atomes) et de trous, une sorte de pelote de laine... Cette multitude de macromolécules constitue la matière organique dont une bonne part se trouvera d'une façon répétitive dans le vivant.

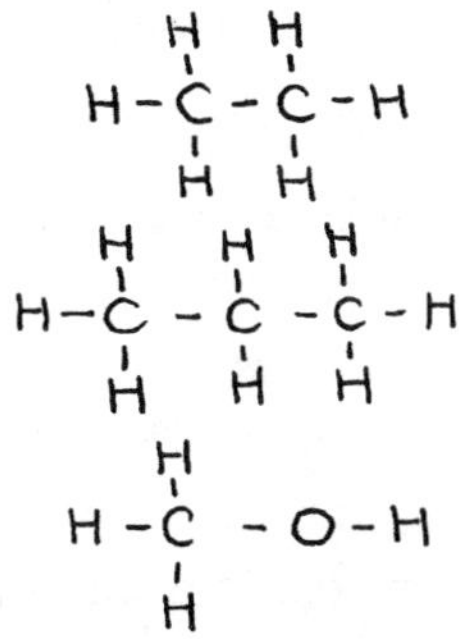

ILLUSTRATION 56 : **Représentation chimique de molécules organiques C_2H_6, C_3H_8, et CH_3OH.**

Une classification des molécules organiques, en prenant en compte des propriétés particulières communes, leur attribue une fonction. On trouve par exemple la fonction alcool dont font partie ces boissons dont il ne faut pas abuser, la fonction acide à laquelle appartient le vinaigre, la fonction aldéhyde reconnaissable à son odeur de pomme, la fonction cétone dont on connaît l'acétone, la fonction amine dont la particularité est de contenir de l'azote. Les règles de la chimie organique se chargent de faire le tri entre les réactions possibles et impossibles. Par exemple l'action d'un alcool sur un acide gras conduit à un ester et de l'eau. L'ester en question sera un édifice moléculaire plus complexe que chacun des composants initiaux et aura des propriétés différentes. C'est bien connu « rien ne se perd, rien ne se créé, tout se transforme ».

Dur à avaler

La digestion fait partie de l'un des processus de transformation possible. Rien de ce qui touche à notre ventre ne nous est indifférent, la compréhension s'en trouve facilitée ! Dans notre bol alimentaire on trouve tous les éléments dont notre organisme a besoin : l'eau, les minéraux (soit à l'état solide soit à l'état dissous), les oligo-éléments, les vitamines et toutes les substances organiques pour faire tourner la machine. Celles-ci sont classées en trois groupes : les glucides, les lipides, les protides. Ce sont des assemblages moléculaires complexes que le phénomène de digestion va réduire progressivement en des éléments plus simples assimilables par les cellules. Manger c'est avaler des édifices moléculaires, digérer c'est les démolir... opération plus difficile qu'on pourrait imaginer, nécessitant parfois une petite sieste pour en faciliter le déroulement !

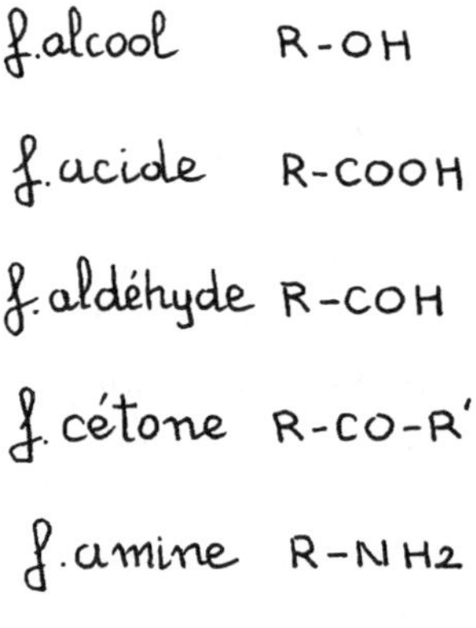

ILLUSTRATION 57 : **Représentation chimique de fonctions organiques.**

Les glucides sont des molécules qui rassemblent une fonction alcool et une fonction aldéhyde ou une fonction cétone. Ce sont essentiellement les sucres : glucose (miel par exemple), fructose, lactose (sucre du lait), maltose (extrait de l'orge germé), saccharose (sucre de canne). Mais ce sont aussi la cellulose qui sert à la rigidité du végétal et l'amidon constituant ses réserves énergétiques. Il y a également le glycogène, sous forme de granules dans certaines cellules, qui, lui, stocke l'énergie du monde animal.

Les lipides sont des esters obtenus par l'action d'un alcool sur un acide gras. Aïe, aïe, aïe... ceux que les personnes trop chargées en cholestérol doivent éviter ou, tout au moins, certains d'entre eux. Ce sont essentiellement les glycérides, liquides dans les huiles, solides dans les beurres et les graisses.

Glucides : les sucres

Lipides : corps gras

Protides : protéines

ILLUSTRATION 58 : **Les trois principaux types de biomolécules.**

Les protides sont des biomolécules qu'on subdivise en trois groupes : les acides aminés, les peptides (assemblage d'acides aminés) et les protéines qui sont également des combinaisons gigantesques d'acides aminés. Les protides sont les constituants de base de la matière vivante, ils assurent la structure, la solidité, la résistance, la force du règne végétal et animal. Ils assurent aussi la vitalité des entreprises qui fabriquent les barres chocolatées protéinées et qui en font bien savoir les propriétés !

Les aliments sont donc composés d'une multitude d'édifices moléculaires mais qui eux ne font appel qu'à essentiellement quatre atomes différents : C, O, N, H. Finalement nous sommes peut-être plus quadrivores qu'omnivores ! Faire ses courses alimentaires c'est mettre dans son panier 95 % de C, O, N, H ; 4,9 % de minéraux (Ca, S, P, Na, K, Cl, Mg, Fe) et 0,1 % d'oligo-éléments. Et ça fait cher le kilo d'atomes.

Point sur les matériaux

L'ordre chronologique de notre histoire a dérogé. Car de la même façon qu'il a fallu répertorier les constituants de l'atome (quarks, neutrons, protons, noyaux, électrons) pour comprendre comment a pu se constituer la matière à l'origine des temps, il nous fallait maintenant aborder les édifices moléculaires avant d'entrevoir comment a bien pu s'élaborer la matière organique, celle qui va introduire le vivant. Et je vous sens curieux (moi aussi d'ailleurs !), vous demandant comment cette fois les scientifiques vont bien pouvoir faire pour proposer une explication au passage naturel de l'inanimé au vivant ! Encore un peu de patience, car il nous faut préalablement nous familiariser avec quelques biomolécules importantes.

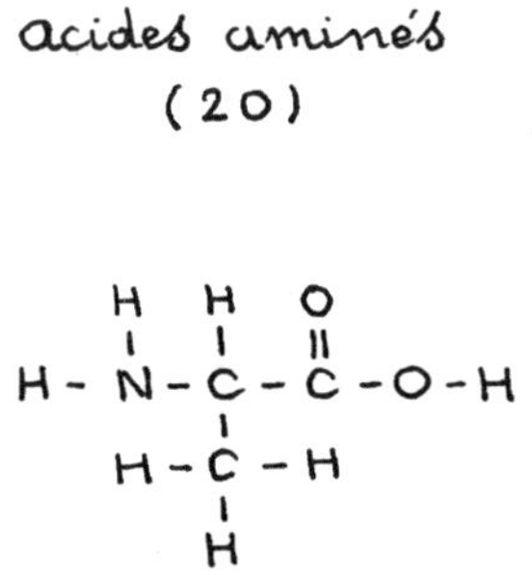

Illustration 59 : **Représentation chimique d'un acide aminé : l'alanine.**

Ce sont d'abord les acides aminés qui, entrant dans la composition de la matière vivante terrestre, sont au nombre de vingt. Le qualificatif « aminé » (et non pas animé !) signifie, on s'en souvient, qu'ils contiennent de l'azote, au moins un N, voire plusieurs. Ce sont donc l'alanine, la valine, la leucine, l'acide glutamique, la méthionine, la glutamine... Inutile de les apprendre par cœur, ça ne sera pas demandé à la prochaine interrogation écrite. Nous avons vu que la digestion démolit les protides alimentaires pour les ramener à l'état d'acides aminés et nous verrons plus tard que les cellules se chargent de les assembler pour réaliser des protéines qui assureront les fonctions vitales de l'organisme. Les acides aminés sont donc les briques du vivant. Vingt en tout.

Les autres molécules fondamentales, au nombre de quatre, sont les bases nucléiques, autres briques du vivant, qui sont les composants de base de l'ADN. Ce sont l'adénine nommée A, la thymine T, la guanine G, la cytosine C. Essayons au moins de nous souvenir des quatre lettres A, T, G, C, car elles entreront dans le code génétique du vivant, un code qui a précédé de beaucoup plus d'un milliard d'années celui qui nous permet d'accéder à notre compte bancaire. Alors fournissons un petit effort pour mémoriser A, T, G, C en sachant déjà que A ne pourra s'associer qu'à T et inversement et G à C et inversement. AT/TA et GC/CG à répéter jusqu'à demain matin.

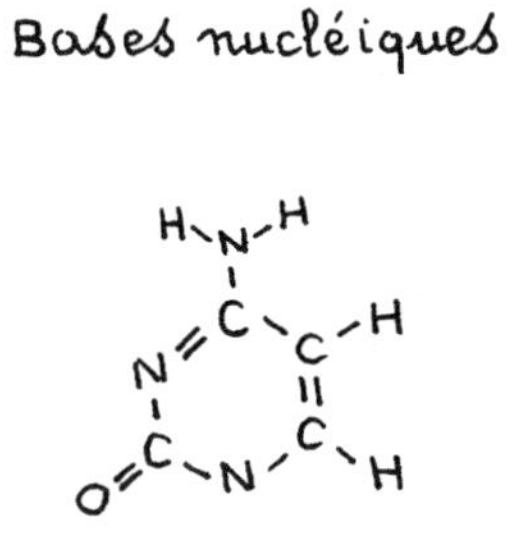

Illustration 60 : **Représentation chimique d'une base nucléique : la cytosine.**

Brin de génétique

Faut marner

C'est pénible, il faut toujours qu'il y ait un avant-propos avant de passer à ce qu'on attend avec impatience. Mais pour aller d'un point A vers un point B il faut nécessairement situer B avant de partir. Ici, en l'occurrence, A est la panoplie du parfait bricoleur, à savoir des agglomérats moléculaires – biomolécules : les acides aminés et les bases nucléiques. B est la cellule que l'on a tous observée au microscope en cours de biologie ou sciences de la vie et de la terre. Entre les deux, le vide. Même pas un fil de funambule. Et pourtant il n'y a pas le choix, il nous faut aller d'A à B.

Commençons par B, c'est plus facile. La cellule est aussi appelée la brique du vivant, un organisme à elle seule. Sa taille est comprise entre quelques micromètres et un millimètre. Un intérieur délimité par une membrane qui l'enveloppe et l'isole de l'extérieur. Appelée membrane plasmique c'est une « peau » protectrice qui laisse néanmoins entrer certaines substances et sortir certaines autres. La partie interne, cytoplasme, est une substance semi-liquide composée d'eau et de substances minérales et organiques. Des inclusions, portant le nom d'organites, baignent de-ci de-là dans cette mare cytoplasmique. C'est d'abord le noyau qui renferme les chromosomes constitués des enroule-

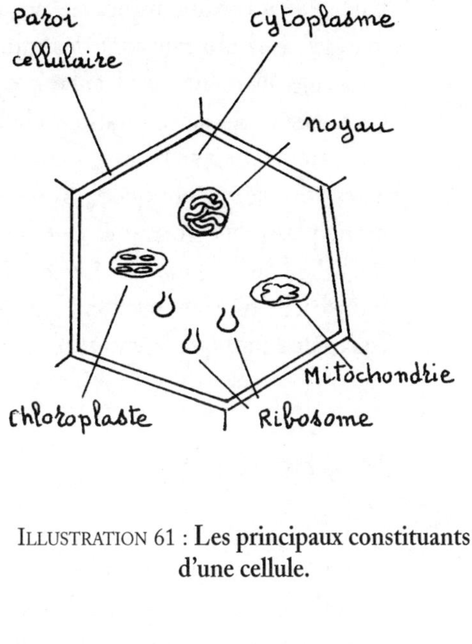

ILLUSTRATION 61 : **Les principaux constituants d'une cellule.**

ments boudinés des chaînes moléculaires d'ADN, des « kilomètres » d'atomes reliés les uns aux autres. Comme autres organites il y a les mitochondries, réserves énergétiques, qui permettent la respiration cellulaire et puis les ribosomes qui sont les ateliers de montage des protéines. Dans les cellules végétales ce sont les chloroplastes, autres organites, qui assurent la photosynthèse. Ce sera là le bagage minimum nécessaire pour comprendre le rôle et le fonctionnement de la cellule.

Notre époque industrielle produit des biens de consommation que nous utilisons, usons et rejetons. Dans une usine entrent des matériaux bruts et de l'énergie (et des hommes !). En ressortent des produits élaborés complexes et des déchets (et en général les hommes qui sont entrés). Voilà qui va nous aider à comprendre le fonctionnement de la cellule. Un géranium pour fleurir, un pommier pour fabriquer des pommes, un escargot pour rajouter un tour à sa coquille spiralée, un bambin pour grandir... doivent confectionner de la matière. De la matière, c'est-à-dire des édifices moléculaires appropriés, des macromolécules, des biomolécules, des glucides, des lipides, des protides. Quel boulot ! Ce sont les cellules qui vont assurer. Une cellule est une usine. Le noyau en est le cerveau, l'ADN aux commandes. Les intrants sont des minéraux, des molécules simples, des biomolécules élémentaires. L'énergie est fournie soit par des apports lumineux (végétaux), soit par respiration cellulaire (mitochondries pour les cellules de type animal). Les chaînes de montage sont les ribosomes. Les biomolécules complexes fabriquées, c'est-à-dire les protéines, traversent la membrane plasmique et sont évacuées et transportées par le sang pour aboutir sur le lieu de l'organisme où elles assureront leur fonction. Finalement l'ère industrielle n'a rien inventé. Une comparaison à faire hurler, à juste raison, ceux qui crient que le vivant n'est pas une marchandise. Affaire à suivre.

Pas de RTT

C'est lundi. Retour à l'usine cellulaire. Au sein du noyau sont donc enroulées, conditionnées en chromosomes, les chaînes moléculaires d'ADN. Ce sont, « comme des perles sur un fil », des successions de bases nucléiques. Par exemple : TACCACGTGGACTGACTCATC... non, ce

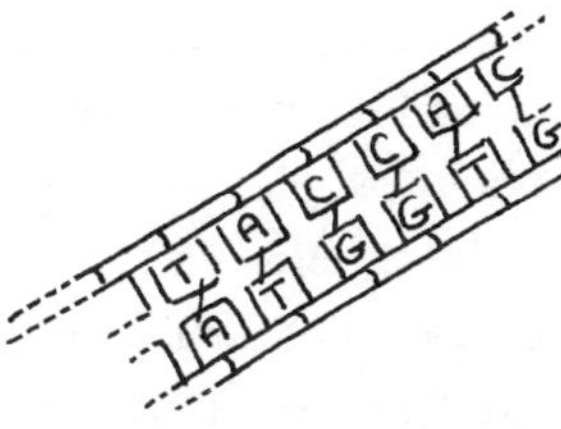

ILLUSTRATION 62 : **Représentation symbolique d'un brin d'ADN.**

n'est ni un vers de poésie moderne ni une phrase extraite du dernier Goncourt. En face de ce brin d'ADN se trouve un autre brin d'ADN dont les bases nucléiques sont complémentaires une à une selon la règle déjà vue : A-T, T-A, G-C et C-G. Dans notre exemple ce sera donc : ATGGTGC... etc. Les deux brins sont imbriqués comme les deux parties d'une fermeture Éclair, sur des longueurs sans fin, enroulés en hélice, formant les chromosomes. D'où la dénomination de double brin en hélice de l'ADN.

Trois bases nucléiques successives forment un codon. Les lignes de l'ADN se lisent donc par groupe de trois lettres, de codon en codon : TAC CAC GTG etc. mais c'est nous qui mettons le blanc entre les codons pour être plus explicite car dans la réalité toutes les bases nucléiques se touchent. Un certain nombre de codons successifs, appelé gène (sept dans l'exemple ci-dessus), constitue un code donnant un ordre (l'équivalent d'un code qui ouvre une porte). La longue chaîne moléculaire d'ADN est donc une succession de gènes ou, inversement, un gène est une portion d'ADN.

L'ordre donné par un gène doit être transmis et exécuté ! Si une certaine substance moléculaire est nécessaire à un moment donné dans un organisme, le gène responsable de son élaboration va s'activer. Pour cela il commence par se répliquer : les deux brins de cette portion d'ADN se désimbriquent, se dégrafent pour reprendre la

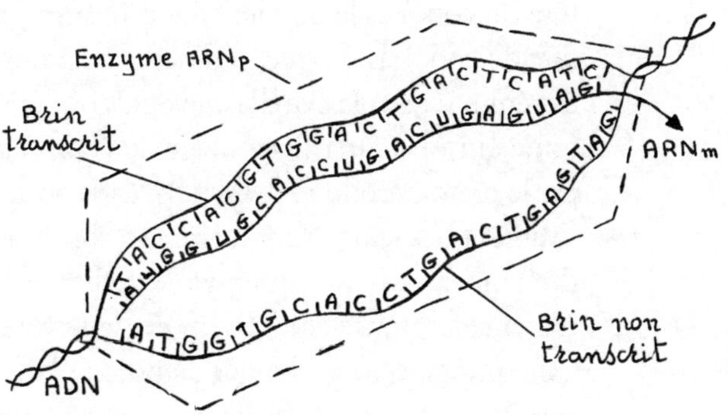

ILLUSTRATION 63 : **Transcription d'un gène en présence d'un enzyme.**

comparaison avec la fermeture Éclair. Et s'élabore en face du gène concerné une molécule dite ARNm qui va recopier le code, toujours en obéissant à la règle des correspondances des bases nucléiques, mais la base T étant remplacée par la base U (A-U, T-A, G-C, C-G). Dans l'exemple cité, le gène sera transcrit en ARNm : AUGGUGCACCUGACUGA-GUAG... Aussitôt après, les deux brins d'ADN se ressoudent et le brin d'ARNm qui a recopié le code en le transcrivant sort du noyau et gagne le cytoplasme. C'est le code messager – d'où la lettre m – qui va aller mettre en route la fabrication demandée. Mais – et c'est primordial pour, plus tard, mieux comprendre une hypothèse de la création naturelle du vivant – l'opération de transcription du gène en ARNm n'est possible qu'en présence d'une protéine (protéine enzyme) appelée ARNp (polymérase) : catalyseur – sorte de « contremaître local » qui déclenche, surveille, favorise... le processus de copiage du code.

Au sein du cytoplasme le brin moléculaire ARNm va rejoindre les ribosomes (on s'en souvient, organites du cytoplasme de la cellule) où va se faire l'assemblage des acides aminés nécessaires à la substance désirée et commandée. Pour l'ARNm également trois bases nucléiques forment un codon. Et à chaque codon correspond un acide aminé. C'est bien fait ! Ainsi à GUG (deuxième codon de notre exemple) correspond la valine, à CAC l'histidine, à CUG la leucine, à ACU la thréonine, à GAG l'acide glutamique. Le premier codon AUG signifie « début de lecture » (ouverture du code) et le dernier codon UAG signale « fin de lecture » (fermeture du code). Les acides aminés, on se souvient au nombre de vingt, sont disséminés dans le cytoplasme où ils ont été apportés par le sang. Le ribosome qui va assurer le montage de la protéine souhaitée, est mis en route par le premier codon AUG, puis, dans notre exemple, il va appeler successivement les cinq acides aminés concernés (valine, histidine, leucine, thréonine, acide glutamique), les relier les uns aux autres puis libérer la protéine fabriquée et l'ARNm dès la lecture du dernier codon UAG. Une autre protéine va se charger de donner la forme spatiale à la macromolécule fabriquée, conformément à la fonction qu'elle devra assumer dans l'organisme. C'est vraiment bien fait ! La nouvelle protéine va donc sortir de la cellule en traversant la membrane plasmique et être véhiculée par le sang sur son lieu de résidence.

ILLUSTRATION 64 : **Élaboration d'une protéine au sein d'une cellule.**

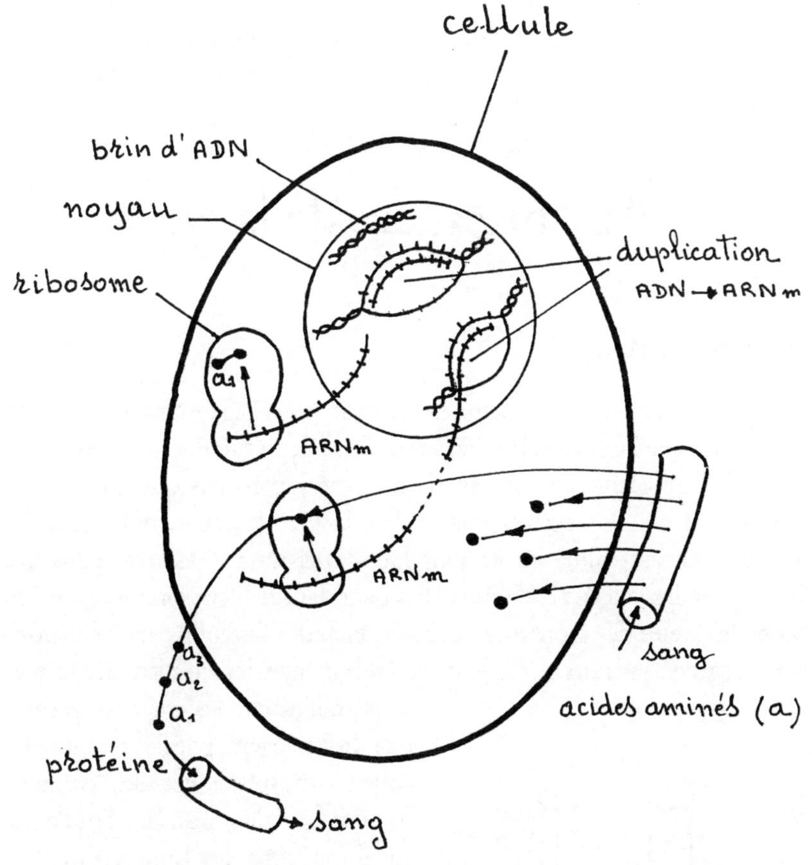

Fabrication d'une protéine dans une cellule. Les deux brins d'ADN concerné se séparent. Le code est copié, retranscrit en ARNm qui sort du noyau. Au niveau du ribosome, l'ARNm commande l'assemblage des acides aminés. La protéine est évacuée.

Observons le mécanisme avec un peu de hauteur. L'organisme lance la demande d'une protéine. L'ADN ordonne, l'ARNm porte le message et le ribosome exécute. Le produit fabriqué est livré par le sang (le transporteur) – qui, par ailleurs, apporte également les acides aminés (issus de la digestion des aliments) au cytoplasme pour les futures commandes. À la fin de la fabrication, l'ARNp (polymérase) est restée présente, inaltérée, prête à rejouer le rôle de catalyseur et l'ARNm est éliminé (déchet éjecté). La cellule est une véritable entreprise honorant ses commandes. L'urgent est déjà parti, l'impossible est en train de se faire. Pour les miracles, il faut revenir demain.

Aux prémices de la vie

Âmes sœurs

Après cette halte au wagon-restaurant nous regagnons notre place dans le train de l'Univers. Il roule sur la Terre depuis maintenant un demi-milliard d'années. À ce moment-là nous ne savons pas que quatre milliards d'années nous séparent encore de la lecture de notre autobiographie. Autour tout est calme en ce jour lointain d'avant J.-C. Les dernières fumerolles des volcans pacifiés se dissipent dans le bleu horizon, l'érosion a limé les arêtes des montagnes et arrondi en douces collines leurs contreforts escarpés, les eaux s'écoulent sans turbulence dans les lacs, les vagues sont molles sur les mers et océans, une brise légère gonfle à peine les voiles atmosphériques des cumulonimbus en rade sur un ciel d'huile. Le soleil ronronne. La Terre respire.

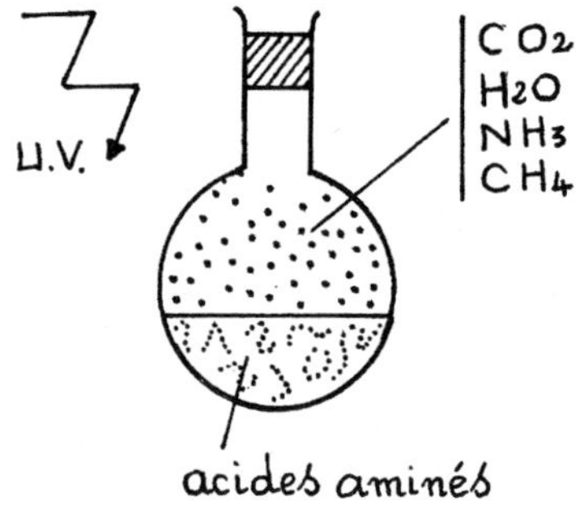

ILLUSTRATION 65 : **Expérience d'Urey et Miller.**

Et nous, encore molécules H_2O, CO_2, NH_3, CH_4... de la couche atmosphérique ou molécules minérales de la croûte terrestre, commençons à sentir confusément les frémissements d'une aventure qui va nous entraîner aux confins de l'infini. Mais ne tournons pas autour du pot, la question est la suivante : comment passer de ces molécules simples à la cellule vivante ? Une expérience cruciale a été réalisée en 1953 par Urey et Miller. Ils enferment dans un ballon les substances supposées être celles de la Terre primitive : eau, gaz carbonique, ammoniac gazeux, méthane, et soumettent l'ensemble à des décharges électriques simulant les éclairs de l'époque. Après quelques jours, analysant le liquide jaunâtre du fond du ballon, ils découvrent des macromolécules, des acides organiques (formique, acétique, lactique), des acides aminés (acide aspartique, acide glutamique, glycocolle). Une surprise de taille ! Cette expérience a été ultérieurement maintes fois répétée en modifiant les conditions expérimentales et à chaque reprise sont apparues des biomolécules, certes pas toute la panoplie de celles qui assurent le vivant aujourd'hui, mais une bonne part d'entre elles. On ne peut pas dire qu'il y a quatre milliards d'années les choses se sont passées comme dans l'expérience de Urey et Miller, d'autant plus qu'on pense aujourd'hui que l'atmosphère primitive ne contenait que peu de NH_3 et CH_4 et beaucoup de CO_2, mais à l'évidence on a la preuve qu'à partir de molécules élémentaires peuvent se former naturellement des biomolécules. Nous avons vu que ces associations sont rendues possibles par la facilité qu'ont les atomes de C, O, N, H et dans une moindre mesure P, S... de « s'accrocher », se relier (liaisons covalentes) entre eux. Souvent ces longs édifices moléculaires, compte tenu des tensions mécaniques qui s'exercent, auront tendance à se tordre, se replier, se ratatiner, s'enrouler pour former des amas compacts en forme de microsphères. Nous avons évoqué à ce sujet une sorte de pelote de laine. Si un atome ou toute petite molécule « passant » à proximité pénètre dans un interstice de la boulette et y reste piégé – absorbé –, certains auteurs y voient les prémices de l'alimentation. Et si devenant trop grosse la microsphère se scinde, se partage en deux, les mêmes auteurs évoquent les débuts de la reproduction.

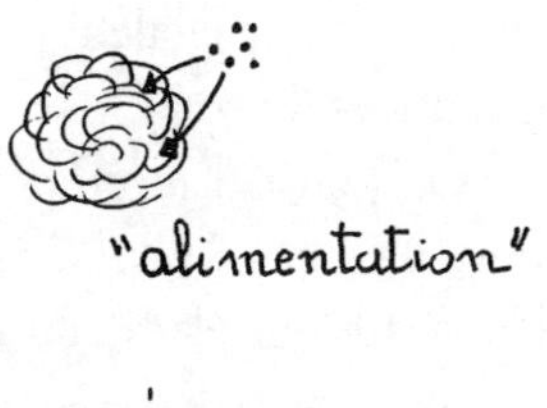

Illustration 66 : **Prémices de « l'alimentation » et de « la reproduction ».**

Une autre expérience fondamentale est celle de Sidney Fox qui, dans un ballon, laisse refroidir des solutions chaudes d'acides aminés dans certaines conditions de salinité et d'acidité. Il obtient des thermoprotéinoïdes ! (micro-agglomérats de matière) qui présentent la particularité de s'associer à des bases nucléiques (briques du vivant aux côtés des acides aminés) et de s'entourer d'une fine membrane qui n'est pas sans analogies avec la membrane plasmique qui entoure la cellule.

Nous n'en sommes pas encore là, mais on voit des chemins qui se dessinent vers la cellule. Pour l'instant nous sommes encore dans l'inanimé même si ces associations entre atomes et/ou petites molécules exigent de la part des protagonistes de faire de temps en temps un « pas » vers l'autre. Se trouver un ou une partenaire nécessite de « se bouger », nous en savons toujours quelque chose !

Pour faire un monde

Où peuvent bien se trouver les laboratoires et les ballons d'essai de la Terre originelle ? Pour que s'associent entre elles les molécules d'eau et de CO_2, NH_3, CH_4... il faut des conditions favorables, des métaux servant de catalyseur (substance favorisant une réaction chimique), de l'énergie sous forme de chaleur ou sous forme de rayonnement (lumière des éclairs ou rayons du soleil).

On pense d'abord à des niches écologiques douillettes : de petites criques bien ensoleillées, baignées au gré de vagues qui vont et viennent, un sol fertile en éléments catalyseurs, des eaux superficielles chaudes. En quelque sorte de petits nids de vacances pour futurs citadins fatigués et stressés.

On pense à l'écume de la mer, les embruns, les crêtes des vagues où il y a un brassage intense entre eau et air favorisant les réactions chimiques. Sans doute le paradis des atomes et petites molécules des futurs surfeurs.

On pense à des couches argileuses (riches en silicate d'aluminium) qui, par leurs propriétés chimiques et plastiques, favorisent les réactions entre eau et gaz atmosphérique. Auquel cas le futur Adam élaborant son arbre généalogique y trouvera bien ses racines.

On pense près de sources hydrothermales, volcans des abysses où la température élevée et une chimie basée sur le soufre auraient pu favoriser les associations moléculaires. Quoique surprenante cette hypothèse subsiste parce qu'on a trouvé à proximité de ces fumeurs noirs (cheminées volcaniques qui tapissent le fond des océans) des bactéries qui font penser aux archéobactéries dont nous parlerons plus loin. Pour les futurs amateurs de plongée sous-marine et aventuriers en conditions extrêmes.

Enfin, ça peut être n'importe où. Ou pourquoi pas partout à la fois ? Ne trouve-t-on pas de tout au fin fond de nos gènes ?

Tombé du ciel

Mais il y aussi ceux, et ils sont de plus en plus nombreux, qui se demandent si les prémices de la vie ne viendraient pas du ciel. Ce sont les exobiologistes.

Entre les étoiles il y a le vide (interstellaire) ou presque... En fait, se trouvent, « flottant » dans les espaces cosmiques, des micrograins de glace, de météorites... L'analyse spectrale de ces microparticules a montré la présence de molécules complexes, de macromolécules, voire de biomolécules. Une équipe américaine et une autre européenne ont réalisé l'expérience suivante : une enceinte vide dans laquelle ils ont introduit quelques molécules d'eau, de NH_3, de méthanol, d'oxyde de carbone CO et de CO_2. Ils ont refroidi l'enceinte à - 260°C (température des fonds cosmiques) et l'ont bombardée d'éclairs UV. Après ouverture à la fin de l'expérience ils ont trouvé des microgouttes de glace gorgées d'acides aminés. Seize pour l'équipe européenne (un peu moins pour l'américaine) dont six sont courants dans la biologie terrestre, parmi lesquels la glycine, l'alanine, les plus communs du vivant.

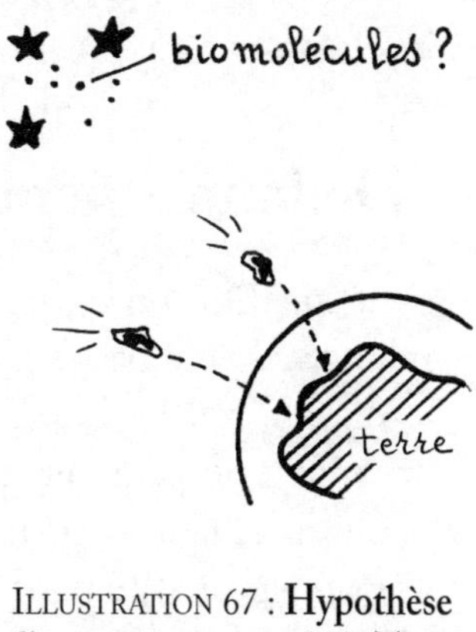

ILLUSTRATION 67 : **Hypothèse d'ensemencement de la Terre en biomolécules par des météorites.**

En tombant sur Terre, de telles poussières météoritiques peuvent avoir ensemencé notre planète. Si leur lieu de chute a présenté des conditions favorables (niches écologiques, couches argileuses...) la biochimie a pu se poursuivre. On pense avoir trouvé des météorites chargées en acides aminés, telle par exemple celle de Murchinson en Australie, découverte et analysée en 1969, en contenant quatre-vingt dont huit en usage dans la biochimie terrestre. De même pour des micrométéorites prélevées sur les glaces de l'Antarctique. Mais il est difficile de s'assurer que ces échantillons n'ont pas été contaminés lors de leur traversée de la couche atmosphérique ou de leur atterrissage.

Certains exobiologistes pensent même carrément à un ensemencement de bactéries issues de Mars. Des bactéries vertes, probablement, à l'image des petits hommes de la même couleur qu'on s'attendait à voir débarquer il y a quelques décennies ! Pourquoi pas ?

Des archéobactéries aux cellules à noyaux

Dédoublement

Bon. On conçoit qu'acides aminés et bases nucléiques, pièces de base du vivant comme les morceaux de legos, constituants élémentaires de la grue qui touche le plafond et occupe les trois-quarts du volume de la chambre du petit, aient pu se former naturellement, spontanément. Au bout de la ligne joignant A à B se trouve la cellule et un abîme nous en sépare encore. Le pont qui le franchit se construit progressivement dans les replis des cerveaux bien alimentés en phosphore des scientifiques et au fond des éprouvettes. On se souvient que dans une cellule qui fabrique de la matière, l'ADN fait l'ARNm mais que l'ARNp est nécessaire, en tant qu'enzyme, pour cette opération. C'est le problème bien connu de l'œuf et de la poule. Le poussin contenu dans l'œuf casse sa coquille, sèche son duvet, fait ses premiers pas maladroits, devient poulette – une fille a été choisie car le poulet a plus de chance d'être mangé en route et n'aurait pas pu illustrer cette explication jusqu'au bout – connaît un jour le chant du coq et pond un œuf qui peut contenir en puissance un autre volatile de la même espèce. Une fois que le processus est enclenché, tout est simple. Mais l'éternelle question est celle de savoir comment est apparu le premier œuf ou la première poule. De la même façon, comment de l'ADN (la poule) peut faire de l'ARN (l'œuf) s'il n'y a pas d'ARN pour amorcer la fabrication de l'ADN ?

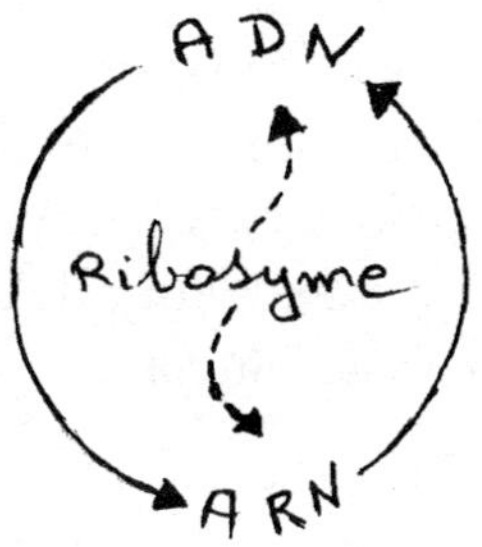

ILLUSTRATION 68 : **Le ribozyme pourrait peut-être être la première unité autoreproductrice du vivant.**

Peut-être que les expériences de Zang et Cech lèvent un coin du voile. Ils ont trouvé un acide nucléique (ARN ribosomique) qui assume en alternance les deux rôles. D'autres résultats semblables suivent. Ceux de Crick et Orgel qui montrent qu'une certaine molécule d'ARN peut être à la fois codante et assurer sa propre réplication. Une telle molécule, appelée ribozyme, pourrait en faire la première unité autoreproductrice à l'origine de la vie. Récemment a été trouvé un peptide capable d'autocatalyser sa synthèse. Bien avant, en 1933, Joyce et son équipe ont réussi la synthèse d'un de ces ARN bipotent. En moins d'une heure le ribozyme réquisitionne et organise les molécules du tube à essai. Il se copie lui-même donc crée de la matière semblable. Le poulailler se peuple parce qu'une molécule spéciale a été à la fois œuf et poule ! – attention, à ne pas divulguer car le problème de l'œuf et de la poule doit rester à tout jamais une énigme !

Peut-être est-ce ainsi qu'a commencé à s'élaborer la matière qui s'achemine vers le vivant, peut-être seulement. En attendant mieux, l'inspiration d'un chercheur ou un ballon expérimental entouré de fées bienveillantes ou une révélation inattendue, il existe une explication scientifique possible. Mais ne perdons pas de vue le chemin parcouru : préalablement se sont formées les chaînes moléculaires (acides aminés et bases nucléiques) à partir des molécules simples issues de la terre, de la mer ou venues des cieux, elles-mêmes assemblages d'atomes fabriqués dans les étoiles à partir d'hydrogène, protons, neutrons, électrons, quarks et autres particules de moins que la première microseconde de l'horloge cosmique, nés du Big Bang, lui-même issu du bouillonnement quantique du vide originel. Nous y étions. Nous avons tout connu. Nous sommes maintenant biomolécules, ribozymes, brins d'ADN et d'ARN... passagers du Transunivers sur les rails de l'infini.

Suspends ton vol

Nous évoquions, juste au-dessus, l'expérience de Joyce en 1933 qui, en plus de voir de la matière s'autoélaborer à partir d'une molécule ribozyme, eut la surprise de constater des évolutions des molécules, comme si les messages émis par les brins d'ADN subissaient des modifications entraînant des plans de construction de protéines différents, ce qu'on appelle des mutations avec pour corollaire une évolution possible. Nous y reviendrons largement plus tard. Souvenons-nous également des travaux de Fox qui obtenait à partir de solutions chaudes d'acides aminés en cours de refroidissement des agglomérats de matière contenant des bases nucléiques et s'entourant d'une fine membrane. On peut alors essayer d'esquisser la – ou une – cellule primitive comme une goutte de mucus aqueux contenant un (ou des) brin d'ADN et des filaments d'ARN, le premier donnant des ordres, les seconds opérant la synthèse des acides aminés ; une fine membrane enveloppant le tout, laissant entrer les acides aminés et sortir les protéines fabriquées. L'énergie nécessaire à cette fabrication artisanale pouvant être les rayons du soleil ou la chaleur ambiante du nid douillet ou du geyser abyssal ou l'irradiation UV, ou encore des rayons cosmiques. La cellule

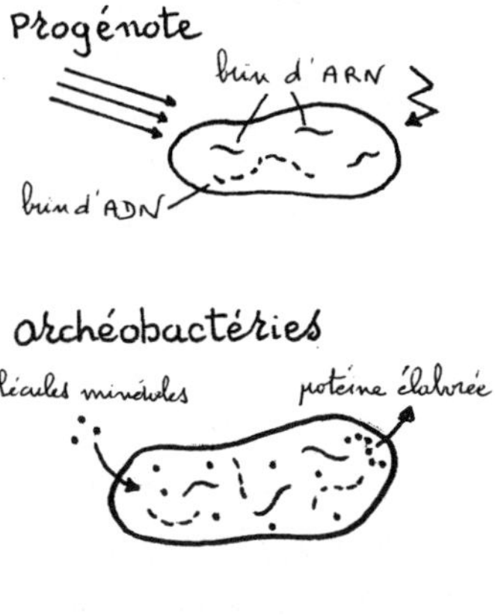

ILLUSTRATION 69 : **De la cellule ancestrale (progénote) aux archéobactéries.**

primitive ? Sans doute est-elle rustique par rapport à la cellule moderne équivalente à celle des premiers cycles à roues inégales par rapport aux vélos du Tour de France d'aujourd'hui. On a donné le nom de « progénote » à cette cellule ancestrale. L'action de composés chimiques ou les bombardements de particules ou les contacts « épidermiques » entre brins et filaments d'ADN peuvent avoir entraîné des mutations, des évolutions...

Et ainsi, de proche en proche, les progénotes engendrent les archéobactéries. Ce sont des cellules sans noyau[1], de petite taille, contenant des brins d'ADN et d'ARN flottant librement dans le cytoplasme (milieu aqueux gorgé d'acides aminés). Une fine membrane enveloppe la cellule, laissant passer dans un sens et dans l'autre les intrants nécessaires et les protéines élaborées. On peut penser que de temps en temps des cellules procaryotes se rencontrent, s'associent, fusionnent, s'entourent d'une seule membrane plasmique et qu'à l'intérieur les brins d'ADN se mélangent et donnent des ordres d'assemblage nouveaux ou complémentaires ou compétitifs ou... L'évolution est en marche. On pense avoir trouvé des fossiles de ces archéobactéries dans des roches datées de - 3,2 milliards d'années en Afrique du Sud et aussi aux USA dans l'Ontario qui auraient - 1,9 milliard d'années. Ces précisions sur le temps sont nécessaires. À supposer que les édifices moléculaires et premières biomolécules aient pu commencer à s'élaborer il y a 4 milliards d'années, on s'aperçoit qu'il a fallu un ou deux milliards d'années pour qu'aient pu se constituer les archéobactéries... Nous qui trouvons insupportable le délai de deux mois pour la délivrance d'une pièce administrative ou l'attente de trente minutes dans un cabinet dentaire ou les trois minutes du passage au vert des feux au croisement de deux rues. Nous verrons à maintes et maintes reprises que toute transformation nécessite du temps et qu'avec le temps tout est possible... apparemment, et pourquoi pas, le passage « en douceur » des pelotes inanimées... aux archéobactéries capables d'absorber de la matière (se nourrir), de fabriquer de la matière (créer) et, comme nous le verrons plus loin, de se reproduire par scissiparité (partage en deux semblables). Frémissements de la vie.

---

[1] Une cellule sans noyau est appelée procaryote.

Tuyaux de poêle

Outre le fait que les archéobactéries ne possèdent pas de noyau, ce qui les caractérise est qu'elles vivent sans oxygène. Elles doivent donc puiser leur énergie ailleurs. Certaines en transformant le CO_2 en CH_4 (méthane), d'autres en s'alimentant des minéraux des milieux salés, d'autres encore pouvant, en présence de chaleur, métaboliser les composés du soufre. La soupe terrestre primitive était donc suffisamment nutritive pour assurer la subsistance de l'archéovivant. Mais sans doute est-ce là que nous avons commencé à faire l'expérience d'une loi universelle du vivant : vivre c'est s'exposer au changement, à la transformation. Voici les premières leçons sur l'impermanence.

Sous la pression des composés chimiques environnants, peut-être à cause de la promiscuité ambiante induisant le mélange et l'association de leurs brins d'ADN au sein de leurs cytoplasmes, ou bien parce que la consistance de la soupe primitive commençait à laisser à désirer, ou bien peut-être encore parce que trop sensibles aux rayons UV et rayons cosmiques, petit à petit les archéobactéries, par mutations successives, vont évoluer vers deux types de bactéries bien spécifiques. D'un côté les eubactéries – dites bactéries primitives – et de l'autre les cyanobactéries – ou algues bleues.

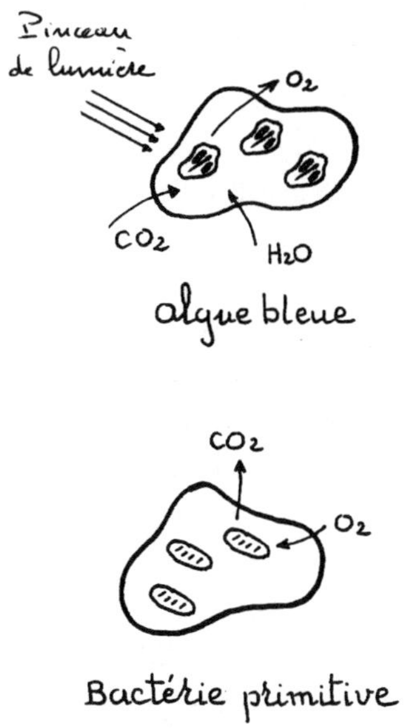

ILLUSTRATION 70 : **Les deux premières cellules procaryotes (sans noyau) : algue bleue et bactérie primitive.**

Les unes comme les autres sont toujours des cellules procaryotes, c'est-à-dire sans noyau. Les archéobactéries qui vont virer vers les algues bleues ont développé en leur sein des pigments qui, sous l'action des photons du rayonnement solaire, peuvent dissocier les molécules H_2O et CO_2. Le carbone C récupéré est alors associé à des atomes d'hydrogène et d'oxygène pour composer une grosse molécule qui n'est autre que le glucose, glucide que nous avons déjà évoqué. Le sucre formé sera la réserve énergétique qui alimentera la chaîne de montage des protéines. On appelle chloroplaste la « machinerie » pigmentaire responsable de la dissociation moléculaire. En résumé, sous l'action des photons, eau et CO_2 sont dissociés et les atomes obtenus réassemblés en glucose, avec une libération d'oxygène et rejet de l'eau en excès. Ainsi s'est amorcé le processus de la photosynthèse. Nous respirons aujourd'hui l'oxygène que nous avons commencé à produire quand nous étions algues bleues !

Les archéobactéries qui vont devenir bactéries primitives ont suivi un autre chemin. Alors qu'elles puisaient leur énergie des composés minéraux de la soupe primitive, elles vont, en même temps qu'apparaît l'oxygène, mettre en place des réserves énergétiques composées de glucose également, appelées mitochondries. Un processus de respiration cellulaire s'établit : les glucoses sont brûlés par l'oxygène pour donner du CO_2 et de l'eau. Là encore, l'énergie libérée sert à la cellule pour synthétiser les protéines. Rejet de gaz carbonique ? N'est-ce pas ce jour-là que nous avons commencé à polluer l'atmosphère et amorcé l'effet de serre ? Heureusement, l'autre nous-mêmes, algue bleue, avait besoin de ce CO_2 pour vivre tout en rejetant l'oxygène nécessaire à la première partie de nous-mêmes, bactérie primitive. De là date peut-être notre personnalité multiple, cette dualité tenace qui nous habite !

En résumé, il y a 1,5 milliard d'années, les cellules procaryotes sont bien au point : les algues bleues avec leur chloroplaste et les bactéries vraies avec leur mitochondrie. 2,5 milliards d'années se sont donc écoulés depuis que la surface de la Terre s'est stabilisée. Nous sommes alors deux peuples ayant la même origine lointaine (le Big Bang), la même chair (les atomes issus des étoiles), vivant des mêmes substances terrestres (minéraux de la croûte terrestre et gaz de la couche atmosphérique), partageant le même espace territorial (les continents). Deux peuples, algues bleues et bactéries primitives, vivant chacun grâce à la présence de l'autre, mais fonctionnant différemment. Alors la guerre ou la paix ? Ou l'amour ?

OPA

On pense que c'est à cette époque, vers - 1,6/- 1,5 milliard d'années, qu'apparaissent les cellules à noyau, dites cellules eucaryotes : les vraies cellules, telles qu'elles sont aujourd'hui, telles qu'on les trouve décrites dans les ouvrages de biologie des lycées. Ce sont des cellules à noyau qui formeront les lignées des protozoaires (organismes unicellulaires) des végétaux d'une part et des champignons et animaux d'autre part.

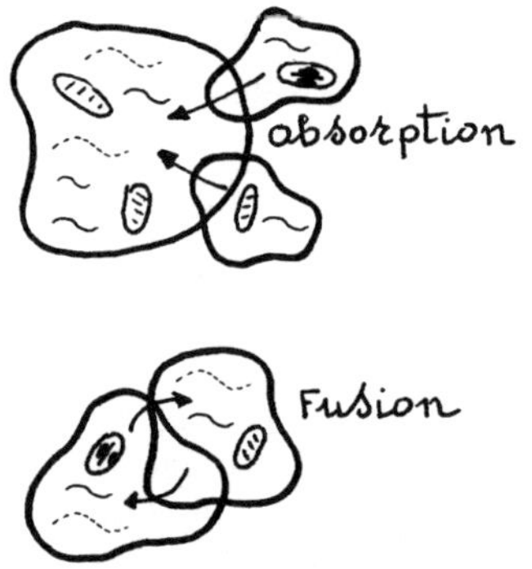

ILLUSTRATION 71 : **Élaboration d'une cellule à noyau à partir d'une algue bleue et d'une bactérie primitive par absorption ou fusion.**

La cellule eucaryote contient, on l'a déjà vu, outre le noyau, des inclusions (organites) comme les mitochondries et les chloroplastes pour les cellules végétales, des ribosomes pour l'assemblage des acides aminés et d'autres substances nécessaires au métabolisme cellulaire. Se pose à nouveau la question de savoir comment a pu s'opérer ce perfectionnement des cellules.

Les chercheurs ont constaté que les structures internes des mitochondries et chloroplastes des vraies cellules sont très ressemblantes à celles des bactéries primitives et des algues bleues, un peu comme si elles étaient meublées avec de l'ancien ! Ils ont aussi constaté que les brins d'ADN contenus dans ces inclusions sont différents de l'ADN du noyau, comme s'ils provenaient d'ancêtres lointains. Presque toute la communauté des biologistes pense que les cellules eucaryotes résultent de la symbiose de bactéries primitives et d'algues bleues. Deux scénarios sont envisagés. Une fusion simple à égalité des deux partenaires (une SARL dans laquelle chacun apporte 50 % des parts) avec regroupement des chaînes ADN au sein d'un noyau unique, répartition des mitochondries, chloroplastes, ribosomes... au sein du liquide cytoplasmique, élaboration d'une seule membrane enveloppant le tout. L'autre hypothèse suggère l'absorption par une mégabactérie primitive (une qui a « bien réussi sa vie » et s'est développée en conséquence !) d'une petite bactérie primitive et d'une algue bleue. Au regard de l'évolution, une

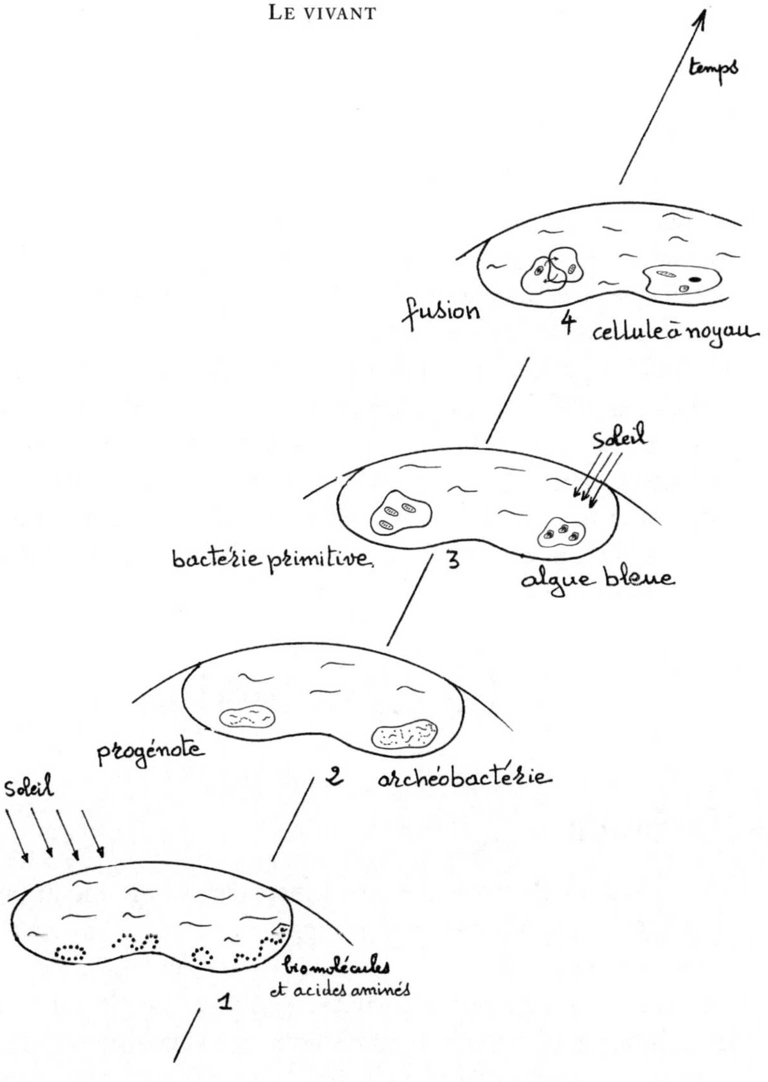

ILLUSTRATION 72 : **Des biomolécules aux cellules à noyau**
1 Atomes et molécules simples s'assemblent en biomolécules
2 Pelote de biomolécules générant une archéobactérie
3 Bactérie primitive ou algue bleue fonctionnant par photosynthèse
4 Fusion d'une bactérie primitive et algue bleue > cellule à noyau

grosse entreprise qui, de nos jours, en avale une plus petite, est un procédé que nous connaissons depuis les temps anciens ! Cette fois encore la cellule s'organise intérieurement pour assimiler ce qu'apportent les deux entrants et pour répartir les tâches.

Toutefois, dans le cas de la symbiose égalitaire comme dans le cas de l'absorption pure et simple, l'empaquetage de tout le bagage génétique – préalablement dispersé – au sein du noyau de la nouvelle cellule reste inexpliqué. Un mystère ou bien les neurones des chercheurs qui ont encore besoin de s'activer ?

Finalement l'amour symbiotique a triomphé. Si un des deux peuples avait exterminé l'autre, la Terre n'aurait été recouverte que de bactéries primitives ou d'algues bleues, et elle le serait peut-être encore aujourd'hui. Vainqueur stérile. Mais surtout, en s'associant, les deux types de cellule ont transcendé, car la nouvelle cellule ainsi élaborée a des potentialités immenses par rapport à celles des cellules primitives qui ont fusionné. Des horizons s'ouvrent.

La reproduction

Le boulier

Retraçant mentalement le déroulement d'un voyage ancien, on s'aperçoit qu'il y a parfois des tronçons que l'on a totalement occultés : sans doute nos sens, notre attention, notre esprit évoluant dans un autre monde que celui qui se présentait à la fenêtre. Ne pas être dans l'ici et maintenant à un instant t laisse pour les temps futurs des vides dans les tiroirs de la mémoire. Aucun fossile d'une bactérie ancestrale n'a été trouvé à ce jour montrant comment entre 1,5 et 1 milliard d'années en arrière, les cellules ont mis au point la reproduction sexuée. Autrement dit nous ne savons rien ou occultons inconsciemment nos premières expériences sexuelles. Ou peut-être, pas très fiers de nos maladresses, préférons-nous ne pas les évoquer. Quoi qu'il en soit, lorsque sonnaient 13 milliards d'années à l'horloge cosmique, 3,5 milliards d'années au beffroi de la Terre, la technique de reproduction sexuée était maîtrisée. Prouesses techniques ou émotions amoureuses ?

Revenons à l'ici et maintenant dans le train de l'Univers. Pendant que certaines bactéries primitives et algues bleues s'essayent à la rencontre symbiotique ou sont victimes du phagocytage par une mégabactérie pour, dans un cas comme dans l'autre, donner naissance aux cellules à noyau, la plupart des autres, se nourrissant des substances de la soupe primitive, grossissent et prolifèrent à leur manière. C'est sans doute à cette époque que nous avons intégré au plus profond de notre être qu' « il faut vivre pour manger ! » et perpétuer l'espèce. Deux types de cellules sont en compétition. Les unes, algues bleues, tournées vers le Soleil, les autres, bactéries primitives plutôt minérales ; les unes comme les autres vivant sous l'eau en faible profondeur ou tout au moins en milieux aqueux. Elles dépendent malgré tout les unes des autres puisque les premières absorbent le CO_2 rejeté par les secondes et que ces dernières ont besoin de l'O_2 émis par les premières pour respirer (fournir l'énergie). Que les unes viennent à disparaître, les autres s'en trouveront mal ! La survie exige là une saine compétition : proliférer.

Proliférer signifie, pour ces cellules primitives, de passer d'une à deux, à quatre, à huit, à seize, à trente-deux, à soixante-quatre... C'est sans doute à cette époque qu'une cellule ayant des prédispositions précoces pour les mathématiques a posé la question de savoir au bout de combien de temps la Terre serait totalement recouverte de bactéries si... la même cellule se trouvant aujourd'hui parmi les neurones de celui qui demande en combien de temps l'étang sera couvert de nénuphars si les feuilles doublent de surface en un jour...

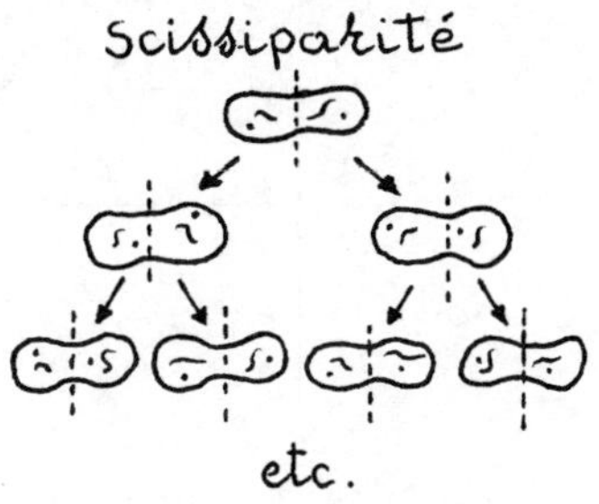

ILLUSTRATION 73 : **Partage d'une cellule par scissiparité.**

Pratiquement, si l'une de ces cellules devient trop grosse, elle se partage en deux. C'est simple. On dit qu'elles se reproduisent par scissiparité : tout est partagé, le cytoplasme, les brins d'ADN et d'ARN, les microinclusions. Les deux moitiés se séparent, s'entourent d'une nouvelle membrane plasmique. Les deux cellules filles sont l'exacte reproduction de la cellule mère. Cellules filles qui deviendront bien vite mère à leur tour pour générer chacune deux filles (on en est donc à quatre depuis le départ) qui, à leur tour... Les millions d'années passent et il y a sur Terre de plus en plus de bactéries primitives et d'algues bleues. La monotonie. La stagnation. La surpopulation. Des extinctions en prévision, à plus ou moins long terme, si... de plus en plus d'entre elles ne trouvaient le moyen de fusionner d'une façon croisée pour générer des cellules à noyau (selon le processus vu précédemment). À défaut d'être tous matheux, nous étions déjà astucieux, ou réfléchis ou les deux à la fois.

« Moite moite »

Aujourd'hui, un milliard d'années après, on arrive à expliquer le déroulement de la reproduction d'une cellule à noyau. Prenons un exemple ! Toutes, absolument toutes les cellules de l'organisme d'un être humain possèdent quarante-six chromosomes ; étant deux à deux identiques il y en a vingt-trois paires. Chaque cellule contient donc dans son noyau tout le bagage génétique de l'individu. On numérote les chromosomes sous la forme 1 et 1', 2 et 2', 3 et 3'... 22 et 22'. Mais la 23e paire est particulière, nommée XX pour la femme, elle est XY pour l'homme. La formule chromosomique d'une femme est 2 x 22 + XX et celle d'un homme 2 x 22 + XY. Observons d'abord la reproduction d'une cellule lambda d'un tissu quelconque, du foie, du biceps, du cœur... Pour avoir plus de cœur, il faut bien que les cellules de cet organe prolifèrent ! Une cellule mère doit donner deux cellules filles mais le processus ne peut plus se faire par simple scissiparité comme c'était le cas précédemment à cause de la présence du noyau... le partage des « bijoux de famille » nécessitant quelques précautions. En biologie ce processus de division s'appelle mitose.

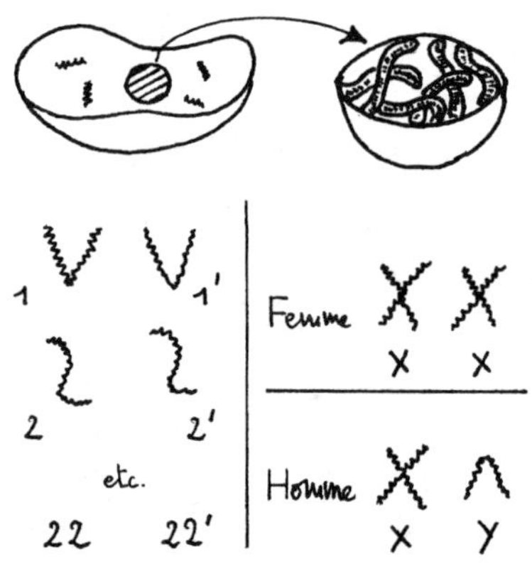

ILLUSTRATION 74 : **Les chromosomes.**

Pour les explications aidons-nous des schémas ci-joints, et simplifions autant que possible. Soit la mitose d'une cellule ne possédant, pour l'exemple, que deux paires de chromosomes : 1 et 1' et 2 et 2'. Souvenons-nous bien que 1 et 1' sont identiques, ainsi que 2 et 2'. Quand l'heure du partage se présente, dans une phase préliminaire chaque chromosome commence à se dupliquer. Maintenant férus de génétique, nous savons que les brins d'ADN se « dégrafent » et en présence d'une protéine enzyme chacun d'eux se dédouble fidèlement. À la fin, le chromosome 1 prend le nom de 1d (d pour double : le 1 initial + son sosie).

Le noyau contient alors maintenant quatre chromosomes doubles : 1d et 1'd, 2d et 2'd. Dans la phase suivante, alors que la membrane nucléique s'est maintenant estompée, les quatre chromosomes doubles se répartissent dans le plan équatorial de la cellule, pour chacun d'eux un brin ancien et un brin répliqué se trouvant côté nord du plan et les deux brins correspondants côté sud du plan. Le matériel génétique, et c'est l'essentiel à retenir, est donc le même de part et d'autre du plan équatorial, contenant à égalité de l'ancien et du répliqué. Puis intervient la phase de séparation des chromosomes, quatre migrant vers l'hémisphère nord et quatre vers l'hémisphère sud. Dernière phase, le cytoplasme se partage en deux selon le plan équatorial et la membrane plasmique se reforme autour de chacune des nouvelles cellules ainsi que la membrane du noyau de chacune d'elle qui enferme alors les quatre chromosomes caractéristiques de la cellule originelle prise pour exemple. En résumé, la cellule mère initiale s'est partagée en deux cellules filles possédant le même nombre de chromosomes, le même bagage génétique, celui-ci contenant pour moitié de l'ancien et pour moitié du neuf. Les enfants ressemblent comme une goutte d'eau à la mère et emportent dans leur cœur un peu de la maman !

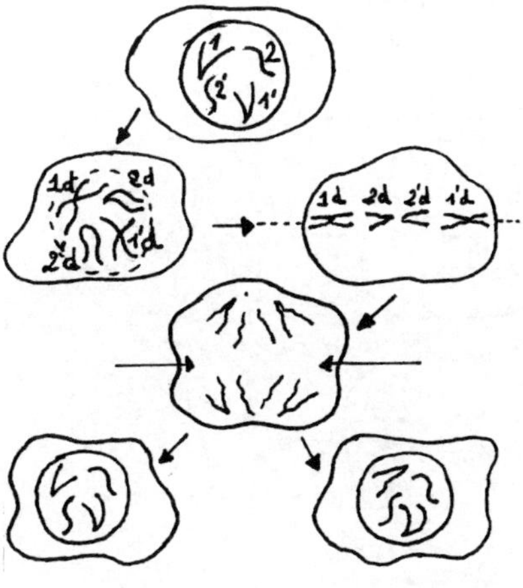

ILLUSTRATION 75 : **Partage d'une cellule par mitose.**

Partage à l'amiable

C'est dans les glandes reproductrices, testicules pour les hommes, ovaires pour les femmes, que se trouvent les cellules germinales de la reproduction sexuée. Il s'agit de voir maintenant comment deux peuvent faire un, comment une cellule père (le spermatozoïde) et une cellule mère (l'ovocyte) peuvent fusionner pour donner un œuf porteur d'une nouvelle vie. La reproduction sexuée nécessite deux mécanismes, la méiose d'abord, la fécondation ensuite. L'enjeu est de taille. Car l'homme et la femme doivent engendrer un être qui doit être de la même espèce qu'eux, autrement dit posséder 2 x 23 chromosomes, le même bagage génétique qu'eux. Il ne peut s'agir d'une simple addition sinon l'être chéri à mettre dans le berceau aurait deux fois 2 x 23 chromosomes soit 92 chromosomes à porter... héritage trop lourd !

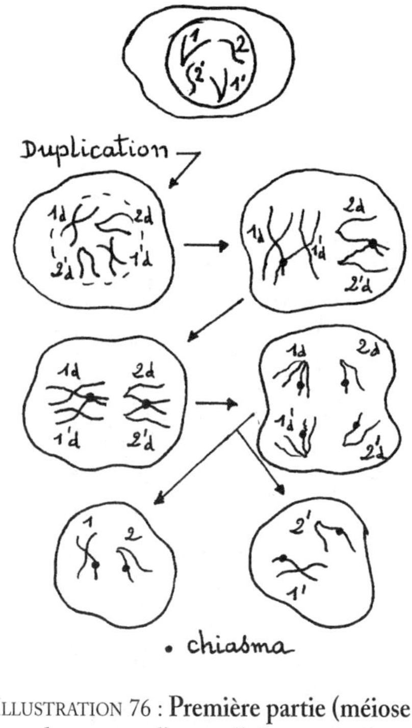

ILLUSTRATION 76 : **Première partie (méiose 1) du partage d'une cellule germinale.**

C'est d'abord la méiose qui va à partir d'une cellule germinale créer les ovocytes pour la femme et les spermatozoïdes pour l'homme, même procédure pour l'une et l'autre. Pour l'instant on parlera d'une cellule quel que soit son sexe et, toujours pour simplifier les explications, nous allons prendre l'exemple d'une cellule à deux paires de chromosomes : 1 et 1', 2 et 2'. Dans une préphase, les chromosomes se dupliquent et deviennent 1d et 1'd, 2d et 2'd. Dans la phase suivante les chromosomes d'une même paire se rapprochent, 1d et 1'd se mettent côte à côte, de même pour 2d et 2'd. La proximité est telle que parfois des brins de 1d et 1'd se touchent au niveau d'un gène. Ce point de jonction s'appelle « chiasma » et nous verrons plus loin son importance. Dans la phase qui suit, les chromosomes d'une même paire se mettent de part et d'autre d'un plan équatorial. Côté face nord on trouvera 1d et 2d et côté face sud 1'd et 2'd (on voit que la répartition est différente de celle de la mitose). Puis les chromosomes (toujours doubles) migrent vers les deux pôles, 1d et 2d vers le nord, 1'd et 2'd vers le sud. Le cytoplasme se partage alors en deux, donnant deux cellules séparées contenant chacune deux (et non plus quatre) chromosomes doubles. C'est à ce niveau que se trouve la subtilité car maintenant chaque cellule possède la moitié des chromosomes de la cellule germinale initiale. Cette première partie de la méiose a séparé les paires et c'était nécessaire pour la suite du processus. Voilà qui doit répondre à cette question qui nous titillait depuis longtemps : pourquoi les chromosomes des cellules à noyau vont-ils par paires ? Parce que, finalement, un jour ou l'autre ils sont appelés à se séparer, comme les melons possèdent des nervures longitudinales pour en faciliter la découpe en tranches !

La cellule germinale s'étant maintenant séparée en deux cellules, la deuxième partie de la méiose va diviser chacune d'elle en deux une nouvelle fois, selon un processus qui est semblable à celui de la mitose déjà évoquée. À la fin on a donc quatre cellules qui possèdent chacune deux chromosomes simples. Ces cellules particulières s'appellent gamètes : quatre gamètes mâles (spermatozoïdes) à partir d'une cellule germinale paternelle et quatre gamètes femelles (ovocytes) à partir d'une cellule germinale maternelle. En réalité, en ce qui concerne l'espèce humaine, la cellule germinale possède 2 x 23 chromosomes et non pas 2 x 2 comme dans l'exemple précédent. Le déroulement des opérations est le même, mais il nous faut maintenant différentier la femme de l'homme, séparer les X et les Y de l'algèbre reproductrice.

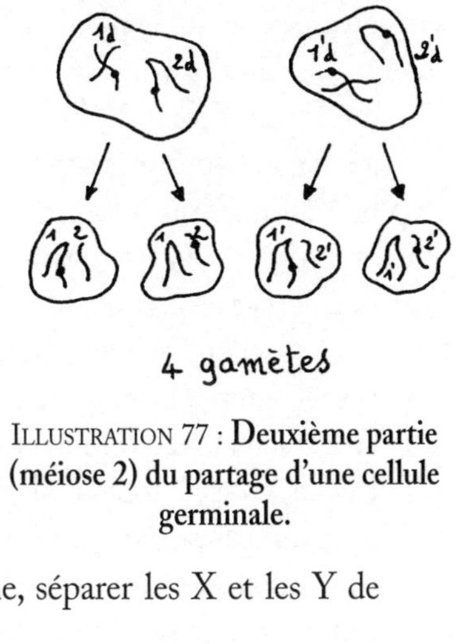

ILLUSTRATION 77 : **Deuxième partie (méiose 2) du partage d'une cellule germinale.**

Confiture

Deux des quatre spermatozoïdes issus de la cellule germinale du père ont pour formule chromosomique 22 + X et les deux autres 22 + Y, alors que celle des ovocytes est, pour les quatre 22 + X. Un et un seul des spermatozoïdes va pénétrer un et un seul ovocyte et, rejoignant les profondeurs mystérieuses de la création, les deux vont fusionner, s'oublier, se perdre et se retrouver sous la forme d'un œuf, une nouvelle vie en puissance. C'est la fécondation. Dans la cellule œuf se trouvent donc 22 + X + 22 + X ou 22 + X + 22 + Y chromosomes. La formule chromosomique du nouvel être sera donc 2 x 22 + XX (fille) ou 2 x 22 + XY (garçon). Elle ou il sera bien de l'espèce humaine ! Et elle ou il aura bien des chromosomes appariés par deux, l'un issu du père, l'autre de la mère. Ce sera pour moitié l'enfant de chacun de ses parents ! Mais, bien sûr, fille ou garçon, joie ou petite déception passagère qu'effacera vite le premier rot ou le premier sourire.

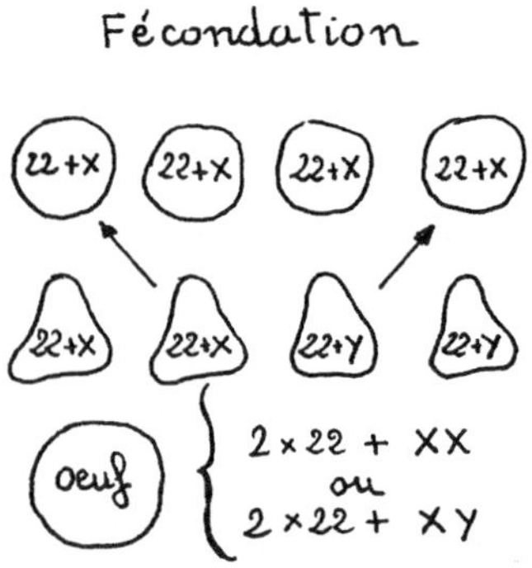

ILLUSTRATION 78 : **Fusion d'un spermatozoïde et d'un ovocyte pour donner un œuf.**

Seulement voilà, le père a le cheveu noir et la mère est blonde : comment sera l'enfant ? Nous savons que dans la molécule d'ADN, chaque gène code pour un caractère. Il ne s'agit pas là de savoir si le rejeton aura bon ou mauvais caractère ! On entend par caractère une des caractéristiques de la personne, par exemple la couleur des cheveux, la longueur du nez, le type sanguin... et on appelle phénotype l'ensemble de ces caractères. Sachant que le génome (ensemble des informations génétiques) de l'espèce humaine comprend 30 000 ou 40 000 gènes, chacun codant pour un caractère, peu d'individus auront le même profil (le même génotype) ! Revenons à la couleur des cheveux de l'enfant issu d'un brun et d'une blonde. Il aura, dans la paire de chromosomes qui porte le gène de la couleur des cheveux, un gène d'un côté codant pour du brun et un gène de l'autre côté codant pour du blond. Ces gènes qui, situés sur les chromosomes homologues, au même endroit (même locus dit-on), codant pour un caractère donné mais conduisant à un résultat différent, s'appellent « allèles ». L'enfant pourra donc être, dans notre exemple, brun ou blond. On aurait pu s'en douter ! S'il est brun c'est que l'allèle issu du père est dominant, s'il est blond c'est celui de la mère qui l'est (rien à voir avec un rapport dominant/dominé au sein du couple !). Les combinaisons alléliques sont infinies ou presque.

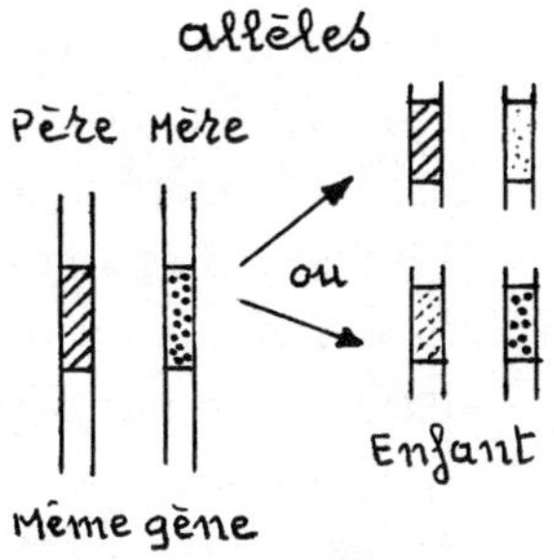

ILLUSTRATION 79 : **Combinaisons alléliques des parents à l'enfant.**

Les transmissions de gènes de génération en génération peuvent aussi, outre les brassages interchromosomiques, résulter, lors de la méiose, de brassages intrachromosomiques (au niveau des chiasmas). Au cours de la fécondation, la rencontre au hasard des gamètes fait apparaître de nouvelles combinaisons alléliques qui engendreront à leur tour de la diversité chez les descendants. Un constat s'impose : sur 6 milliards, bientôt 7 milliards, d'individus que nous sommes, il n'y en a pas deux qui se ressemblent (sauf les vrais jumeaux issus du même œuf). Je ne risque pas de rencontrer mon parfait sosie dans une rue de Pékin. Je suis unique, et c'est moi le mieux, évidemment.

Mise au point

Dans une des voitures de l'Univers commence à régner une certaine agitation. Une voix surpasse le brouhaha : « Quel foutoir dans ce train ! Où est le contrôleur ? Où est le contrôleur ? Nous sommes à un milliard d'années avant J.-C. et on nous parle de petits noirauds et de blondinettes et comment ils vont faire pour avoir des enfants encore plus beaux qu'eux. » « C'est vrai, surenchérit un autre, il faut être sérieux, à notre époque on ne pense pas qu'à ça. » Le premier reprend : « Il y en a marre, où est le contrô... ? » Mais la phrase reste en suspens. À cet instant s'ouvre la porte du compartiment laissant place, d'un chambranle à l'autre, à une énorme bactérie pointant en avant un volumineux et rebondissant cytoplasme qui distend dangereusement la membrane plasmique qui essaye de le retenir. Au travers, en filigrane, entouré d'un fatras d'organites en suspension, on peut deviner un noyau noir, aux chromosomes touffus, enchevêtrés et taillés à la hussarde. Une mégabactérie, une stature sombre prête à projeter toute sa colère sur le premier voyageur qui manifesterait quelque insatisfaction. D'une voix tonitruante : « On m'a appelée ? »

Sur les fauteuils on se fait tout petit. Près de la fenêtre, les algues bleues se tournent vers la lumière comme ayant apparemment et subitement besoin d'un peu d'air (eau et gaz carbonique) pour respirer. Au milieu les bactéries primitives plongent le nez dans leurs réserves pour en extraire quelques substances minérales ou un peu de sucre pour pallier à tout risque d'hypoglycémie. Les eucaryotes, cellules à noyau, maintenant les plus nombreuses et les plus « évoluées » sur l'échelle de la complexité, suspendent momentanément leurs activités de reproduction sexuée (méiose + fécondation) se demandant peut-être si ces pratiques sont les bienvenues en société et permises dans les véhicules de la Société des chemins de fer de l'Univers. Devant un visage renfrogné, c'est fou ce que les vagues de la culpabilité peuvent prendre de l'ampleur : pas plus celui ou celle qui avait fait appel au contrôleur qu'aucun autre n'a la moindre velléité de se faire connaître.

Devant ce silence qui s'installe, la grosse bactérie, contrôleur de son état, promène ses yeux courroucés sur les voyageurs, mettant au défi l'un d'eux d'exprimer son mécontentement. Mais il avait bien entendu derrière la porte. Alors, il lâche : « Ça fait 13 milliards d'années qu'on roule et ici çà n'est pas plus le foutoir aujourd'hui qu'hier. Il n'y a pas plus de houppettes brunes que blondes au sommet des crânes, c'est compris ? » Il reprend son souffle, affermit encore plus sa voix « À ma connaissance, à ce jour, dans ce train il y a des algues bleues, des bactéries primitives et des eucaryotes. Un point c'est tout. » Et, reculant un peu, il claque la porte coulissante, s'imaginant peut-être qu'il pourrait tirer de ses gestes brusques un supplément d'autorité.

Le silence plane encore un moment dans le compartiment. Mais les tempêtes primitives, pas plus qu'aujourd'hui, ne prennent d'ampleur dans un verre d'eau. La vie reprend. Algues bleues et bactéries primitives croquent quelques provisions reconstituantes ou achèvent une opération de scissiparité alors que d'autres fusionnent pour générer des cellules à noyau.

D'autres eucaryotes, plus anciens, parachèvent une fusion sexualisée avec l'espoir au fond du cœur que le petit sera aussi beau qu'eux et encore plus malin, inventif et ouvert à la vie.

De l'unicellulaire au pluricellulaire

Escalade

Voilà. Le ravin ? Le gouffre, oui. Le gouffre infranchissable de l'inanimé au vivant a été franchi, la matière s'est animée. Peut-être les « choses » se sont-elles passées comme nous venons de l'évoquer, c'est dans le domaine du plausible, peut-être seulement. Notre seule certitude est qu'il fût un temps où les édifices atomiques, molécules et macromolécules, étaient rigides, figés et que trois milliards d'années plus tard on les retrouve, les mêmes, composant et animant la matière vivante. Le scénario proposé est celui des sciences, issu des neurones inquisiteurs de ceux qui essayent de se « remémorer » aujourd'hui ce qui se tramait dans le train de l'Univers à cette époque ! Neurone. Le neurone est une cellule au même titre que celles que l'on trouve aux débuts de la vie, une cellule eucaryote. Une cellule qui, connectée à cent milliards d'autres analogues, constitue le cerveau situé, lui, sur le barreau le plus élevé connu à ce jour de l'échelle de la complexité.

Mais ne rêvons pas, nous n'en sommes pas encore là. Il y a un milliard d'années nous ne sommes, par rapport à aujourd'hui, que petites cellules isolées, apeurées, minuscules dans le grand océan de la vie émergente. Quoique. Ça dépend comment on voit les choses ; par rapport à la purée originelle des premiers instants de l'Univers, nous sommes déjà d'extraordinaires entités vivantes capables de nous autogérer.

En tant que cellules de type végétal nous sommes autotrophes, c'est-à-dire aptes à fabriquer de la matière organique à partir des simples composés minéraux qui nous entourent (H_2O et CO_2) en présence de soleil - Ah ! Le Soleil déjà ! En tant que cellules de type animal, nous sommes

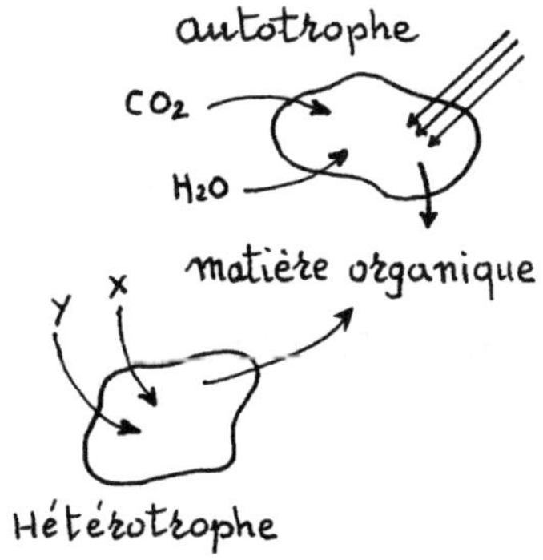

ILLUSTRATION 80 : **Cellules de type autotrophe et de type hétérotrophe.**

hétérotrophes, donc nous avons besoin pour nous constituer et élaborer de la matière, d'absorber de la matière organique existante (donc produite par d'autres). Pour les unes comme pour les autres le métabolisme est gouverné par le programme génétique contenu dans l'ADN dans le noyau, l'ARN transmettant les ordres, et les ribosomes les exécutant.

Dans un cas comme dans l'autre, nous savons nous reproduire, nous cloner plus précisément, par simple mitose. Mais sans doute aussi, peut-être poussés par un instinct de survie ou désireux d'exercer quelques tours de magie créatrice entr'aperçus dans un très lointain passé, aux rives du Big Bang, avons-nous eu envie de créer du vraiment nouveau par reproduction sexuée – méiose et fécondation – c'est-à-dire mélange de nos gamètes – spermatozoïdes et ovocytes.

Le Transunivers est un bouillon fertile. La vie barbote encore sous l'eau. Mais commençons à nous demander, chacun et chacune individuellement, s'il ne serait pas bon, pour gravir un nouvel échelon de la pyramide de la complexité, de s'unir. S'unir pour grandir. Des organismes pluricellulaires se profilent à l'horizon.

Alphabet

Le mot évolution est déjà apparu à plusieurs reprises dans cette histoire sans que nous prenions le temps de le décortiquer, le temps d'en faire le tour. C'est un mot léger qui évoque le mouvement, la transformation, le changement, la progression, le devenir, l'élévation. Ce sera le mot à la mode pendant les sept ou huit cents millions d'années qui nous restent à voyager. Alors essayons dès maintenant de l'apprivoiser même si nous serons souvent amenés à le redéfinir.

C'est un nouveau plongeon au cœur de la génétique. On se souvient qu'un gène est une succession de nucléotides qui code pour un caractère.

Un nucléotide étant une entité élémentaire composée d'un sucre, d'un groupement phosphate et d'une des quatre bases azotées A, T, G ou C. C'est d'ailleurs par l'une de ces quatre lettres qu'on désigne le nucléotide global. Trois nucléotides successifs forment un codon (voir page 143) c'est-à-dire le code appelant l'un des vingt acides aminés qui composent le vivant de la Terre. Un gène est donc une succession de quelques codons qui, en bout de chaîne, aboutira à l'élaboration d'une biomolécule à partir des acides aminés désignés. Or, la perfection n'étant, paraît-il, pas de ce monde, des erreurs peuvent se glisser dans cette belle mécanique. Il suffit qu'un nucléotide soit surajouté ou absent ou remplacé par un autre pour que le langage codé soit incompris ou déformé et qu'en conséquence l'assemblage final des acides aminés soit une molécule différente ou incomplète qui ne sera pas apte à remplir la fonction pour laquelle elle était destinée. Par exemple si le gène CTGACTCCTGAG, qui est un de ceux qui code pour la fabrication de l'hémoglobine est substitué par CTGACTCCTGTG, le dernier acide aminé qui sera appelé sera la valine au lieu de l'acide glutamique. Plus rien à voir avec ce qui est nécessaire pour synthétiser l'hémoglobine. La seule lettre (le nucléotide) T à la place d'A, dans cet exemple, aura suffi à transformer en chinois le langage clair et compréhensible de la vie – Attention ! Le code génétique est universel donc valable aussi pour les Chinois.

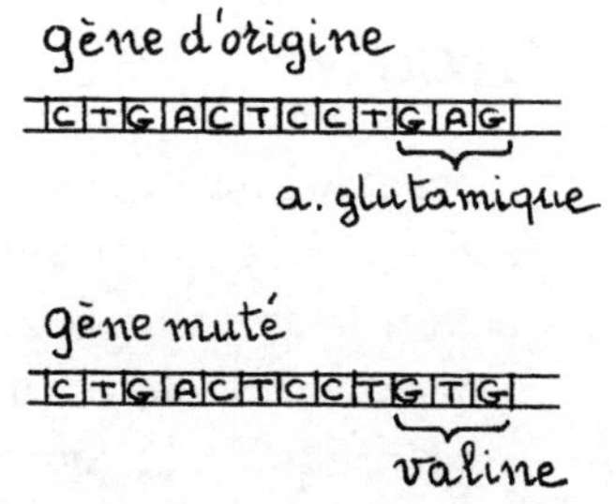

ILLUSTRATION 81 : **La modification d'une seule base nucléique d'un gène crée une mutation.**

Une telle modification, perte ou insertion d'un nucléotide supplémentaire ou substitution d'un nucléotide par un autre, dans un gène s'appelle une mutation. Ce peut être un phénomène spontané. Par exemple une erreur lors de la transcription – copie – de l'ADN en ARNm (ARN messager qui va sortir du noyau et mettre en route l'assemblage des acides aminés au niveau des ribosomes), ce dernier transmettant alors un ordre erroné. Mais ce peut aussi être un phénomène induit par l'environnement. Les agents mutagènes (susceptibles de provoquer des mutations) sont les rayons X et γ, très énergétiques, donc pénétrant au cœur des cellules, les ultraviolets au niveau de la peau, les substances chimiques tels que colorants, pesticides... qui par contact, ingestion ou inhalation finiront par passer dans le sang. Lorsque c'est une cellule banalisée d'un organisme (cellule somatique) qui est touchée par une mutation, l'effet reste ponctuel. Bien sûr les cellules filles obtenues par simple mitose risquent d'être porteuses de la même mutation et être à l'origine d'une tumeur localisée. Si jamais la multiplication échappe à tout contrôle, il y a développement d'un cancer. Mais lorsque la mutation touche une cellule germinale, spermatozoïde ou ovocyte, les conséquences peuvent être bien différentes : dégénérescence ou évolution.

Bizarre

Selon le gène de la chaîne cellulaire reproductrice touché, la mutation peut être neutre c'est-à-dire sans conséquences ou entraîner des effets graves car affectant l'élaboration de molécules indispensables au bon fonctionnement de l'organisme. On est dans ce cas en présence de maladies génétiques telles que la mucoviscidose, la myopathie...

On se souvient qu'un gène qui code pour un caractère, en un point donné (locus) d'un chromosome, peut présenter des variantes, nommées allèles. Un nouvel allèle au sein d'un chromosome résulte d'une mutation. Et l'on sait également qu'au cours des processus de méiose et fécondation les brassages des chromosomes et des allèles multiplient les possibilités d'émergence de nouveaux caractères. On dit, en conséquence, que les mutations modifient le phénotype (ensemble des caractères) d'une espèce.

Si un ou plusieurs caractères nouveaux d'un individu lui favorisent la vie – plus de mobilité, plus grande facilité à se procurer des proies, aptitudes à une reproduction plus fertile... – sa descendance profitera de ces avantages et les allèles bénéfiques se répandront parmi la population de cette espèce. Ainsi, avec le temps, cette branche du vivant aura gagné en capacité d'adaptation au milieu environnant, sera plus dynamique et expansive, proliférera momentanément. La ou les mutations subies par les générations précédentes auront contribué à une évolution positive de cette espèce. *A contrario*, si les allèles résultant de certaines mutations confèrent aux individus des caractères qui les handicapent dans leur milieu, les difficultés de vie – alimentation pénible, reproduction laborieuse... – auront tôt fait d'entraîner une extinction progressive de la population concernée. Les mutations, phénomènes aléatoires spontanés ou induits par l'environnement, sont à la base de la sélection naturelle : les plus aptes vivent, se développent, évoluent ; les autres disparaissent. Telles sont les lois de la nature... avant l'arrivée de l'*Homo sapiens sapiens* contemporain.

Parmi la multitude des gènes, certains (dits homéotiques) contrôlent l'architecture, la morphologie d'une espèce donnée. Une mutation au niveau d'un gène homéotique peut avoir des conséquences surprenantes. Des biologistes ont montré qu'une mutation apportée à un tel gène d'une drosophile (mouche du vinaigre) peut lui faire apparaître des pattes à l'emplacement des antennes. Voici une information qu'il ne faudra pas oublier lorsque nous nous interrogerons plus tard sur la diversité des espèces qui dérivent pourtant d'un seul ancêtre commun : la cellule eucaryote. Bien des mystères en perspective !

Saint-Valentin

Revenons à nos wagons. Parmi les bancs d'unicellulaires qui frayent dans les eaux tièdes de l'époque, de petits malins – déjà ? – ont trouvé moyen de se distinguer des autres. Localement leur cytoplasme s'est étiré, allongé, affiné, prenant l'allure d'un filament, une queue quoi, que l'on nomme aujourd'hui un flagelle. Voilà un organe fin et souple qui procure un immense avantage : la mobilité. Or se déplacer facilement, c'est explorer son environnement, dénicher des petits coins où la concurrence est moindre, l'alimentation plus abondante, les partenaires sexuels plus croquants. Parmi les protozoaires (êtres vivants unicellulaires), ceux qui possèdent cet appendice locomoteur forment la branche des flagellés. Nous verrons que les algues unicellulaires rousses et dorées en font partie.

Mais l'œil vigilant des biologistes contemporains a bien vite remarqué les similitudes surprenantes entre ces flagellés et les spermatozoïdes. Non seulement dans les apparences morphologiques, les analogies fonctionnelles, mais aussi au niveau des microstructures des uns et des autres.

Ainsi le spermatozoïde qui, dans un marathon effréné au milieu de mille autres participants, remonte les voies génitales d'une femme pour être le premier à conter fleurette à son unique ovocyte, pourrait être le résultat d'une symbiose ancestrale entre une bactérie flagellée et un eucaryote primitif. C'est une plaisanterie ? Non. Non, non ce n'est pas une blague. Nous verrons par la suite que tout ce qui fonctionne bien chez l'être humain a préalablement existé, « été testé » dans les espèces qui nous ont précédées !

Une autre activité des scientifiques d'aujourd'hui est la recherche des relations de parenté entre l'homme et les autres êtres vivants ; elle porte le nom de phylogenèse. C'est une sorte d'arbre généalogique qui s'appuie, pour être dressé, sur des comparaisons à caractères morphologiques, anatomiques, génétiques et comportementaux. En tant qu'eucaryotes nous étions bien présents dans le Transunivers il y a un milliard d'années, avec des brins d'ADN codant pour les assemblages moléculaires : les mêmes nucléotides, les mêmes codons, le même langage, les mêmes acides aminés ; avec des divisions cellulaires relevant du processus de mitose ; avec un mécanisme de reproduction sexuée avec partage égal du matériel chromosomique des parents transmis à la génération suivante ; avec un métabolisme cellulaire de type autotrophe ou hétérotrophe déjà fonctionnel. Les scientifiques sont formels, le plus vieil ancêtre de l'homme est un eucaryote... « ... et j'entends siffler le train... ».

Bonjour les autres

Une cellule unique est donc pourvue d'un équipement de survie qui lui permet d'être autonome. Même si parfois plusieurs d'entre elles restent entassées, formant un conglomérat, chacune reste indépendante au sein de la colonie. La situation sera différente au niveau des organismes pluricellulaires. Il est bien admis que ce sont les algues qui ont amorcé le passage de l'unicellulaire au pluricellulaire. Divers scénarios, probablement complémentaires, sont proposés.

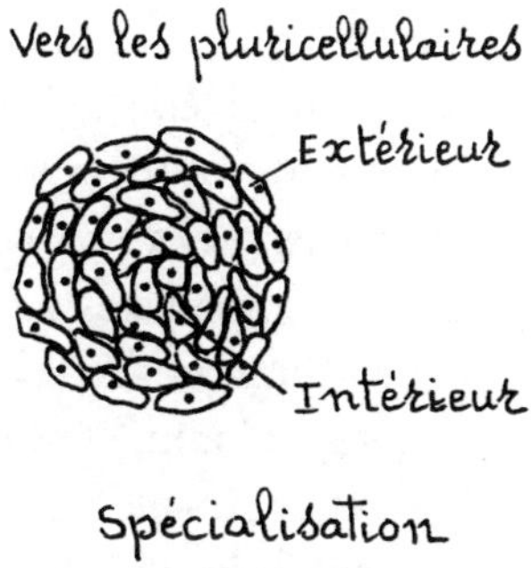

ILLUSTRATION 82 : **Le regroupement de cellules donne les êtres pluricellulaires.**

On peut imaginer une compétition pour un meilleur vivre (occupation du territoire, alimentation, reproduction) entre des bactéries procaryotes (bactéries primitives sans noyau) et des cellules eucaryotes (avec noyau). Tant que l'environnement est favorable, les premières ont des avantages – facilité de phagocytage d'éléments nutritifs, rapidité de reproduction par scissiparité – que n'ont pas les secondes – métabolisme plus lent, mécanisme de reproduction plus complexe. La fébrilité face à la vie peut avoir amené les cellules à noyau à rester accolées les unes aux autres, formant un amas grossissant progressivement. Automatiquement, naturellement, apparaît au niveau de cette masse d'individualités regroupées, un « intérieur » et un « extérieur », un cœur et une enveloppe. Les cellules du milieu doivent s'adapter à moins de lumière, moins de CO_2, moins de nutraliments, par contre, elles sont mieux protégées des agressions environnementales. Celles qui sont en surface, si elles sont plus exposées, sont par contre bien favorisées pour réaliser une photosynthèse structurante. Avec le temps, les membranes plasmiques des cellules se soudent et par mutations successives, cellules intérieures et cellules extérieures se spécialisent pour remplir des fonctions différentes.

Des chercheurs associent plus ce passage du mono au pluricellulaire aux aléas de la vie marine. Par identification peut-être ! Ils pensent qu'il doit être particulièrement désagréable pour ces unicellulaires d'être constamment ballottés par les ondes et incessamment projetés contre les rochers littoraux. D'où le « désir » des cellules – ou des scientifi-

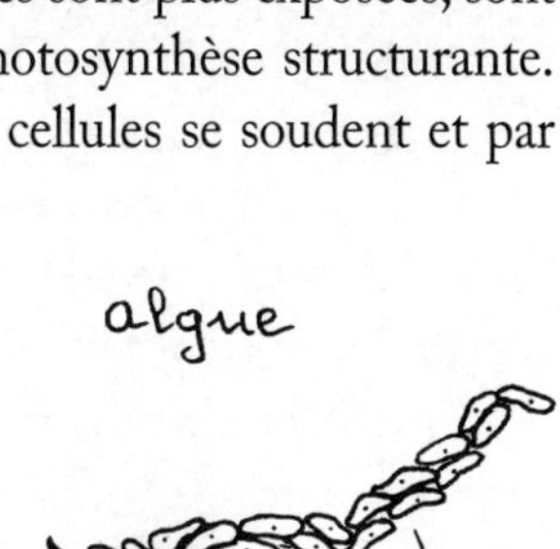

ILLUSTRATION 83 : **Les cellules d'une algue se différencient en fonction de leur position.**

ques ? – de s'accrocher à du solide : récifs, écueils, fonds sous-marins durs, bancs de sable... Les premières cellules ayant « l'intention » de se fixer, incrustent leur membrane plasmique aux aspérités des surfaces rocheuses et s'y fixent. D'autres cellules voisines qui « passaient par là » ou bien les filles des pionnières ou des gamètes cherchant des partenaires ou... viennent à leur tour s'accrocher à celles qui étaient déjà fixées. Ainsi la colonie s'allonge. Comme précédemment les membranes plasmiques des unes et des autres se soudent et, avec le temps, les cellules se spécialisent. Celles qui sont fixées aux rochers prennent progressivement une membrane plasmique plus épaisse, plus solide, afin de résister aux forces puissantes des vagues susceptibles de leur faire lâcher prise. Celles qui sont flottantes, aux extrémités de l'algue, prospèrent et s'allongent rapidement car bien exposées au rayonnement solaire et bien alimentées dans le brassage tonique des marées les pourvoyant en eau et gaz carbonique.

Ainsi, dans un organisme pluricellulaire, chaque cellule garde dans ses chromosomes tout le patrimoine génétique de l'espèce mais, selon sa position dans l'édifice biologique, ne sera amenée à en développer qu'une partie seulement, celle qui lui permettra d'assurer au mieux sa fonction là où elle se trouve. Curieuse résonance avec le constat, sept cents millions d'années plus tard, de l'infinité des « possibles » qui surgit à la naissance de tout être humain et la petite palette de ceux qui se seront manifestés quand le « petit » sera devenu grand, adulte. Voilà matière à réflexion pour plus tard. Si le train a le temps d'arriver à aujourd'hui. Et si tel n'est pas le cas, un lièvre vient peut-être de s'échapper.

Un auteur chercheur contemporain suggère que, dans un organisme pluricellulaire, les cellules sont amenées à sacrifier certaines de leurs potentialités et à en valoriser d'autres pour œuvrer au bien-être de l'organisme entier. Une perte d'autonomie pour une « obéissance » à un ordre supérieur. Le don de soi pour la vie de tous. Une brique dans le débat jamais clos de l'ordre et de la liberté.

S'il fallait résumer en quatre mots le pluricellulaire : vivre avec les autres. Si « l'enfer c'est les autres », l'absence d'autres c'est aussi l'enfer. N'est-ce pas dans le Transunivers qu'a débuté la philosophie ?

Du végétal à l'animal

Pâté végétarien

Presque tous les chercheurs s'accordent pour désigner les algues comme les pionnières de la vie pluricellulaire. L'algue bleue, l'ancêtre, n'est pas une véritable algue même si elle est dotée de chloroplastes permettant la photosynthèse. L'algue vraie pourrait être née du phagocytage d'une algue bleue par une cellule à noyau. Il y aurait dans la nouvelle cellule ainsi formée le bagage génétique du noyau et les chloroplastes pour synthétiser la matière. Nous traversons actuellement une période s'étendant entre - 1 milliard et - 700 millions d'années.

Les premières apparues sont peut-être les algues rouges, unicellulaires, pouvant descendre jusqu'à 200 mètres sous la surface et encore capables, même à cette profondeur, de photosynthétiser le CO_2 contenu dans l'eau. Le doute subsiste sur leur capacité de reproduction sexuée. Et puis il y a, toujours unicellulaires, les algues colorées – rousses, dorées, roses – qui ont la particularité de posséder un flagelle assurant leur mobilité (grand-papa spermatozoïde).

Les premières pluricellulaires sont les algues brunes et les algues vertes. Les premières donneront bien plus tard ce qu'on nomme aujourd'hui varech et goémon. Le système de flottage favorise la surface d'exposition à l'interface eau-air, donc le processus de photosynthèse. Les cellules reproductrices des algues brunes sont pourvues de deux flagelles... elles ont ainsi la possibilité d'essaimer loin... Les algues vertes, aux formes diverses et épanouies, possèdent un système végétatif permettant un métabolisme élaboré. Elles aussi peuvent proliférer par reproduction sexuée. On les suspecte d'être un peu les ancêtres des plantes supérieures, des mousses à l'orchidée.

Oh ! Ce train des vacances perpétuelles, ce ciel bleu, cette promenade dans les eaux tièdes d'une lagune paresseuse... entre sable et touffes d'algues ondoyantes... et cette longue liane qui s'est enroulée délicatement autour de ta cheville...

Nous avons d'abord été algues.

Système D

Au départ la frontière entre végétal et animal est beaucoup plus ténue qu'elle ne l'est aujourd'hui. En effet une algue unicellulaire assurant sa mobilité grâce à son flagelle, libre d'aller où bon lui semble, évoque à nos yeux l'image d'un animal bien connu, le têtard. C'est au niveau du métabolisme cellulaire que doit être cherchée la différence. L'algue relève du monde végétal car elle synthétise le CO_2 contenu dans l'eau sous l'action du rayonnement solaire pour fabriquer la matière organique dont elle a besoin. Elle est équipée de chloroplastes pour assurer la photosynthèse.

Le passage à l'état animal résulte de la perte de la capacité chlorophyllienne, donc la disparition des chloroplastes. L'angoisse de ne plus pouvoir respirer, s'alimenter, et donc de mourir, ou trouver un moyen pour survivre. Ingérer des molécules organiques passant à proximité (biomolécules, acides aminés...) est une solution. Au contact de la cellule, la proie est progressivement absorbée par suite d'un amincissement puis d'une déformation de la membrane plasmique qui va la contourner et finir par l'englober. L'aliment est maintenant inclus dans le cytoplasme de la cellule et va être utilisé, après traitement, pour l'édification d'autres molécules organiques. Considérant le processus dans sa globalité, quelle différence finalement avec nous, 700 à 800 millions d'années plus tard, qui ingérons des glucides, lipides et protides, bien accommodés dans notre assiette, qui les réduisons en nutraliments de base (acides aminés) au cours de la digestion, affrétons le sang pour les transporter au niveau des cellules qui, elles, vont les utiliser pour construire les protéines dont nous avons besoin pour marcher, chanter, rire, travailler, penser ? Peut importe la manière, il faut manger.

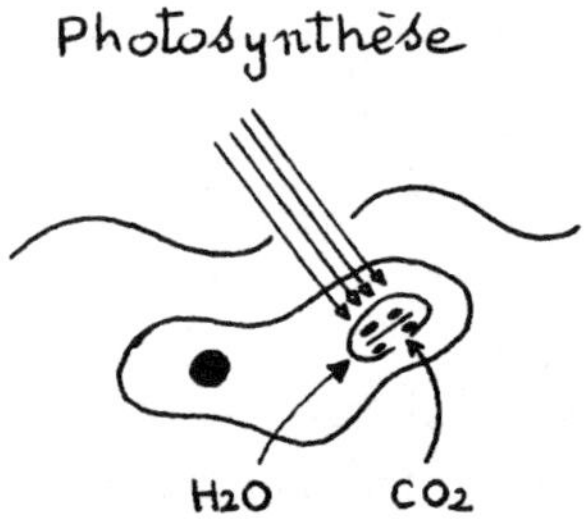

ILLUSTRATION 84 : **Dans une cellule végétale les chloroplastes permettent la photsynthèse.**

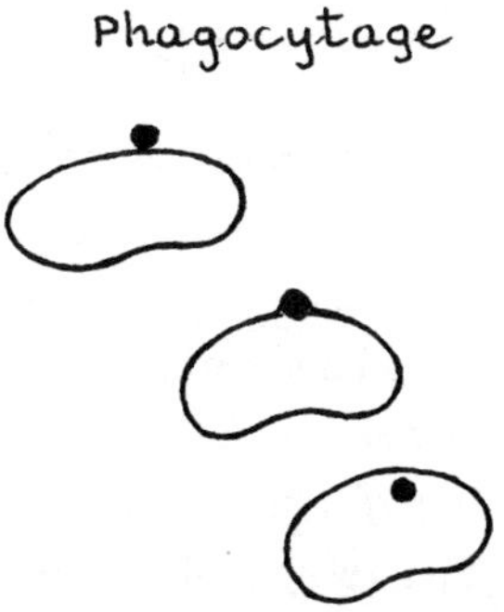

ILLUSTRATION 85 : **Alimentation d'une cellule par absorption cytoplasmique ou phagocytage.**

Les scientifiques ont repéré quelques algues qui auraient suivi ce cheminement pour se métamorphoser en animaux primitifs. Par exemple les euglènes, algues brunes microscopiques unicellulaires qui, naviguant en eaux profondes, pratiquement dans l'obscurité, ont vu leurs chloroplastes s'étioler et disparaître. Pour survivre, il a fallu un passage obligé à une alimentation d'ingérence par contact cytoplasmique. C'est probablement aussi le cas des *Cystodinium*, *Péridinium*, *Gymnodinium* et autres algues aux noms barbares. Nous souvenant que la synthèse des glucides des cellules végétales sert à l'élaboration de la paroi cellulosique leur assurant une certaine rigidité, l'arrêt de la photosynthèse entraîne un amincissement de l'enveloppe des êtres en transition entre le végétal et l'animal. La peau devient fine, le corps mou, l'animal a encore du chemin à faire avant de devenir un dur à cuire.

Il a été repéré chez certaines algues animales, l'existence d'un sillon dans la membrane plasmique facilitant localement l'absorption d'aliments... c'est les prémices d'une bouche. D'autres tendent vers le type amibe, protozoaire (unicellulaire) muni de pseudopodes (tentacules) favorisant l'absorption des proies... prémices des bras – pour mieux t'embrasser ou te manger ? La plupart ont déjà adopté la reproduction sexuée. Les flagelles assurant la mobilité, les voyages forment la jeunesse et favorisent les rencontres. La vie animale s'installe dans les eaux marines côtières, expérimente tous les possibles qu'offre le patrimoine génétique. Les plus forts ou... les plus malins subsistent et prolifèrent. Les autres disparaissent. Le brassage des chromosomes et des allèles impulse la diversité des formes, des couleurs, des modes de vie. Le train de l'Univers est un aquarium lancé à une vitesse folle sur les rails de l'infini.

Avec un peu d'ail

D'autres êtres, toujours du type algue, ayant perdu leurs chloroplastes et donc leur aptitude à la photosynthèse, n'ayant pas réussi à passer à la nutrition par absorption cytoplasmique de proies, ont néanmoins réussi à vivre en vivant... aux dépens des autres. Ce sont les champignons. Soit ils se fixent – se collent – à un végétal et se servent au passage des aliments digérés qui circulent dans la plante, soit ils se nourrissent par absorption directe des substances, d'origine animale ou végétale, déjà décomposées par fermentation. Ce sont dans ce cas d'autres organismes, les bactéries, qui ont fait le travail pour eux. Dans un cas comme dans l'autre ce sont des parasites. Voilà un mot qui n'a pas une résonance bien agréable à nos oreilles... sauf peut-être à l'automne quand une fricassée de champignons rissole dans une poêle... effluves qui nous incitent à nous rapprocher prématurément de nos assiettes. La branche des champignons a, par ce mode d'existence, perdu une bonne part des fonctions qui étaient apparues et s'étaient déjà développées et perfectionnées chez les unicellulaires et pluricellulaires de l'époque. Outre la capacité à la photosynthèse, ont disparu, ou presque, les organes respiratoires et digestifs, les attributs locomoteurs, voire l'aptitude à la reproduction sexuée. La dégénérescence totale ! Quoique. Comment se fait-il qu'aujourd'hui, dans nos forêts, ils prennent si souvent la couleur des feuilles mortes pour qu'on passe à côté sans les voir ? L'évolution a dû passer par là !

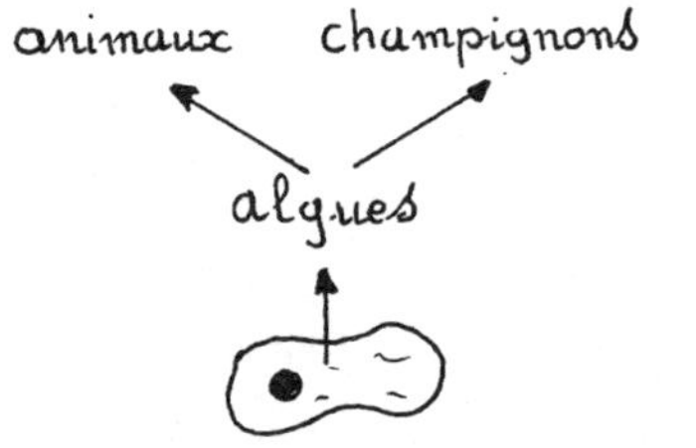

Illustration 86 : **Phylogenèse : cellule eucaryote, algues, animaux et champignons.**

Reprenant la phylogenèse que nous avons amorcée, nous voyons les cellules eucaryotes donner naissance aux végétaux, les algues, qui vont se subdiviser en deux branches, les animaux et les champignons. Si la branche animale va suivre une évolution surprenante, celle des champignons va stagner mais malgré tout perdurer.

Mais avant de prendre de la hauteur dans l'arbre des espèces et de laisser le rameau des champignons, n'oublions pas que le monde végétal et le monde animal ont aussi leurs parasites : le ver dans la pomme, le termite dans le bois de charpente, les pucerons sur la tige du rosier, les poux dans les cheveux...

Premiers de classe

Malgré les apparences, l'éponge relève de la branche des animaux. C'est même le premier pluricellulaire à entrer dans le domaine du vivant animal. Son élaboration pourrait résulter d'un groupement de flagellés qui, par mutations successives, se sont soudés les uns aux autres pour aboutir à cet organisme aux allures de végétal. L'éponge ne possède pas de système digestif, ni de système respiratoire bien définis. Les mouvements vibratoires des cils font circuler l'eau, chargée des nutraliments, à travers son corps et l'ingérence de la nourriture se fait par phagocytage cytoplasmique. La plupart des éponges sont hermaphrodites, c'est-à-dire qu'elles fabriquent simultanément gamètes mâles et femelles. L'œuf se forme à l'intérieur de l'organisme d'où émergera une larve possédant un flagelle qui lui permettra de s'échapper de la maison natale et d'aller établir la sienne en des lieux propices. Certaines éponges prolifèrent par bourgeonnement (reproduction asexuée). Passons l'éponge.

ILLUSTRATION 87 : **Dessin approché d'une éponge tubulaire.**

Les seconds animaux pluricellulaires entrant en scène sont les cœlentérés. Nom énigmatique – signifiant sac ou cloche – car la caractéristique morphologique de ces animaux est cette cavité centrale qui fera office de système digestif. En voilà qui ont du ventre et ne le cachent pas. L'emplacement où se resserre le sac laisse un orifice qui servira de bouche et en même temps parfois... d'anus ! On commence à voir poindre en filigrane les ébauches primitives des organes qui nous serviront, bien plus tard, à nous en mettre « plein la lampe ». On trouve dans cette lignée animale le polype et la méduse qui ont tous les deux la particularité de flotter, le premier restant fixé à du rocher, la deuxième dérivant librement. Les polypes se reproduisent généralement par bourgeonnement, les méduses utilisant les voies de la sexualité. Sont classés également dans les cœlentérés les coraux, gorgones et anémones, ces « animaux-fleurs » réservés à l'émerveillement de ceux qui font de la plongée sous-marine.

Le troisième groupe des animaux protozoaires (unicellulaires) est celui des vers. Ils ne sont pas très sympathiques et pourtant pas sans surprises. Devenus par la suite pluricellulaires, on les divisera en trois groupes. Les vers plats, qui eux aussi n'ont qu'un orifice les reliant à leur tube digestif, leur servant à la fois de bouche et d'anus. Primitifs ? Chez certains d'entre eux on trouve des sortes d'yeux. Les premiers yeux du train de l'Univers à s'ouvrir : de quoi nous laisser, aujourd'hui, assez rêveurs. Un de nos précieux sens, nous permettant d'un seul coup d'œil de jauger (sans doute beaucoup trop rapidement) les voyageurs qui nous entourent dans une rame de métro, se serait éveillé dans un wagon rétro du Transunivers il y a 6 ou 700 millions d'années ! Le deuxième groupe est celui des vers ronds. Leur corps d'une seule pièce, protégé par un embryon de carapace souple, est assez rudimentaire. Mais ils constituent la quasi-totalité du vivant des sédiments des fonds sous-marins. Ce sont les principaux recycleurs des mers. Enfin, il y a les vers annelés, genre vers de terre ou lombrics, mais pour l'instant, primitifs, encore dans l'eau. La segmentation du corps permet une souplesse facilitant la locomotion, surtout s'il s'entoure de poils aidant à crapahuter. Mais, autre surprise de taille, on observe chez eux la présence d'une double chaîne de ganglions longitudinaux et de gros ganglions au niveau de la tête, les ganglions et les tissus nerveux permettant la circulation de signaux d'un bout à l'autre de l'organisme. Décidément nous sommes à l'heure de la distribution des prix. Les vers annelés seraient les premiers organismes du vivant à avoir « inventé » un système nerveux, un embryon primitif de cerveau. Voilà qui donne à réfléchir. Et à regarder les vers d'un autre œil.

L'évolution en marche

Premières trouvailles

ÈRES	MILLIONS D'ANNÉES	
Précambrien	- 700	- 570
Cambrien	- 570	- 500
Ordovicien	- 500	- 430

ILLUSTRATION 88

Les archéogéologues et archéobiologistes, ceux qui se penchent sur l'histoire de la croûte terrestre pour les premiers et ceux qui étudient la courbe ascendante de l'évolution du monde végétal et animal pour les seconds, partagent le temps passé en ères, tranches événementielles d'inégales épaisseurs aux noms un peu rudes à nos tendres oreilles. La période que nous venons de traverser, celle du passage des unicellulaires aux pluricellulaires et du monde végétal au monde animal, des eucaryotes aux vraies algues et aux premières lignées animales (éponges, cœlentérés, vers), s'étendant de - 700 millions d'années[1] à - 570 m.a., s'appelle le Précambrien. On ne connaît alors pas très bien la position des continents à la surface terrestre, dispersés ou réunis en une archéopangée[2], mais les paléontologistes[3] ont la main plus heureuse puisqu'ils découvrent alors les premiers fossiles, organismes moulés dans le grès et traces incrustées dans les roches, images en négatif du vivant de l'époque. Ainsi est célèbre la faune d'Ediacara au Sud de l'Australie datée de - 600 m.a., d'une richesse primitive surprenante et qui trouvera son pendant en d'autres sites géographiques. Ainsi, on sait qu'à la fin du Précambrien, vers - 570 m.a., les lignées végétales et animales sont bien différentiées et engagées dans un processus d'évolution et de diversification.

---

[1] On écrira désormais m.a. pour million d'années.

[2] Pangée : ensemble des continents réunis.

[3] Scientifiques qui étudient les fossiles.

Au Cambrien, de - 570 à - 500 m.a., s'implantent définitivement les trois premiers organismes du monde animal déjà évoqués. Les éponges, fixées aux rochers par un système de crampons et se nourrissant par phagocytage de bactéries ; les colœntérés, comprenant méduses primitives, polypes, coraux, anémones..., munis d'un sac faisant office de système digestif et d'un seul orifice servant à la fois de bouche et d'anus ; les vers, plats ou ronds, pour certains pourvus de ganglions cérébroïdes, archéotraces primitives d'un futur système nerveux.

Mais le Cambrien est aussi l'époque de l'apparition des animaux à coquille et à squelette. C'est cette fois la faune de Burgess issue d'une carrière fructueuse dans les montagnes rocheuses du Canada qui va faire avancer la recherche d'un grand bon. La qualité des fossiles trouvés résulte de la rapidité de l'enfouissement des espèces, de l'absence d'oxygène et de bactéries qui auraient pu les décomposer et de la stabilité géologique locale. Beaucoup de ces espèces sont inclassables tant elles nous paraissent bizarres aujourd'hui car ayant disparu des lignées observées ultérieurement. Mais beaucoup nous sont plus familières.

Les mollusques sont déjà plus élaborés, ils conjuguent le mou et le dur. Ils ont souvent un pied, masse musculaire pour se fixer aux rochers ou organe locomoteur. Leur tube digestif est en forme d'U permettant une assimilation progressive des aliments. Cette partie ventrale est protégée par une coquille de type calcaire (à base de calcium). Beaucoup d'entre eux sont équipés de ganglions cérébroïdes. Sans entrer dans les détails, ces archéomollusques sont les ancêtres de ce que seront plus tard les moules, les huîtres, les couteaux, les coquilles saint-jacques ou bien les gastéropodes, escargots de mer, bigorneaux ou encore les céphalopodes, aux grands yeux, au cerveau développé, tel le nautile.

Fruits de mer

Toujours pendant la période du Cambrien prennent place les arthropodes ou, dit plus simplement : les articulés. Ils sont munis d'une carapace qui protège leur intérieur des agressions des prédateurs. Et en même temps les organes intérieurs ainsi à l'abri peuvent se complexifier. Au corps central sont rattachés des appendices articulés leur permettant la locomotion, la prise des proies, la reproduction... L'ensemble devant présenter un minimum de souplesse, la carapace peut être fragmentée en plusieurs segments pouvant glisser les uns sur les autres ou reliés entre eux par des articulations. Articulations ? Oh la la ! On est bien sérieux dans le train de l'Univers à cette époque-là : déjà les premiers rhumatismes qui se font sentir ? Bon, mais grandir quand on est enfermé dans une armure nécessite la mise au point d'une stratégie astucieuse... la perte de sa carapace et le remplacement par une plus grande : la mue. Plusieurs mues étant nécessaires aux arthropodes pour passer de l'œuf à l'état adulte... comme il nous faut passer fréquemment dans les magasins vestimentaires pour nos enfants qui poussent. Pas besoin de râler pour le niveau de nos finances, d'autres ont connu ça, il y a bien longtemps. D'autres ? Non, nous. La branche des articulés est sans doute la plus importante du règne animal, mais aux noms si complexes qu'à part les araignées (de mer), les crustacés et pour plus tard, bien plus tard, les scarabées et les scorpions, nous les laisserons de côté. Parmi eux, les crustacés font preuve d'un perfectionnement poussé qui les sort presque de leur famille. De leur carapace particulièrement épaisse émergent des pattes qui les rendent extrêmement mobiles – d'où l'expression « se carapater » ? – et des pinces puissantes pour attraper et broyer les proies - d'où l'expression « se serrer la pince » ? Antennes et antennules pour le toucher et l'odorat jaillissent de la tête qui est également équipée de gros yeux. Le système nerveux se compose d'une chaîne ventrale de ganglions et d'un cerveau à trois lobes. La reproduction est de type sexuée ; les œufs qui en sont issus sont parfois protégés par la mère qui les colle sous son ventre... Ah, l'instinct maternel ce n'est pas nouveau ! Bien sûr ces crustacés prendront pour nous les noms évocateurs de crevettes, langoustines, langoustes, crabes, homards... Mais dans le train du Cambrien ce ne sont encore que des ébauches de ces animaux raffinés qui chatouilleront plus tard nos papilles gustatives.

Sont également signalés vers - 500 m.a. les premiers oursins et premières étoiles de mer qui relèvent des échinodermes car dotés d'une

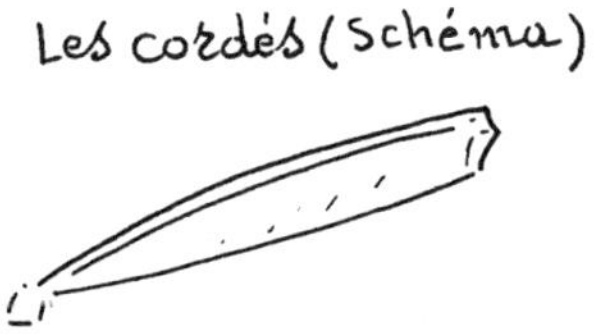

Illustration 89 :
Dessin approché d'un cordé.

enveloppe rugueuse ou épineuse.

Enfin et surtout, dans une des voitures du Transunivers du Cambrien, se trouvent les cordés (ou chordés), la lignée des cordés dont nous faisons partie ! Ces animaux anciens possèdent une « corde semi-rigide », une « baguette dorsale », donc flexible, qui va de la queue à la tête. Cet organe contient à l'intérieur un faisceau nerveux qui relie ainsi toutes les parties du corps au cerveau. Cerveau d'ailleurs volumineux par rapport à ceux qui ont discrètement fait leur apparition parmi les espèces recensées jusqu'à ce jour. On a bien compris que se dessinent ici les prémices de ce qui deviendra la colonne vertébrale des espèces vertébrées qui suivront. La lignée des cordés amorce la lignée des vertébrés qui est celle à laquelle nous appartenons. Dans le train de l'Univers nous nous appelions urocordé ou tunicier ou lancelet ou céphalocordé ou… À l'époque ces noms ne nous paraissaient pas plus compliqués que Durand, Dupont ou Bonnet… aujourd'hui.

Don d'ubiquité

Nous entrons maintenant dans l'ère suivante, l'Ordovicien qui s'étend de - 500 à - 430 m.a. On pense que les terres émergées à la surface du globe se répartissent en deux continents appelés Laurasie au nord et Gondwana au sud séparés par une mer immense, la Téthys. La vie, tant végétale qu'animale est toujours sous-marine. La multiplicité des espèces qui sont apparues et se sont implantées – parce qu'ayant développé des formes et des stratégies leur ayant assuré la survie et leur prolifération – entrent dans l'Ordovicien « en pleine forme ». Un réchauffement climatique vers - 460/- 470 m.a. entraîne une montée des eaux vers et sur les continents qui drainent avec elles le foisonnement du vivant. Ainsi algues diverses, éponges, coraux, vers, mollusques, articulés, crustacés... s'implantent sur des territoires aquatiques nouveaux, bords côtiers, deltas, berges de rivières, lagunes... qui insensiblement les rapprochent de la terre ferme. Après la baignade, il nous faudra bien un jour ou l'autre sortir des eaux. En attendant nous avons connu – ou avons été – un animal fascinant : le nautile. Nous avons côtoyé les premiers « poissonoïdes ».

Ce qu'il y a de plus surprenant chez le nautile c'est qu'on le trouve aujourd'hui – dans l'océan Indien et le Pacifique – presque tel qu'il était il y a 500 m.a. C'est un mollusque céphalopode issu du Cambrien qui a atteint à l'Ordovicien son stade évolutif définitif. Une magnifique coquille spiralée (la spirale est une forme géométrique qui se construit à l'aide du nombre d'or... Une fois encore les mathématiques s'insèrent dans l'histoire de l'Univers... bien avant les mathématiciens !), dont le colimaçon intérieur peut se remplir ou se vider de gaz, permettant à l'animal de monter et descendre verticalement dans l'eau entre 300 et 600 mètres. Ingénieux. Son corps habite la dernière loge de la coquille contenant des branchies, un cœur, des reins... (C'est la première fois que nous évoquons ces organes). Émerge de la carapace un bout de tête avec de gros yeux tapissés de tissu nerveux et sensibles à la lumière, avec des tentacules divers lui permettant de se déplacer, de capturer des proies, de copuler en ce qui concerne les mâles. Il a traversé 500 m.a. sans lifting : avait-il déjà tout ce qui nous est nécessaire aujourd'hui, tout au moins sous forme rudimentaire ? Voir un nautile c'est se voir, non sans attendrissement, tout jeune au début de l'évolution. Dédoublement troublant.

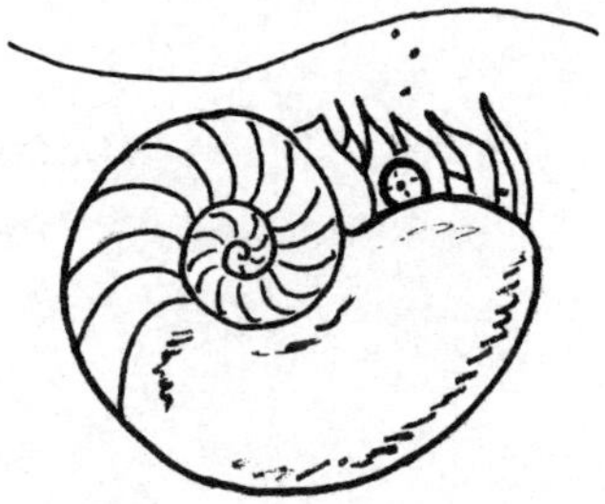

ILLUSTRATION 90 : **On trouve encore aujourd'hui le nautile tel qu'il était il y a 400 ou 500 millions d'années.**

En attendant leur explosion numéraire et leur diversification dans les prochaines ères, c'est à l'Ordovicien qu'apparaissent les premiers poissons, mais encore bien primitifs. Ils sont issus des cordés et prolongent leur lignée. Ce sont des animaux à colonne vertébrale – tiens-toi droit ! Celle-ci abrite une mœlle épinière qui

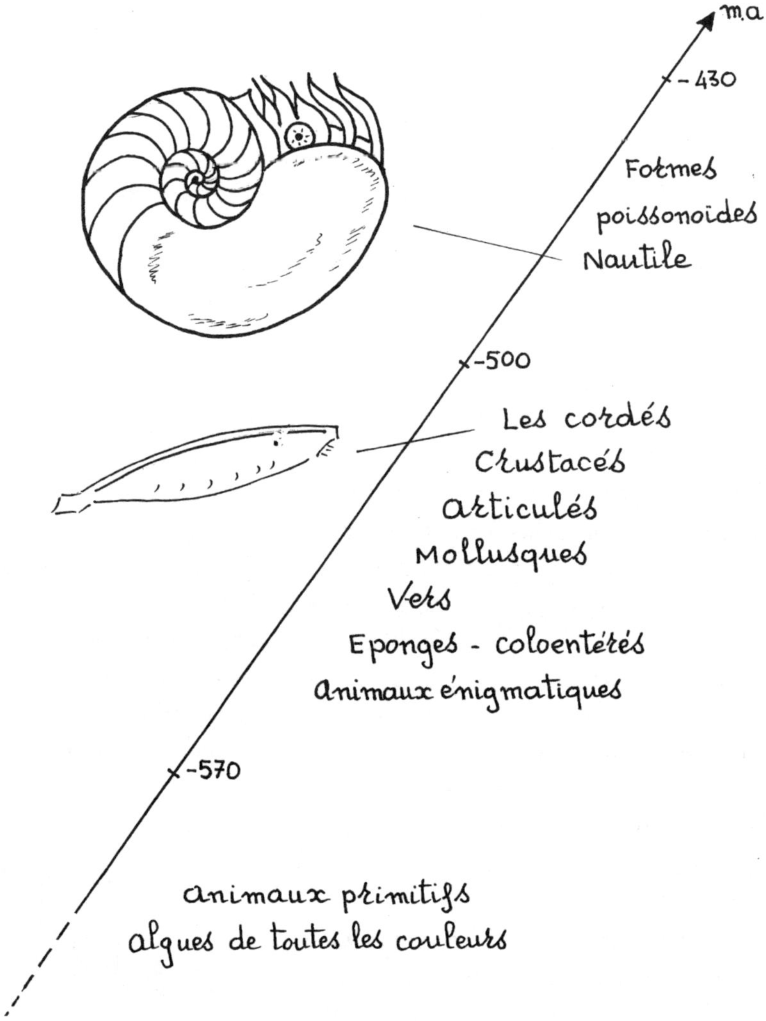

ILLUSTRATION 91 : L'évolution en marche.

conduit des fibres nerveuses jusqu'au cerveau, lequel contient des neurones... qui ne demanderont plus tard qu'à proliférer, se complexifier – réfléchis un peu ! – cerveau qui commence à être bien à l'abri dans une boîte osseuse épaisse. Animal à colonne vertébrale signifie existence d'un squelette... ce qui reste dans notre assiette quand on a détaché et avalé la chair tendre et savoureuse du poisson. Mais il y a 500 m.a., les poissonoïdes n'étaient pas encore équipés de vraies nageoires, de vraies écailles et surtout étaient dépourvus de mâchoires et donc de dents. Le temps des requins n'est pas encore arrivé !

C'est à la fin de cette ère, vers - 430 m.a. que les géologues situent la première crise de la Terre géologique : séismes, éruptions volcaniques, raz-de-marée, plissements montagneux (Appalaches, Hoggar...). Mais comme la vie était sous-marine, n'a-t-elle peut-être pas été trop perturbée par ces bouleversements terrestres. Tel ne sera pas le cas pour d'autres crises à venir quand nous occuperons les terres émergées. Ce qui ne va pas tarder maintenant car l'Ordovicien se termine sur une glaciation (qui fait partie de la crise I) qui va abaisser le niveau des mers et laisser à découvert des terres immergées et le vivant qui se prélassait dessous. Ne dit-on pas aujourd'hui que c'est à travers des crises, une fois les souffrances atténuées et les désastres réparés, que nous progressons, grandissons, évoluons ? Nous verrons que c'est un adage que nous véhiculons dans nos cellules depuis tant de millions d'années qu'il s'est incrusté dans notre inconscient collectif et se vérifie postérieurement une fois la tempête traversée. Et pourtant nous redoutons toujours la suivante !

Les vers sont les premiers à avoir des espèces « d'œil ». Les cordés, nos ancêtres, ont une espèce de « colonne vertébrale ».

Les nautiles, pourvus de l'essentiel, existent encore.

L'évolution s'emballe

Poussez

L'ère suivante est celle du Silurien s'étendant de - 430 à - 400 m.a. Courte mais déterminante pour la famille des poissons. À l'issue de la précédente glaciation, le climat se réchauffant, les eaux montent et offrent aux animaux des espaces marins peu profonds propices à leur expansion et évolution. À côté des poissons sans mâchoire qui s'alimentent en aspirant l'eau à l'aide de leur bouche ventouse et en retenant ce qu'elle contient de nutritif, apparaissent d'autres espèces qui se complexifient. Ainsi on voit chez certains poissons se développer des maxillaires, supérieur et inférieur, qui par leur mobilité définissent la bouche. Et ça change tout. Quand on court après une proie et un peu plus vite qu'elle, il suffit d'ouvrir le bec, de la laisser entrer dans la cavité buccale et de la refermer pour se nourrir sans avoir trop d'efforts à fournir et pouvoir manger plus. Ce qui fait grossir, développe la musculature et la capacité crânienne. Ce qui permet de réfléchir plus, toujours pour mieux s'alimenter mais aussi pour échapper plus sûrement aux prédateurs qui eux aussi seraient tentés de vous avaler tout rond. Ainsi, avec le cerveau, se mettent en place des plans, des tactiques, des stratégies pour améliorer les conditions d'existence. C'est toujours le règne du vivre pour manger. Mais apparaissent aussi sur les poissons du Silurien les nageoires, dorsales, anales, caudales, pectorales, pelviennes, ventrales selon les cas. Les temps futurs feront des pelviennes et des pectorales les membres des amphibiens, reptiles, oiseaux et mammifères. C'est donc au Silurien qu'on a pu commencer à entendre dans les fonds sous-marins : « Écoute, ça suffit, tu arrêtes de bouger tes pelviennes, tu mets tes pectorales sur la table et tu finis ton assiette ! »

ÈRES	MILLIONS D'ANNÉES	
Silurien	- 430	- 400
Dévonien	- 400	- 350
Carbonifère	- 350	- 270

ILLUSTRATION 92

Le Dévonien, - 400 à - 350 m.a., voit la continuation du perfectionnement des poissons, lignée qui se partage entre les cartilagineux qui conduiront plus tard aux requins, les cuirassés plutôt impressionnants mais qui disparaîtront bientôt et les osseux qui, de ces temps lointains jusqu'à aujourd'hui, ne cesseront de s'adapter, proliférer, occuper tous les sites aqueux possibles, outre les mers et les océans, les cours d'eau, les lacs, les étangs et même les aquariums. C'est bien à cette période que tout ce qui fait que ces animaux sont dans leur élément comme des poissons dans l'eau s'est mis en place : squelette souple, nageoires multiples, écailles, mâchoires dentées... mais aussi cerveau complexe et sens développés, notamment la vue et l'ouïe. Si les poissons sont ovipares (reproduction à partir de la ponte d'œufs qui, lâchés dans la nature, écloront et se développeront où ils pourront et comme ils pourront), quelques-uns, les ancêtres des requins par exemple, commencent à être ovovivipares. Une révolution : les œufs éclosent dans l'appareil génital de la mère et les enfants en sortiront tout formés. Il semblerait même que parfois une sorte de cordon ombilical primitif alimente les embryons. Nous sommes à 400 m.a. du TGV d'aujourd'hui et déjà dans les wagons du train de l'époque nous expérimentons la reproduction Label Rouge.

Oh ! Hisse !

Mais le Dévonien est surtout l'ère de la sortie des eaux. La vie deviendrait-elle impossible dans les milieux côtiers marins ? Trop d'agitation, une promiscuité insoutenable, la rareté des proies et d'autres denrées alimentaires ? Ou simple désir d'aventures ? L'appel à l'exploration spatiale qui nous anime aujourd'hui ne serait-il pas une réédition de l'aspiration à la conquête de la *terra incognita* d'il y a 400 m.a. ? D'autres pourraient aussi

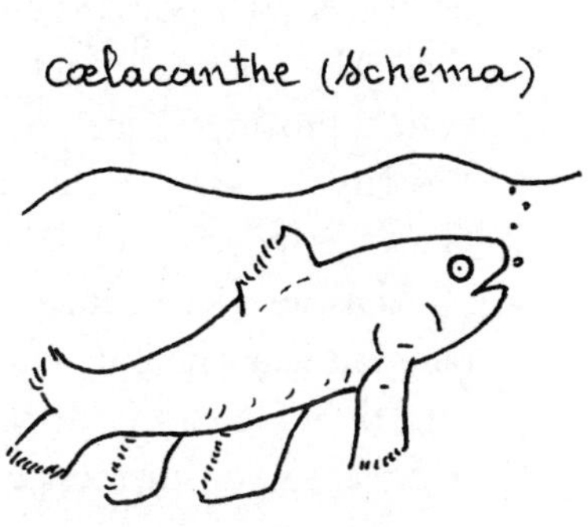

ILLUSTRATION 93 : **Cœlacanthe, intermédiaire entre les poissons et les batraciens. On le trouve encore aujourd'hui dans les mers.**

penser qu'au terme de centaines de millions d'années passées sous l'eau la vie se devait de sortir du ventre maternel marin comme le fœtus le fait après neuf mois de vie intra-utérine. La force des choses !...

Dans le train de l'Univers il y a eu des précurseurs. Parmi différentes variétés de poissons osseux, ce sont ceux à nageoires lobées qui sont nos ancêtres. Est-ce à force d'essayer de grimper sur les rives marines ou fluviales, musclant ainsi leurs nageoires pectorales et pelviennes, qu'ils ont progressivement transformées en sortes de pattes ? En même temps la structure osseuse, sollicitée pour soutenir cette masse musculaire, développe petit à petit une ceinture scapulaire (épaules) et une ceinture pelvienne (bassin) et consolide la colonne vertébrale. Puis les pattes acquerront des articulations... on ne se déplace pas sur la terre comme on se faufile dans l'eau ! Il a été trouvé dans la mer des Comores un tel spécimen, vivant, le cœlacanthe ; un rescapé du Transunivers, un de ces anciens encore présent pour nous raconter le passé, une mémoire vivante. Il a été trouvé tout récemment un fossile, dénommé « poisson-pode », qu'on situe encore mieux à la transition mer-terre. On a trouvé aussi des fossiles de 370 m.a. d'âge, les premiers « batraciens » à avoir mis les pattes sur la terre ; *Ichthyostéga*, *Acanthostega*... nous avons voyagé dans les mêmes wagons, mais qui se souvient encore des noms de nos voisins de banquettes ? Les amphibiens ou batraciens sont donc les premiers à sauter sur les plages, les bandes côtières, les rives des cours d'eau, les marécages asséchés. Mais ils ne doivent pas encore s'aventurer trop loin car c'est dans l'eau, à proximité, que pourront éclore les œufs pondus par les femelles. Les larves naissantes ne sortiront que plus tard, suite à des métamorphoses les pourvoyant de pattes et de poumons.

Mais au Dévonien, sur la terre ferme, s'agitent, se contorsionnent, rampent, crapahutent, se démènent déjà toute une faune d'insectes, de vers, de mille-pattes, de scorpions ancestraux... autant de proies savoureuses et reconstituantes pour les amphibiens colonisateurs. À nos yeux de petites bestioles au ras du sol, ces envahisseurs ne sont rien d'autre que les vandales de l'époque. L'histoire est un éternel recommencement.

Le Dévonien annonce également le recouvrement des terres par le végétal. Dès le temps des algues pluricellulaires, des lianes agitées par les flots se sont déposées sur les bords côtiers... y sont restées et y ont pris racines ! De proche en proche, elles se sont étendues à l'intérieur des terres et, selon la présence ou l'absence d'eau, selon la nature du sol, selon les températures climatiques... selon les hasards de la vie... l'évolution en marche a diversifié les espèces. Variétés, formes, couleurs, stratégies pour se rendre la vie plus facile... aboutissent dès cette ère aux mousses, lycopodes, prêles, fougères. À la fin, une fougère particulière, dite fougère à graines, annonce les plantes à fleur. Dans les voitures du Transunivers, on ne va pas tarder à se souhaiter nos fêtes et anniversaires... et le dire avec des fleurs.

Dis, raconte-moi

Je vois apparaître des plis sur vos fronts soucieux. Y aurait-il un petit flou dans cette histoire ? L'un de vous, lecteurs, prend la parole, sans doute au nom de tous : « J'aurais deux questions ? D'abord sommes-nous dans aujourd'hui, tournant les pages d'un livre retraçant l'histoire de l'Univers ou carrément dans le train d'il y a plusieurs centaines de millions d'années ? Ensuite, ces animaux du début de l'évolution sont-ils nos voisins, compagnons de voyage ou sont-ils nous-mêmes encore primitifs ? » Les deux en ce qui concerne la réponse à la première question et également les deux pour la seconde. Comment comprendre que moi, humain du XXIe siècle, troisième millénaire après J.-C., j'ai été eucaryote, bactérie flagellée, algue, éponge, poisson, batracien... par exemple. Voici une petite histoire.

Il était une fois, – Oh ! C'était il y a très longtemps – dans les eaux côtières d'une mer ancestrale abondamment ensoleillée, une cellule à noyau type gamète femelle qui portait le joli nom d'Alpha. Une petite brise ce jour-là faisait courir en surface des ondelettes, lui procurant des sensations nautiques nouvelles. C'est alors qu'elle vit – c'était vraiment son jour de chance – s'approcher une autre cellule type gamète mâle qui, bien que lui ressemblant au premier abord, semblait être munie d'un petit filament à l'arrière de son corps. Quoique portant un nom un peu surprenant, Bêta, il se plût à expliquer très intelligemment à Alpha tous les avantages de ce petit appendice qui lui permettait, disait-il, de se déplacer vivement et de s'orienter à volonté. Interrogé sur l'origine de ce flagelle, Bêta ne sut pas trop répondre… évoquant simplement une transmission lointaine d'ordre génétique probablement. Alpha le trouva drôle et mignon. Ils se lièrent d'amitié et même plus. Mélangeant leur cytoplasme, leurs noyaux fusionnèrent. Et émergea une nouvelle cellule qu'ils appelèrent Delta, un mélange à égalité d'Alpha et de Bêta mais pourvu, oh ! Surprise ! D'un filament encore plus long, plus souple… lui permettant de se déplacer plus vite que ses géniteurs. C'était une algue dorée de la lignée des flagellés. Voyageur de naissance et doté d'un instinct de vie étonnant, Delta explora les côtes de plus en plus lointaines jusqu'au jour où il fut victime d'un accident géologique. Une rive s'affaissa et le fit prisonnier d'une cavité marine et sombre. Privé de lumière, ses chloroplastes s'étiolèrent, puis se sclérosèrent et pour survivre il dut se procurer ses proies par contact cytoplasmique suivi d'un phagocytage. Il faut bien s'adapter dans la vie ! Ainsi Delta se transforma en cellule de type animal. D'autres cellules de la même lignée s'étant retrouvées prisonnières avec lui, ils s'assemblèrent en colonie – la colo des flagellés – et par mutations successives devinrent une éponge, une des premières branches animales pluricellulaires. Éponge sanguine, véritable fleur des fonds côtiers, dont un des petits fragments contenait Delta et donc Alpha et Bêta en suivant la généalogie. Bien plus tard, la rive ayant fini de s'affaisser, l'éponge fut face à la grande mer et découvrit tout un monde d'animaux divers et variés, pour le meilleur et pour le pire. Car un jour un gros poisson, un cœlacanthe, passant à proximité et sans doute affamé, goba au passage un petit bout de l'éponge. Et c'est ainsi qu'Alpha, Bêta, Delta se retrouvèrent être maintenant une fibre musculaire de la chair d'Epsilon, car tel était le petit nom de ce poisson. Mais Epsilon avait du mal à assurer sa subsistance dans ces eaux très poissonneuses et voyait d'un œil envieux toute la manne alimentaire qui se trouvait sur le bord du rivage. Et il n'avait de cesse d'essayer de grimper, de passer par-dessus ce rebord, déployant tous les efforts possibles de ses nageoires pectorales et pelviennes. Une forte musculature lui fut ainsi acquise et, tout en conti-

nuant à frayer avec d'autres compères tentant la même aventure, il généra de nouveaux êtres, munis de quatre pattes qui leur permettaient de se déplacer sur la terre ferme et de manger, manger, manger. C'étaient des batraciens. L'un d'eux, du nom de Phi, portait en lui Epsilon, Delta, Bêta, Alpha. C'est bon, on a compris. On ne va pas réécrire l'histoire. Passons les millions d'années... Bien plus tard, une maman mangeant une cuisse de poulet absorba... Phi, Epsilon, Delta, Bêta et Alpha. J'étais alors simple fœtus dans le ventre de ma mère et reçus via le cordon ombilical un peu de... Phi, Epsilon, Delta, Bêta et Alpha qui vinrent se localiser sur ma joue gauche en formation. À ma naissance mes parents me baptisèrent Lambda – nom d'ailleurs un peu dur à porter à l'école. J'ai bien été Alpha, Bêta, Delta, Epsilon, Phi... avant d'être moi. Et bien d'autres choses aussi puisque ma joue droite a suivi une tout autre trajectoire, passant peut-être par les algues bleues, les bactéries, les méduses... les dinosaures, alors que mon mollet gauche...

Dans le Transunivers, vous Monsieur, qui avez posé les questions, vous avez peut-être été lombric et sur les sièges à côté de vous se trouvaient tous les autres animaux de l'époque... Mais un prédateur s'est probablement régalé de ce petit ver que vous étiez... Vous êtes bien vous, aujourd'hui, porteur dans votre chair de toutes les espèces de la création passée, tant végétales qu'animales. Élargissant ce raisonnement on conçoit très bien que des quarks, des électrons... des atomes qui se sont côtoyés lors du Big Bang ou dans les étoiles puissent se retrouver aujourd'hui dans le grain d'un épi de blé puis dans la bouchée de pain que je vais avaler. Nous sommes bien tous, en ce jour, Hommes du XXIe siècle et voyageurs du train de l'Univers. À la fois.

Fêtes et lendemains

350 m.a. sonne l'heure du Carbonifère. Enfin le nom d'une ère géologique qui porte un nom accessible. Le temps du carbone, le temps du charbon. Suivant préférentiellement les lignées animales nous avons

délaissé, à tort, le végétal. Depuis que les algues ont gagné les terres, de multiples autres espèces ont surgi par mutations, adaptations, au détriment de certaines autres qui ont été éliminées. L'articulation décisive de l'évolution du monde végétal est celle de l'apparition, au Dévonien, d'un tissu spécifique engendrant la croissance d'une tige par empilement d'anneaux de bois. La plante peut devenir arbuste et l'arbuste arbre avec un tronc. Lycopodes, prêles, fougères s'allongent à toucher le ciel. Dans les sous-bois les mousses tapissent les sols. Une luxuriance végétale inédite recouvre les continents, la planète devient verte. Et parallèlement l'atmosphère s'enrichit en oxygène par la photosynthèse. On respire de mieux en mieux.

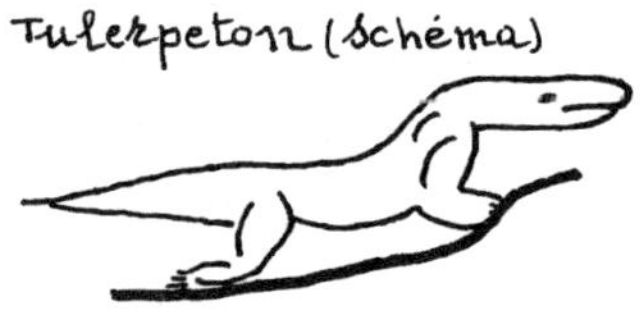

ILLUSTRATION 94 : **Dessin approché du tulerpeton. Un des plus vieux amphibiens.**

Tapis végétal dense, eaux stagnantes, mangroves, marécages et atmosphère euphorisante sont propices à l'éclosion d'une faune particulièrement variée et prolifique. Les insectes pullulent et prennent des ailes... pour échapper à leurs prédateurs. Blattes, cafards et scorpions grouillent à même le sol au milieu des vers qui ont trouvé un terrain paradisiaque et des araignées qui inventent la toile pour capturer les proies sans avoir à se fatiguer à leur courir après. Des drôles d'animaux, prémices des crocodiles, fréquentent les marais. Vers - 300 m.a. apparaissent les premiers reptiles dont la morphologie s'écarte de plus en plus des amphibiens. Le mode de reproduction aussi, puisque contrairement à leurs prédécesseurs, ils pondent leurs œufs non plus dans l'eau mais dans la terre. L'embryon grandit à l'intérieur de l'œuf dans un liquide amniotique, ce qui lui permet de sortir tel que papa et maman, sans être obligé de passer par des mues successives.

La masse incommensurable du végétal du carbonifère va être malmenée car, vers le milieu de l'ère, la surface de la Terre ou croûte terrestre va subir des bouleversements géologiques titanesques. La Terre est en pétard. Le Gondwana et la Laurasie se percutent, les continents s'apprêtent à s'unir pour n'en former plus qu'un : la Pangée. Recouvrements ter-

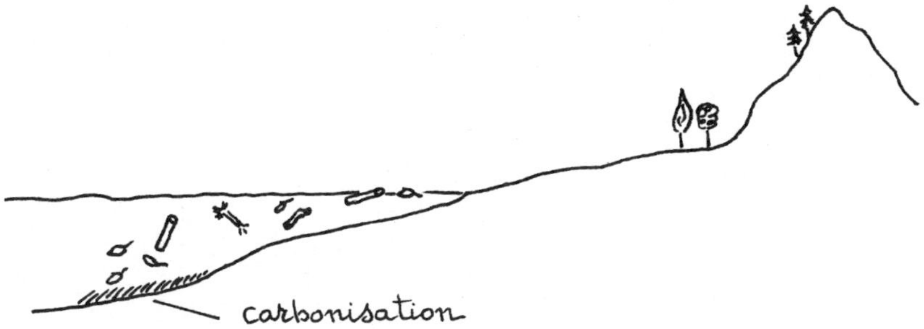

Illustration 95 : **Schéma expliquant la carbonisation il y a 350 millions d'années.**

ritoriaux, plissements montagneux, ouverture de failles gigantesques et, près des mers, raz-de-marées et inondations, sans parler des tremblements de terre et des volcans en éruption, sont le lot quotidien des jours qui passent. *Apocalypse now.* Or l'abondance végétale s'accompagne d'un climat particulièrement arrosé. Les eaux de pluie descendant des montagnes, drainent dans leurs ruisseaux, cours d'eau, torrents, rivières, fleuves, tous les déchets végétaux qui tombent à l'automne ou quand sévissent les tempêtes. Feuilles, branchettes, branches, troncs, arbres entiers... se trouvent ainsi être entassés au pied des chutes des eaux, lacs, bordures de rivières, deltas, bassins maritimes. Aussitôt, dans cette biomasse humide et tendre, s'activent les bactéries qui, en broutant, concentrent la matière en carbone. D'abord en tourbe, puis en charbon. Les bouleversements géologiques enfouissent tout ça ; pression et température en profondeur continuant et finissant la carbonisation. Quand la matière contient, en plus du végétal, du plancton d'origine animale dans des bassins aquifères la fossilisation conduit à un enrichissement en carbone et en hydrogène. Ce sont les hydrocarbures, gaz, pétrole... Tous ces combustibles qui alimenteront dans quelques centaines de millions d'années nos trains de campagne. Pour l'heure, traversant ces forêts luxuriantes, nous ne pouvons détacher nos yeux de ces chatoiements incessants qui palpitent dans les feuilles et de ces rayons obliques du soleil qui transpercent la brume et dessinent au sol une mosaïque multicolore.

Notre lignée vient des poissons osseux. Le cœlacanthe est le chaînon qui annonce les batraciens. La masse végétale donnera naissance aux charbons.

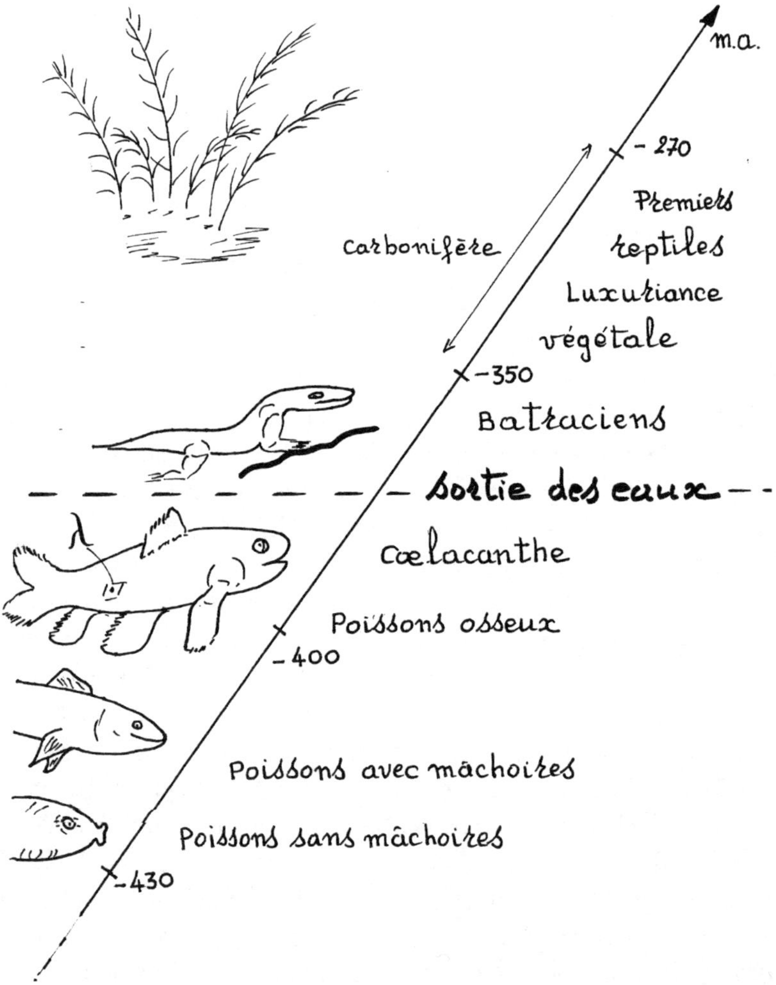

Illustration 96 : **L'évolution s'emballe.**

L'évolution toujours

La pression monte

Avec le Permien, - 270 à - 230 m.a., s'annoncent une crise sérieuse et la fin de l'ère primaire. Souvenirs de classe... ère primaire, secondaire, tertiaire, quaternaire, la nôtre... déjà deux points de gagnés, mais c'est encore loin de donner la moyenne. Inexorablement les continents se rapprochent et s'unissent pour former la Pangée. Ce qui ne va pas sans heurts, secousses, bouleversements géologiques. Ce qui va aussi donner aux coureurs des bois de l'espace pour se dégourdir les pattes et des occasions de rencontrer de nouvelles têtes et de s'essayer à la reproduction tous azimuts. Mais l'union des terres va diminuer considérablement la longueur des côtes et, en conséquence, réduire la faune aquatique ; seuls les plus aptes à avaler les plus petits et les plus malins réussiront à sauver leur peau.

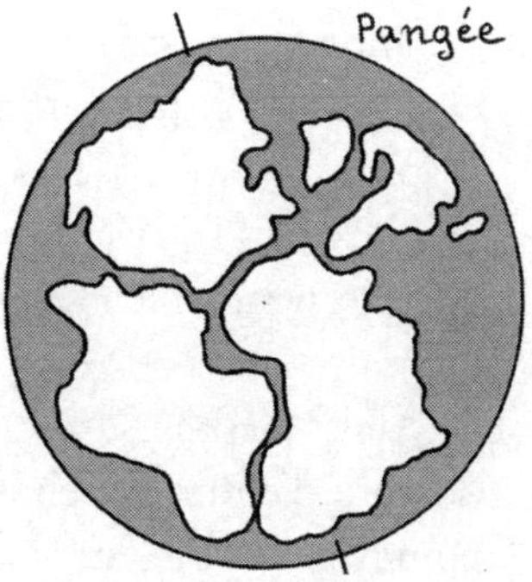

ILLUSTRATION 97 : **Représentation supposée des terres vers - 270 millions d'années : la Pongée.**

L'état de crise de cette fin d'ère se renforce avec l'établissement d'une longue période de sécheresse. Sur terre la végétation souffre et s'étiole ce qui profite aux plantes à graines et favorise l'apparition des conifères. Les sous-bois s'éclaircissent, étangs et marécages s'assèchent, les amphibiens, à quelques exceptions près, disparaissent. Par contre la lignée des reptiles s'étoffe. L'un d'eux, le mésaurus, fait penser par sa morphologie à un crocodile. On le trouvera, bien plus tard, sous forme de fossile aussi bien en Amérique du Sud qu'en Afrique, une preuve supplémentaire de l'union des continents en un seul puis de leur séparation ultérieure. C'est aussi au Permien qu'apparaissent les reptiles mammaliens primitifs qui, par rameaux successifs, conduiront aux

ÈRES	MILLIONS D'ANNÉES	
Permien	- 270	- 230
Trias	- 230	- 190
Jurassique	- 190	- 130
Crétacé	- 130	- 65
Paléocène	- 65	- 55
Éocène	- 55	- 35
Oligocène	- 35	- 25

ILLUSTRATION 98

mammifères. Maman, je te vois poindre à l'horizon.

Le rideau tombe, derrière se trouve le secondaire qui commence avec le Trias de - 230 à - 190 m.a. La surface terrestre se partage en deux, la Laurasie au nord, le Gondwana au sud, entraînant l'apparition d'un long bras de mer entre les deux : la Téthys (la Méditerranée des temps futurs). Les animaux marins voient leurs aires d'évolution s'agrandir et reprennent vie. Les crustacés, qui ont fait le gros dos pendant la crise, s'épanouissent en homards, langoustes et crabes. Les nautiles, à peine changés, ont acquis la forme et les fonctions qui perdureront telles quelles jusqu'à aujourd'hui. Les poissons vivent leurs dernières heures de tranquillité avant l'arrivée des monstres marins. Aux limites de la mer et de la terre, les amphibiens laissent apparaître un ancêtre de la grenouille sauteuse.

Mais le Trias se caractérise par l'ascension des reptiles. Un certain nombre d'entre eux choisit le retour à la mer. Ils aiguisent leurs dents pointues, consolident leurs dents broyeuses, diversifient leurs formes à en devenir grotesques (à nos yeux d'aujourd'hui, pas de l'époque), leurs techniques de déplacement en milieu aqueux et partent en chasse dans les eaux poissonneuses. Un festin. Longs de deux ou trois mètres, ils ont laissé dans notre inconscient collectif bien des légendes, des peurs ancestrales, des frissons qu'on se plaît maintenant à ressusciter en images virtuelles sur les écrans. Sur les terres les reptiles prennent des formes de futurs crocodiles et serpents. Le clan des mammaliens se dirige vers les vrais mammifères. Et puis, issus des thécodontes (archéosaures ou archosaures) surgissent les vrais crocodiles qui seront les seuls à perdurer à travers les centaines de millions d'années, les ptérosaures[1] et les dinosaures... Ah ! ça devient intéressant... dont le tératosaurus, de six mètres d'envergure, l'ancêtre du tyrannosaure...

[1] Reptiles volants - les animaux expérimentent la troisième dimension.

La tête et les jambes

Au Jurassique, de - 190 à - 130 m.a. la surface de la Terre change de visage. La mer Téthys s'élargit. En suivant presque le tracé d'un méridien, la Laurasie comme le Gondwana voient se former une faille qui, ultérieurement, séparera l'Europe de l'Amérique du Nord et l'Afrique de l'Amérique du Sud. L'Atlantique sera l'océan qui partagera les continents lorsqu'ils s'écarteront. Par contre au sud du globe, l'Inde et Madagascar se détachent du Gondwana et l'Australie et la Nouvelle-Zélande s'apprêtent à le faire. Les pièces du puzzle engagent une nouvelle dérive, emportant avec elles les espèces végétales et animales qui les occupaient, sans possibilité de retour... Les climats chauds et humides sont propices à une luxuriance végétale qui laisse émerger les prémices des palmiers et des forêts de conifères : certaines espèces se sont presque prolongées jusqu'à nous aujourd'hui.

ILLUSTRATION 99 : **Disposition des terres au Jurassique. Laurasie au nord et Gondwana au sud.**

Les mers tempérées sont favorables à la prolifération des mollusques qui se perfectionnent (les premières moules), des gastéropodes, des crustacés, alors qu'on voit poindre les pieuvres... à suivre de près. Les poissons cartilagineux comptent différentes variétés de futurs requins et les premières raies dont les dents s'essayent à broyer les coquillages. Les poissons osseux évoluent dans les mers chaudes dont certains spécimens se trouvent encore dans le Sud des États-Unis. Les ancêtres des saumons font également leur apparition. Sur terre, les amphibiens se spécifient et la vraie grenouille a acquis ses célèbres pattes sauteuses qui lui feront traverser les millions d'années. Alors que certaines tortues parcourent les sols fermes, d'autres, allégeant leur carapace et développant des pattes palmées, gagnent les mers, tout en préférant revenir sur les plages pondre leurs œufs. Le sable protecteur chauffé par les rayons du soleil assurera la couvaison et l'éclosion. À peine nés, les bébés tortues prendront aussitôt la direction de la mer à la recherche de leur mère... ou participeront aux grandes régates de l'époque.

À voir la pléiade de livres, de films, qui font revivre l'épopée des dinosaures, à n'en pas douter ce sont eux qui nous ont le plus impressionnés dans les wagons du Transunivers. C'est probablement l'envie de retrouver le *look* de stégosaure dans lequel on se moulait complaisamment, ou bien de se réapproprier les sensations des reptiles volants s'initiant à la conquête des espaces aériens, ou la tentation de se couvrir de duvet et de plumes comme l'archéopteryx rêvant de devenir oiseau, ou encore l'attrait des monstres marins ou terriens jouissant de la terreur que nous inspirions. C'est peut-être le désir de paraître épouvantable tout en cachant une nature tendre et pleine d'empathie. Finalement nous n'avons pas tellement changé ! Au Jurassique toutes les excentricités sont possibles : toutes les formes de queues, de pattes, d'ailes, de têtes, de bouches, de dents... tous les moyens de locomotion, tous les régimes alimentaires possibles et imaginables ainsi que l'occupation de toutes sortes de niches écologiques. Nous avons tout connu, sans doute le meilleur et le pire.

Illustration 100 :
Vers - 160 millions d'années se profile la lignée des pieuvres.

Au milieu de cette faune animale qui expérimente les chemins de la vie, dans les eaux profondes, se profile vers - 160 m.a. la lignée des pieuvres, poulpes et leurs cousins seiches et calamars. Ce sont les têtes de l'évolution. Au sens propre et figuré. Ils font partie des céphalopodes : une grosse tête entourée de bras avec des ventouses. Une tête bien faite et bien pleine (de neurones). La pieuvre est capable d'observation, de compréhension, d'analyse d'une situation et agira en conséquence. Un ancien, un de mes voisins de compartiment du train du Jurassique, m'a raconté récemment qu'il a vu, à l'époque, une pieuvre – sans doute dans le wagon-restaurant – déboucher un bocal dans lequel se trouvait une langouste dont elle est friande. Ah ! Vous me dites qu'il n'y avait pas de bocal en ce temps-là. Et c'est pourtant, paraît-il, une histoire vraie.

Grandeur et décadence

Le Crétacé s'étend de - 130 à - 65 m.a. Il clôturera l'ère secondaire. La Pangée continue à se fracasser, la mer Téthys à s'approfondir, l'Atlantique à s'élargir alors que se forme à l'orient l'océan Indien. On commence à s'y retrouver. Le climat est dans l'ensemble chaud et humide ce qui favorise la prolifération des espèces tant végétales qu'animales. Au fond des mers s'accumule une épaisse couche de sédiment calcaire, issue des squelettes des mollusques, crustacés, vertébrés, cuirassés... Parmi les poissons cartilagineux se profile le premier requin moderne, au système nerveux performant permettant la saisie rapide des informations issues des sens de l'odorat, de la vue, de l'ouïe... Et en eaux douces ou salées les poissons osseux se multiplient abondamment et s'affinent en direction des saumons, des truites, des daurades, des perches, des carpes, des goujons, des tanches, des morues... etc. Dans le désordre, c'est tout l'étal des poissonniers d'aujourd'hui.

Les dinosaures atteignent les sommets de l'excentricité, de la monstruosité, de la complexité. Il est courant de voir des corps de 10, 12, 14 mètres de longueur, des queues puissantes, des membres en forme de pattes, des gueules armées de dents innombrables, voire des cornes, des becs, des cous sans fin... La perfection de l'étrange. Des reptiles volants, de plusieurs mètres d'envergure, tournoient au-dessus de leurs proies rivées au sol ; le quetzalcoatlus de 12 mètres d'envergure survole les charognes dont il se repaît, c'est le vautour de l'époque. Mais au milieu de ce bestiaire grouillant, des papillons commencent à voleter autour des fleurs, des sociétés animales telles que les fourmis, les guêpes, les abeilles, élaborent à tâtons leurs règles de vie communautaire, et, prenant une autre direction morphologique que celle des reptiles volants, des oiseaux, plus légers, au sang chaud et au métabolisme rapide, s'essayent discrètement de branches en branches. Et puis, et puis, se faisant tout petit pour ne pas s'attirer les foudres des dinosaures tout puissants de l'époque, quelques mammifères jouent à cache-cache. L'un d'eux reprend l'idée du placenta, déjà entrevu dans l'Antiquité, pour favoriser les échanges sanguins avec le ou les fœtus qu'il porte dans son ventre et alimente via le cordon ombilical. Peut-être, peut-être qu'à la fin du Crétacé apparaît peut-être l'ancêtre de nos ancêtres, le primate, nommé Purgatorius. Tiens ! Le purgatoire avant le paradis ou l'enfer ? Affaire à suivre.

Il est curieux de noter que c'est précisément au moment où va survenir la crise la plus forte de l'évolution que vient d'être évoqué ce qu'il peut bien y avoir au-delà de la vie ! Car la crise de la fin du Crétacé, vers - 65 m.a., va entraîner la mort de 60, 75... voire 90 % selon les cas, des espèces animales. C'est une hécatombe. Certains scientifiques suggèrent que la vie s'est tellement perfectionnée, qu'elle est devenue tellement pointue dirait-on aujourd'hui, que les animaux, adaptés à un climat, des températures, un biotope (milieu biologique stable) très spécifiques, n'ont pas pu résister à des variations, mêmes faibles, de climat, de température, de biotope (tiens ! voilà qui devrait résonner à nos oreilles !). D'où leur extinction. Mais la rapidité de leur disparition laisse planer des doutes sur cette hypothèse. D'autres scientifiques pencheraient plus vers une asphyxie généralisée résultant d'émanations volcaniques gigantesques (issues de l'Inde) entourant la planète. D'autres encore accordent plus de crédibilité au choc d'une énorme météorite sur la Terre : un bloc de peut-être 10 km de diamètre à la vitesse d'au moins 10 km/s, creusant un cratère de plus de 150 km de diamètre (qu'on pourrait situer aujourd'hui dans le Golfe du Mexique). La découverte d'une couche d'iridium, élément rare sur la Terre mais fréquent dans les météorites, fait pencher la balance pour ce troisième scénario. Mais peut-être y a-t-il eu conjonction de ces trois événements catastrophe.

ILLUSTRATION 101 : **Cataclysmes il y a 65 millions d'années. Chute d'une météorite et/ou émanations volcaniques.**

Malheur des uns, bonheur des autres

Toujours est-il que les reptiles, dinosaures, ptérosaures... et autres sauriens... disparaissent de la surface de la Terre. C'est une atmosphère sombre et peut-être irrespirable, un soleil caché entraînant l'arrêt de la photosynthèse, l'appauvrissement du végétal, l'abaissement des températures... Les végétariens meurent faute de nourriture et les carnivores meurent faute de végétariens à manger. Toute la chaîne alimentaire, bloquée à la source, s'arrête d'approvisionner le vivant. Parmi les reptiles, seuls les tortues, les crocodiles, les lézards et les serpents en réchapperont. On s'est habitué à eux, ils ne nous paraissent plus monstrueux. Quoique.

Avec la fin du Crétacé s'achève donc l'ère secondaire. Avec le tertiaire et le Paléocène, de - 65 à - 55 m.a., apparaissent à l'horizon les premières lueurs annonçant les temps nouveaux. Des carcasses des monstres éparpillés au sol et des montagnes de bois enchevêtrés des forêts dévastées, vont émerger une faune et une flore à visage humain.

Du côté du végétal les plantes à fleurs exposent leurs corolles multicolores sans plus craindre d'être écrasées par une patte de dinosaure. Néanmoins elles doivent mettre en place des stratégies pour se protéger des prédateurs : épines, feuilles piquantes, poison dans les tissus... Un système de pollinisation utilisant les insectes qui butinent de fleur en fleur voit le jour. Les semences de ces plantes à graines tomberont au sol et germeront pour assurer la descendance, voire seront avalées par les oiseaux qui sèmeront à tout vent et disperseront ainsi les espèces. Des arbres aux noms familiers à nos oreilles, bouleaux, chênes, palmiers... apparaissent également.

Du côté des animaux, sans doute cachés dans des cavités pourvues en graines comestibles, des petits mammifères ont pu traverser le temps des catastrophes et, tout maigrichons, réapparaissent avec les rayons du soleil retrouvé. Un air maintenant bien respirable, riche en oxygène, une alimentation végétale fournie... auront vite fait de les remettre sur pied et d'accélérer, via les mutations et les sélections, le processus de maternage qui caractérise leur lignée. Dans le ventre, collé au placenta, alimenté par le cordon ombilical, le petit (ou les petits) bénéficie de la chaleur de la mère, animal à sang chaud. Une fois sorti, le nouveau-né est nourri par le lait sécrété au niveau des mamelles. Lait, chaleur, protection, voilà qui nous parle, puisque nous en avons découvert les bienfaits dans les wagons du train d'il y a 60 m.a. Et on dit que ce sont ces temps heureux qui ont permis le début de l'envolée de la croissance de l'encéphale et de la prolifération des neurones.

Dans les mers, les différentes espèces qui ont survécu reprennent leurs activités en s'affinant progressivement vers les cétacés. Dans les eaux douces, les pêcheurs du Transunivers se familiarisent avec leurs futures prises. Dans les marécages et mangroves, grenouilles et crapauds d'un côté, crocodiles et alligators de l'autre, alternent entre soleil et baignade tout en se surveillant d'un œil.

Au ras du sol, araignées, mille-pattes, scorpions... s'épanouissent et perfectionnent leurs stratégies. Tout cet inventaire pourrait laisser croire que le Paléocène, c'est déjà aujourd'hui mais n'ont été signalés ici que ceux de nos compagnons de voyage qui nous accompagneront jusqu'au bout, tant d'autres moins perfectionnés seront victimes des lois de la sélection naturelle et tomberont en route.

Fignolage

Le tertiaire se continue avec l'Éocène de - 55 à - 35 m.a. Les continents dérivent toujours vers leurs sites actuels. La végétation est florissante et les grandes forêts de chênes, hêtres, érables... parent l'automne de tons multicolores. Sur Terre on ne note pas tant l'apparition de nouvelles espèces que l'affinement de celles déjà existantes. Pareillement dans les mers. Par petites touches se profilent les futurs vrais requins et raies modernes. Dans les airs les lignées d'oiseaux se multiplient... futurs albatros,

ILLUSTRATION 102 : **Dessin approché d'un ancêtre du requin.**

pélicans, goélands, grues, oies, passereaux, perroquets, hiboux, rapaces... Toutefois quelques ancêtres d'animaux familiers se faufilent dans les savanes et dans les bois... une forme d'éléphant – de moins de un mètre de hauteur – ici, une ébauche de cochon là, une mini-espèce de cheval – vingt centimètres au garrot – là encore ; de même en ce qui concerne les lignées de ce que seront plus tard les cerfs, les bœufs... Les ongulés laissent leurs premières empreintes sur la Terre. Discrètement les primates se préparent, expérimentant la saisie avec des mains et des pieds au bout de leurs membres, le décorticage avec des ongles à la place des griffes, allant jusqu'à faire preuve de coquetterie en troquant les faces allongées jusqu'alors en vigueur dans le monde animal par des faces plus courtes. Tendances vers un nouveau *look.*

Avec les céphalopodes (pieuvres), têtes de l'évolution, s'élaborent la réflexion, les stratégies. Les cataclysmes de - 65 millions d'années éliminent les reptiles. La lignée des mammifères peut prospérer : on s'achemine vers les primates et les singes.

À l'Oligocène, de - 35 à - 25 m.a., alors que les grands des mers convergent vers les splendides cétacés qui sillonnent encore un peu les océans aujourd'hui, sur terre les mammifères évoluent à grandes enjambées. Se précisent les lignées des chiens, des ours, des pumas ; les éléphants grandissent avec trompe et défenses, les chevaux sont indécis sur le nombre d'orteils à posséder pour courir plus vite. Des espèces de rhinocéros surgissent de-ci de-là. Rongeurs, écureuils, lapins, aux morphologies encore un peu bizarres cherchent leurs formes définitives. Les primates se différentient. Leurs grimaces et singeries accaparent déjà notre attention et nous font traverser les millions d'années en l'espace de quelques battements de cils. L'évolution galope. Ne commençons-nous pas à sentir l'approche du terminus de ce voyage sans fin à travers l'Univers ? 25 m.a. seulement nous séparent maintenant des embrassades, à la descente du train, avec nos congénères... « Oh ! Tata, tes yeux ! Exactement ceux de la pieuvre qui était assise en face de moi »... « Oh ! Papi, je t'ai apporté un poisson sans mâchoire, lui non plus n'a pas de dents. » Émouvantes retrouvailles en perspective.

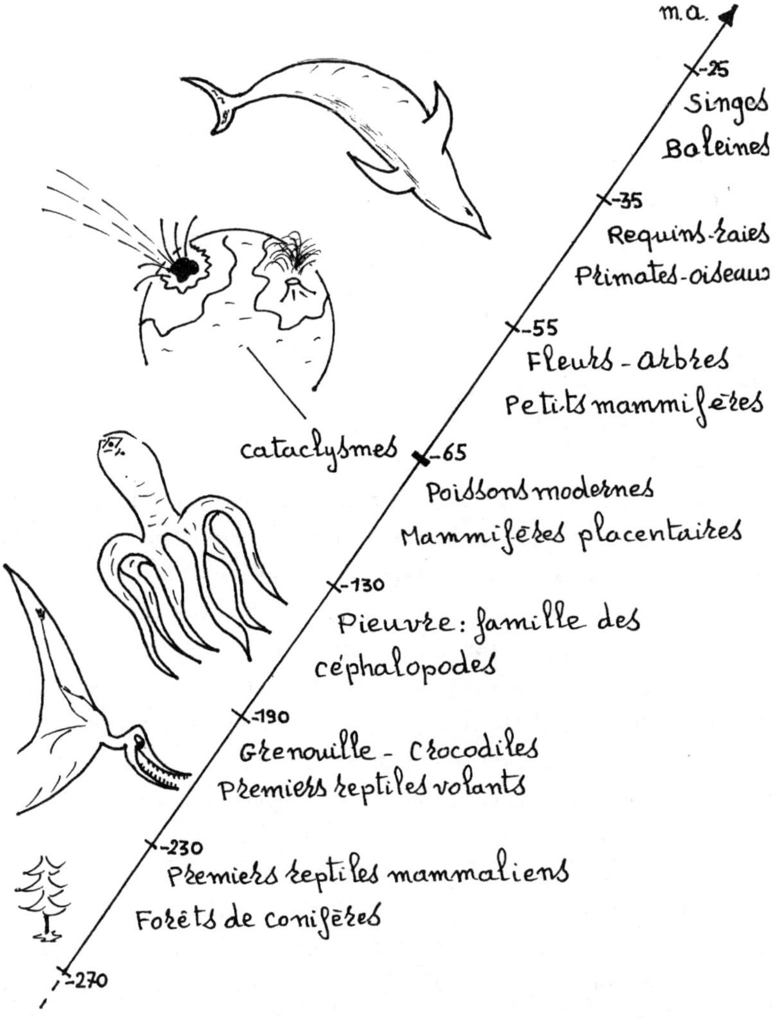

ILLUSTRATION 103 : **L'évolution toujours.**

Des primates aux grands singes

Planant

C'est un petit matin de printemps léger. L'air est frais. Au bout des branches nues des arbres, de petites feuilles d'un vert attendrissant, coquines, émergent de leur emmaillotage. Les animaux nouveau-nés, encore collés à leur mère, tentent maladroitement de se dresser sur leurs pattes, vacillent, puis s'affaissent au sol, prêts à recommencer. À l'Est le soleil, tout juste levé, les rayons encore embroussaillés, caresse les champs blancs de rosée tandis qu'à l'Ouest, la lune aux joues rebondies s'apprête à basculer derrière l'horizon. On est dans les trois jours de la pleine lune. Entre jaune d'or et jaune pâle, entre soleil et lune représentants parentaux, la Terre gazouille comme aux premiers temps, encore bébé dans son berceau : sécurité et plénitude. Encore plus haut, au-delà du bleu du ciel, la galaxie s'étire, déploie ses grands bras spiralés comme si c'étaient des ailes pour s'envoler dans les espaces cosmiques. Encore plus loin d'autres galaxies émaillent de fleurs célestes les fonds infinis de l'Univers.

LES ANCÊTRES	
GROUPE D'ORGANISMES	AGE
• Eucaryotes	- 1 m.a.
• Vertébrés	- 500 m.a.
• Tétrapodes	- 370 m.a.
• Amniotes	- 340 m.a.
• Mammifères	- 220 m.a.
• Primates	- 65 m.a.

ILLUSTRATION 104 : **Phylogenèse des eucaryotes aux primates.**

En ce matin diaphane le Transunivers ne connaît pas de limites. Ni celle du temps, ni celle de l'espace. Comme s'il voyageait dans un autre monde. Matière et esprit ont fusionné et planent dans le sans nom. Un long sifflement de bonheur total s'échappe de la locomotive et nous ramène en douceur des sommets de l'extase au plancher des wagons. Nous sommes là. Avec nos cellules à noyau, issues des eucaryotes d'il y a un milliard d'années, nos ossatures élaborées par les premiers vertébrés il y a 500 m.a., nos membres locomoteurs mis au point par les tétrapodes sortis de l'eau il y a 370 m.a., nos gestations confort première classe qui datent des amniotes il y a 340 m.a., nos enfances abreuvées de lait maternel et nos peaux habillées de poils et de fourrure dont se sont recouverts les premiers mammifères il y a 220 m.a. Nous voilà primates, à l'heure du Miocène, voltigeant de branche en branche, de compartiment en compartiment dans les wagons forestiers aux climats chauds et humides riches en feuilles, graines et fruits. Autant s'installer, dans le Transunivers, dans les niches écologiques douillettes où la vie est souriante.

La porte coulissante qui donne sur le couloir s'ouvre doucement. Apparaît un jeune primate, au grand front plissé, aux poils du crâne hirsutes, aux yeux pétillants de curiosité... un scientifique avant l'heure probablement, qui nous demande s'il y aurait une place vacante à nos côtés. Sa simplicité et sa bonne bouille nous vont droit au cœur. Il s'installe aussitôt et la conversation s'engage.

Précoce

« Je suis en voyage d'étude, nous dit-il. J'aimerais plus tard être paléontologue. Si j'y arrive. » Nous ouvrons de grands yeux, mais nous nous ressaisissons aussitôt, ne voulant pas passer pour des naïfs : « Ce doit être de longues études nécessitant beaucoup de voyages pour être palontéologue ? » Amusé, les coins de ses babines se soulèvent légèrement, esquissant les prémices d'un sourire (Eh ! oui, déjà). « Paléontologue » Il marque une pause comme pour nous faire comprendre quelque chose, puis continue : « Aujourd'hui c'est 3,5 milliards d'années d'études, des premières archéobactéries nichées dans les replis de la Terre primitive jusqu'aux armes futures qui seront enfouies dans les tranchées de la guerre de 14/18. » Silence. Un ange passe, le deuxième de ce roman. Mais nous aimerions bien en savoir plus, l'air de rien : « C'est sûr, 3,5 et 14 et 18 milliards d'années, ça fait long... » Re-espèce de grimace faciale..., mais il continue : « Le plus gros est fait. Ce Transunivers a été une aubaine. Pensez, j'ai déjà amassé des fossiles... (Un voisin porte ses doigts à ses yeux, descend vers les extrémités de ses paupières... comme pour s'assurer que rien ne manque... Ah ! Ces gestes inconscients...) à remplir tous les placards des musées et universités de la fin des temps. » Nouveau silence, lourd cette fois... « Parce que vous pensez qu'un jour le voyage sera fini ? Vous parlez de fin des temps ? » Son front se plisse un peu plus et il reprend : « 14/18, 39/40, Hiroshima, Nagasaki, Tchernobyl, 11 septembre... ça ne sera rien, de petites secousses annonciatrices seulement. » Silence. Le train de l'Univers émet un nouveau sifflement, strident cette fois. Il continue : « Voyez, ici, nous sommes en - 25 millions d'années et déjà les requins écument les mers, les gros poissons avalent les petits, les pieuvres enserrent leurs proies, les rapaces attaquent sournoisement, les rhinocéros embrochent les mammifères plus petits, les crocodiles aiguisent leurs dents, les scorpions déchargent leur haine sur leur voisin... et ça ne va faire qu'empirer. » Re-silence. Que voulez vous dire face à quelqu'un qui a l'air de tout connaître, le passé, le présent et même le futur ? Une banalité, bien sûr : « On vit une drôle d'époque, c'est sûr. »

Ce n'est qu'à la fin du voyage que notre savant nous expliquera, avec beaucoup de modestie, ce qu'aura été sa longue carrière. « La paléontologie c'est l'étude des êtres vivants ayant existé au cours des temps géologiques, fondée sur la découverte puis l'analyse des fossiles. Soit des êtres minéralisés ayant imprimé leur forme et leur squelette sur des roches tendres lors d'un éboulement soit conservés sous forme d'ossements intacts dans des sédiments protecteurs. Pour dater ces vestiges du passé il faut de solides bases en géologie, en physique, en chimie. Il faut connaître les dérives des continents et la répartition des terres sur le globe au cours des ères pour comprendre les migrations des espèces, les radiations possibles. Et aussi les climats qui expliquent les végétations susceptibles d'alimenter les faunes successives. Mais le paléontologue doit surtout faire preuve de patience, d'acuité d'observation pour distinguer entre divers échantillons d'os, ceux qui montrent un déplacement à quatre pattes, une suspension dans les arbres ou une bipédie. Parfois une seule dent examinée sous toutes les coutures devra suffire pour classer un animal parmi les lignées de son espèce. Dur, dur. Alors ne vous étonnez pas s'il y a des trous dans les arbres phylogéniques, des incertitudes, des controverses entre chercheurs. Une théorie solidement étayée jusqu'à un certain jour peut devenir caduque le lendemain suite à l'extraction d'un fossile inattendu en un lieu improbable. »

La vie s'est chargée de transformer notre jeune voyageur primate rencontré dans un wagon en ce matin lumineux de l'an - 25 m.a. Mais il a toujours, aujourd'hui, ce grand front intelligent et sillonné de rides creusées par d'intenses réflexions, les cheveux hirsutes maintenant poivre et sel et les yeux remplis, même peut-être encore plus qu'autrefois, d'étincelles de curiosité. Il n'a pas tout à fait fini : « Nous sommes toujours, voyez-vous, à la recherche du chaînon manquant, celui qui expliquera tout ! » Un éclat de rire. « La grande illusion ! » Le regard part très loin. « Si je devais ajouter quelque chose de personnel, je dirais que les choses de la vie sont toujours immensément plus compliquées que ce qu'on croit. »

Où es-tu ?

Voilà encore un moment crucial de notre histoire. Nous avons pu entrevoir à quel point l'évolution du monde animal a « élaboré, testé, perfectionné » tout ce qui nous constitue, tout ce qui fait que, quand tout va bien, notre corps est une petite merveille... (Attention ! Il y a des guillemets ! Sinon cette phrase semblerait vouloir donner aux êtres qui nous ont précédés une intention, une finalité qui serait celle d'avoir existé pour élaborer l'être humain ! Sujet épineux à manier avec des pincettes !). Il nous faut maintenant voir comment, progressivement, par petites touches, nous nous sommes différenciés des autres animaux mammifères. On dit que l'homme descend du singe. C'est une expression. Il serait plus exact de dire que nous avons des ancêtres communs. Partons à leur recherche tout en sachant par avance que ce ne sera pas une tâche aisée.

PRIMATES
Mammifères
Dentition complète
Mains préhensibles

ILLUSTRATION 105 : **Caractéristiques essentielles des primates.**

La définition la plus simple du primate serait : animal de l'ordre des mammifères placentaires (les femelles étant pourvues d'un placenta quand elles portent), à dentition complète et à mains préhensiles. C'est notre cas. Nous faisons partie, nous les hommes, des primates – et ça n'a rien de désobligeant – au même titre et à côté des singes, des lémuriens, des tarsiers. Notre désir jamais assouvi de remonter toujours plus haut à la source des origines nous oblige à nous demander qui sont les pères géniteurs des primates. Les archéo-primates ! Le plus ancien fossile aurait été trouvé en Amérique du Nord daté de - 67 m.a., c'est-à-dire juste avant l'extinction des dinosaures. C'est le *Purgatorius* dont nous avons déjà signalé la présence à la fin du Crétacé. On l'a rattaché, avec d'autres congénères, à la famille des plésiadapiformes, mais aujourd'hui on ne le classe plus parmi les primates à cause de sa dentition qui fait plutôt penser à celle des rongeurs. Faux départ, *Purgatorius* n'est pas notre grand ancêtre. Son remplaçant pourrait être *Altiatlasius*, découvert dans l'Atlas marocain et qui aurait 58 m.a. d'âge. Un bon candidat africain, patriarche prolifique, qui ferait dans ce cas-là de l'Afrique le berceau des préprimates. Mais l'exhumation assez récente de fossiles très anciens en Chine pourrait faire de l'Asie – encore assez peu paléontologiquement explorée – un autre couffin potentiel. Nos très lointaines origines se situent-elles en Afrique ou en Asie ? Les incertitudes commencent. En tout cas le continent nord-américain est à éliminer car les vrais primates n'y sont apparus qu'en - 55 m.a., de même que l'Amérique du Sud qui ne les a vus débarquer que vers - 28 m.a. Quant à l'Australie la découverte des primates ne s'est faite que très récemment avec... l'arrivée des hommes !

Les fossiles deviennent abondants vers - 55/- 50 m.a. et géographiquement très dispersés. Outre l'Afrique et l'Asie on les trouve maintenant en Europe et en Amérique du Nord car un réchauffement climatique ouvre des passages continentaux par l'extrême nord non encore devenu calotte glaciaire. Les primates répertoriés de cette époque sont classés en deux groupes : les omomyiformes (ou tarsiiformes, ils conduiront plus tard aux tarsiers) et les adapiformes. En ce qui concerne l'Europe il a été montré que des passages de mammifères sud-nord et nord-sud ont été possibles : les primates européens étaient vraisemblablement originaires d'Afrique. Pendant longtemps on a fait dériver tous les primates modernes futurs de ces deux grands groupes, mais encore une fois d'autres fossiles originaires d'Asie laissent planer un doute. Décidément, entre Afrique et Asie notre cœur balance.

Élagage

L'ère Éocène de - 55 à - 35 m.a. est calme : pas de grands bouleversements géologiques – des frémissements seulement – ni climatiques. Ce qui est désespérant pour les paléontologues car les fossiles y sont rares - les grands cataclysmes étant, au contraire, favorables à la mortalité de la faune et à un ensevelissement pouvant assurer sa conservation. On s'achemine donc vers la transition Éocène/Oligocène (vers - 35 m.a.) qui va livrer foison de fossiles relevant incontestablement des primates modernes. Bien qu'assez diversifiés, ils possèdent néanmoins des caractères communs. Ils vivent préférentiellement sous les climats subtropicaux et équatoriaux, dans les arbres au milieu desquels ils trouvent une alimentation abondante : feuilles, graines, fruits. La vie y est facile. Morphologiquement le centre de gravité de leur corps est assez bas, ce qui favorise la locomotion, la suspension et les sauts de branche en branche, d'arbre en arbre. Leurs mains avec pouce opposé aux doigts – une révolution ! – permettent la saisie et le décorticage des aliments. Les bouts des doigts sont pourvus d'ongles et non plus de griffes. Le talon du pied s'allonge, favorisant la propulsion. Les orbites oculaires s'agrandissent, « tu as de beaux yeux, tu sais », et la largeur du champ visuel s'amplifie. Par rapport à leurs prédécesseurs, le ratio taille de l'encéphale/masse corporelle s'accroît. La face est moins allongée et la denture devient complète (trente-deux ou trente-six dents) avec ses incisives pour couper, ses canines pour déchiqueter, ses molaires pour écraser. « Mais... c'est nous ? » Non, pour l'instant on parle des primates modernes... quelques millions d'années d'évolution sont encore nécessaires...

PRIMATES MODERNES
Pouces opposables aux doigts
Ongles plats
Vision binoculaire
Dentition complète

ILLUSTRATION 106 : **Caractéristiques des primates modernes.**

La transition Éocène/Oligocène est appelée grande coupure car en l'espace de deux ou trois millions d'années – le temps d'un clin d'œil – un coup de froid s'abat sur le globe, un régime nouveau de courants atmosphériques s'installe, des bouleversements géologiques et des plissements montagneux remodèlent la surface de la Terre. Pour les animaux c'est l'hécatombe mais ce sont des mines de trésors fossilifères pour plus tard. La chute drastique du mercure entraîne un repli des primates en Afrique, ils ne se redéploieront sur d'autres continents que plus tard.

LES SINGES
• Parapithécidés *Platyrrhini* et *catarrhini*
• Propliopithécinés *Cercopithécoïdes* et *hominoïdes*

ILLUSTRATION 107 : **Les deux grands groupes de singes de l'Éocène**

De l'ensemble des sites arabo-africains (Fayoum en Égypte, Taquah en Arabie, Malembe au Congo...), les primates exhumés sont classés en deux grands groupes qui, en fait, sont plutôt des groupes frères : les parapithécidés qui se subdivisent en *platyrrhini* et *catarrhini* et les propliopithécinés qui rassemblent les *cercopithécoïdes* (singes qui stockent la nourriture dans leurs bajoues) et les *hominoïdes*. Tiens, tiens ! ça se précise, mais pour l'instant ces *hominoïdes* relèvent encore des singes. Alors que les *platyrrhini* formeront plus tard la cohorte des singes d'Amérique du Sud, les *catarrhini* sont maintenant considérés comme les frères des propliopithécinés, de telle sorte que l'on dit que les *cercopithécoïdes* et *hominoïdes* descendent des *catarrhini*.

Au cours de l'Oligocène, de - 35 à - 25 m.a., vers - 28 m.a. on trouve des singes en Amérique du Sud, les fossiles retrouvés les rattachant aux *platyrrhini*. La seule explication possible est celle de leur traversée de l'Atlantique... sur des sortes de radeaux faits de branchages enchevêtrés ou par le biais de chapelets d'îles – supposées exister à l'époque – servant de relais. Pour eux ce sera l'Amérique ! Leurs descendants seront les célèbres ouistitis, singes hurleurs... et autres sympathiques spécimens.

Un autre énergumène illustre, l'*Aegyptopithécus* exhumé en Égypte, daté de - 26 m.a., classé dans le groupe des propliopithécinés, va annoncer un virage, celui des singes vers les grands singes.

Sous la dent

Nous entrons maintenant dans le Miocène, de - 25 à - 5 m.a. En Afrique de l'Est un affaissement de direction nord-sud, sorte de faille gigantesque dans l'écorce terrestre, nommé rift, s'amorce, engendrant une enfilade de fractures, volcans et lacs. Une zone dangereuse pour les singes et autres mammifères, qui y laisseront leur vie... et deviendront autant de fossiles à étudier par les futurs paléontologues. Le rift touche les bords des pays qui s'appellent aujourd'hui Éthiopie, Soudan, Ouganda, Kenya, Congo, Tanzanie. De nombreux sites renommés sont recueillis des ossements de variétés de singes, sans doute des descendants ou radiations (branches dérivées) des propliopithécinés (cercopithécoïdes et hominoïdes) ou des catharrhiniens à trente-deux dents qui avaient survécu aux changements climatiques de la grande coupure et qui avaient ensuite assuré leur domination. Incontestablement ces singes (*Afropithécus, Kamoyapithécus, Morotopithécus...*) ont gravi un échelon par rapport à leurs prédécesseurs en direction des grands singes même s'ils conservent encore des caractères primitifs tels que leur morphologie dentaire et leur structure crânienne.

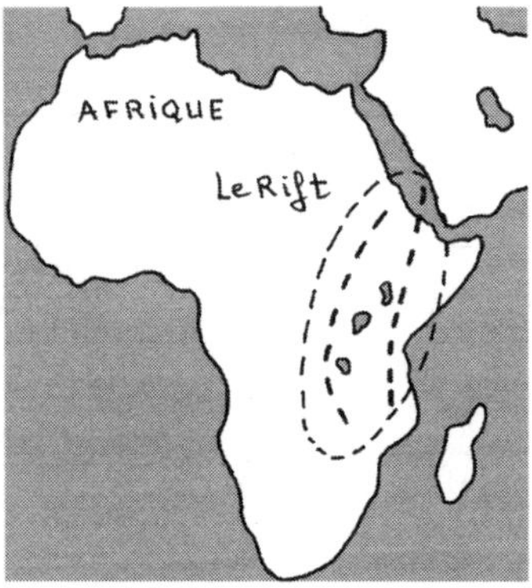

ILLUSTRATION 108 : **Délimitation du rift en Afrique de l'Est.**

Puis vers - 20 m.a. on trouve dans le rift, notamment en Ouganda et au Kenya, le *Proconsulus*, qui se révèle avoir de surprenantes ressemblances avec les hominoïdes modernes. Il s'adjoindra à d'autres spécimens de la même époque qui seront classés parmi les Proconsuls. La première partie du Miocène, de - 25 à - 15 m.a., est caractérisée par la présence des singes évolutifs uniquement en Afrique, aucun de type hominoïde ne peuplant encore l'Eurasie (Europe et Asie mineure).

Au milieu du Miocène, vers - 15 m.a., la croûte terrestre connaît des chambardements sous la poussée des plaques tectoniques ; elle se plisse et érige des chaînes montagneuses depuis les Alpes jusqu'à l'Himalaya. En même temps, le climat devient plus contrasté, alternant périodes de chaleur et de froid. La végétation en souffre, les forêts régressent. Pour la faune, l'alimentation de type fruitée et feuillue bascule progressivement vers des produits plus coriaces tels que graines, noix, racines. La morphologie dentaire et corporelle ainsi que les modes de vie vont évoluer en conséquence mais la plus grande nouveauté de cette même période, résultant également de la dérive des continents, est la jonction qui s'opère entre l'Afrique et l'Eurasie. Des portes s'ouvrent.

On extrait maintenant des fossiles datés de - 11/- 10 m.a. de Turquie (*Ankarapithécus*), d'Inde (*Sivapithécus, Ramapithécus*), de Chine (le singe de Lufeng est peut-être l'ancêtre des gibbons) et de moins de 10 m.a., des singes hominoïdes tels que le *Dryopithécus* en France en Haute-Garonne (dont la découverte en 1856 marquera le début de la paléontologie humaine) et l'Ouranopithécus (dont certains caractères morphologiques évoquent Lucy) trouvé fortuitement en Macédoine par des soldats lors de la première guerre mondiale et qui ouvre la voie vers les hominidés. Par contre les fossiles simiesques datant de cette époque sont plutôt rares en

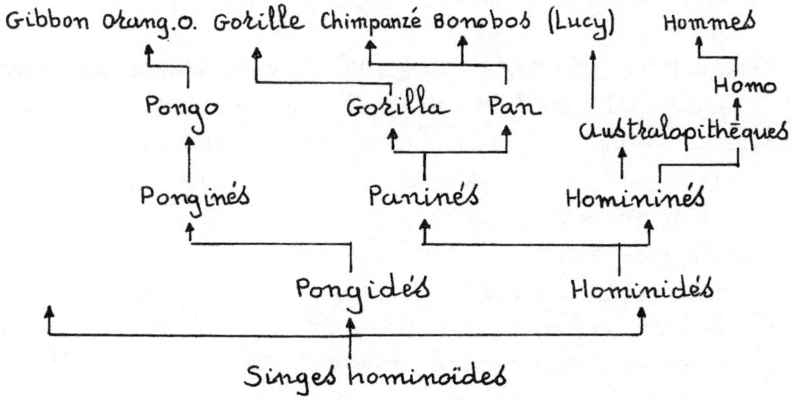

Illustration 109 : **Hypothèse de phylogénie partielle.**
(D'après **Aux origines de l'humanité**, Y. Coppens et P. Picq, Fayard.).

Afrique, c'est pourtant là, plus tard, aux alentours du rift, avec la manifestation évidente de la bipédie que, semble-t-il, s'effectuera le passage des singes aux hommes. Entre eux et nous se situent les grands singes que nous connaissons bien, si proches de nous : chimpanzés, bonobos, gorilles, orangs-outans. Le patrimoine génétique du chimpanzé est à 98 % le même que le nôtre.

Des grands singes aux premiers hommes

L'archéocinéma

On sent dans les wagons du Transunivers sourdre une certaine fébrilité, celle qui, pourtant logiquement inexplicable, précède les grands événements. Entre nos caches paradisiaques dans la frondaison des arbres subtropicaux et les savanes herbeuses rousses, entre - 10 et - 6 m.a., se situe la période cruciale de notre histoire, celle où vont se séparer la lignée des singes et la lignée humaine.

Pourtant nous allons laisser très peu de fossiles à nos futurs scientifiques pendant cette fin d'ère du Miocène comme pour les obliger à se creuser les méninges sur les subtilités de la transition. Non, nous ne leur livrerons pas sur un plateau doré le fameux chaînon manquant. Na ! Les grands bouleversements géologiques et climatiques amorcés au milieu du Miocène, vers - 15 m.a., avaient déjà, on s'en souvient, orienté les singes vers la morphologie des grands singes et les avaient dispersés en Eurasie. Nouvel environnement, encore une fois, vers - 8 m.a. résultant d'un abaissement sévère des températures (avènement des calottes glaciaires) et début d'une période de sécheresse s'installant autour de la mer Téthys et au sud. Les forêts denses et humides laissent la place aux grands espaces, aux savanes. Une faune différente – bovidés, félins – parcourt ces territoires, les cercopithèques s'y plaisent et occupent les niches écologiques les plus favorables au détriment des singes hominoïdes. C'est mal parti pour nous.

Passe alors sur les écrans, tous stores baissés dans les compartiments, le grand film de l'époque : « East Side Story » (réalisateur Yves Coppens encore à l'état potentiel !). Les premiers soubresauts de l'ouverture du rift, déjà signalés au Miocène moyen, vont se poursuivre et aboutir vers - 8m.a. à une véritable barrière nord-sud dans l'Est africain. La géographie change totalement : une chaîne montagneuse de l'ordre de 2 500 m d'altitude, parsemée de lacs et de failles, partage désormais l'Afrique orientale en deux. À l'Ouest, l'influence océanique maintient une végétation de type climat humide alors qu'à l'Est – arrêtés par les montagnes, nuages et pluies sont rares – s'instaure un climat sec qui va orienter ces contrées abritées vers une végétation de type savane. La faune aussi est alors partagée en deux, pouvant, d'un côté, continuer à se nourrir de feuilles et de fruits, mais devant, de l'autre côté, s'adapter à une alimentation nouvelle : graines, fruits à coque dure, racines et bulbes et sans doute petits animaux. Vivre dans les arbres ou en terrain plat au milieu des grandes herbes modifie inévitablement les comportements, les moyens de locomotion, les stratégies pour manger. Manger, plus et mieux, manger en se tenant debout, pourquoi pas ? À l'Est nous expérimentons donc la bipédie et trouvons cela bon ! Non sans peut-être un brin de nostalgie : le plaisir de se promener à quatre pattes que nous retrouvons aujourd'hui – après plusieurs millions d'années écoulées – durant les douze premiers mois de notre existence avec sûrement l'envie aussi de grimper dans les arbres... mais papa et maman n'aiment pas trop !

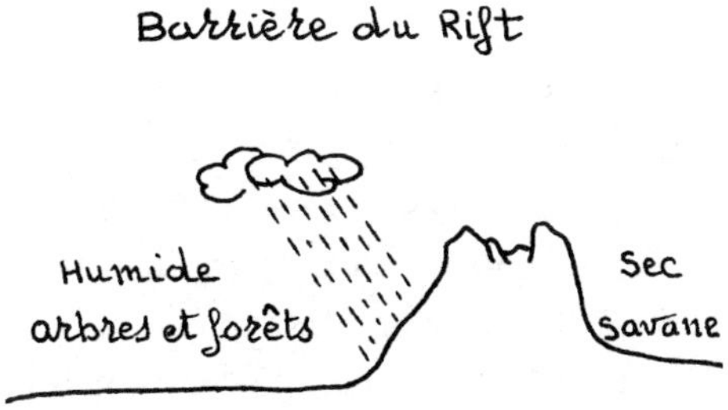

Illustration 110 : **La barrière montagneuse du rift à la base de l' « East side story » de Yves Coppens.**

Les paléontologues pensent donc que c'est là, dans l'Est africain, entre - 9 et - 5 m.a. que deux branches d'homininés vont se séparer : celle des Australopithèques et celle des Homo.

Mais nous, voyageurs de l'époque - 6 m.a. laissons tomber malgré tout – consciemment ou par inadvertance ? – quelques fossiles (treize pièces : dents, mandibules, os longs) qui seront trouvées en 1974 au Kenya (Lukeino). Les scientifiques nous trouveront une morphologie mixte : début de bipédie mais aussi aptitudes évidentes aux déplacements dans les arbres. Ils jugeront notre dentition ambivalente : certaines dents faisant penser à celles des grands singes, d'autres évoquant celles des futurs Australopithèques. Ils nous nommeront *Orrorin tugenensis*. Et vers la même époque, - 6 ou - 7 m.a., nous déposons un autre fossile, Toumaï, qui deviendra célèbre au sein de la communauté scientifique en 2002 mais qui, par ses caractéristiques morphologiques, fera poser plus de questions qu'il n'apportera de réponses : est-il un ancêtre des gorilles ou des hommes ? Peut-être remet-il en cause l' « East Side Story », nos véritables origines ? Un véritable casse-tête africain !

Les paléontologues extrairont en 1992 en Éthiopie des restes fossiles datés de - 4,4 m.a. qui correspondent à un être (Ardipithecus) indéterminé entre grand singe et homininé. Nous, on l'aimait bien Ardipithecus, mais il est tombé du train. Un accident idiot.

Tous pour un

Vers - 4,1 m.a. l'Afrique de l'Est, du nord du rift jusqu'à l'Afrique du Sud, est peuplée de plusieurs espèces, regroupées sous le nom d'Australopithèques, dont les caractères établis cette fois par de très nombreux fossiles font d'eux des homininés à coup sûr. Malgré leur diversité on note des traits communs qui les distinguent de leurs prédécesseurs. D'abord une boite crânienne développée (400 à 500 cm³) et plus étirée vers le haut que vers

Les australopithèques
Boîte crânienne développée (400/500 cm³)
Trou occipital dirigé vers le bas
Mâchoires robustes de masticateurs
Six vertèbres lombaires (grands singes)
Position dressée : bipédie et suspension

Illustration 111 : **Caractéristiques morphologiques des Australopithèques.**

l'avant. Le trou occipital qui relie la colonne vertébrale à l'encéphale est orienté vers le bas, attestant de la station verticale et de la bipédie ; même si la longueur des bras par rapport à celle des jambes montre encore des affinités à la suspension dans les arbres. Bien qu'affectés d'une lordose lombaire comme les hommes modernes, ils ont six vertèbres lombaires contre cinq pour nous. Hanches et cuisses prennent les allures de celles du genre humain mais la mâchoire puissante, révélant de gros masticateurs, reste à l'image de celle des singes hominoïdes.

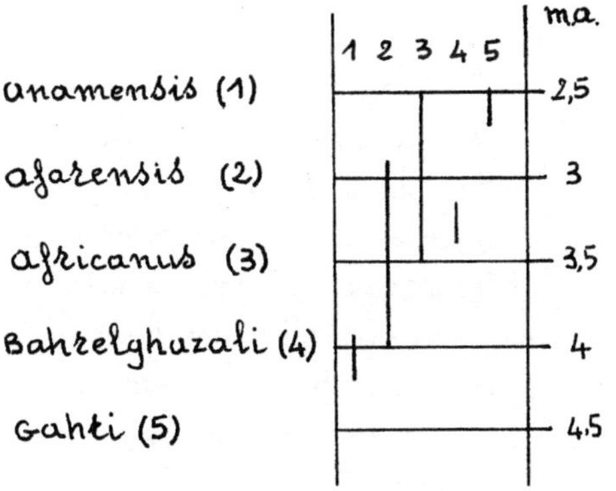

ILLUSTRATION 112 : **Les cinq espèces d'Australopithèques.**

Les scientifiques relèvent cinq espèces d'Australopithèques ayant cœxisté sur des périodes d'inégales durées. La plus ancienne (- 4,2/- 3,9 m.a.) est appelée *Australopithecus anamensis* découverte à proximité du lac Turkana (Anam voulant dire lac en dialecte local). Si sa dentition et ses mandibules montrent des caractères très archaïques, certaines parties de son squelette présentent des proximités étonnantes avec celles des hommes. Une autre espèce est *Australopithecus afarensis* (- 4/- 2,9 m.a.) issue du triangle de l'Afar en Éthiopie et dont fait partie la célèbre Lucy mise à jour en 1974 – une bien triste disparition dans le train de l'époque, elle n'avait alors que vingt ans... une si bonne copine... Certains paléontologues font dériver de cette espèce la branche des Homo. Pour d'autres elle offre des morphologies dentaires et crâniennes trop archaïques pour prétendre à ce titre d'ancêtre. L'espèce *Australopithecus africanus* (- 3,5/ - 2,5 m.a.), originaire d'Afrique du Sud, leur conviendrait mieux car le crâne, bien que peu développé (450 cm^3 (malgré tout) est plus gracile, le squelette plus léger, comme si le passage à une structure plus fine était un critère nécessaire pour arriver jusqu'à nous aujourd'hui ! Mais pour certains il lui eût fallu un encéphale plus gros pour être notre patriarche – le mythe de la grosse tête ! En 1955 est trouvé *Australopithécus bahrelghazali*

(- 3,4/- 3,2 m.a.), surnommé Abel, à l'Ouest du rift, au Tchad. C'est un fossile connu uniquement par la partie antérieure de la mandibule mais qui semble montrer une face courte et droite, presque humaine. Et la cinquième espèce, *Australopithécus gahri* (- 2,7/- 2,5 m.a.) du site de Hata en Éthiopie, identifiée par de nombreux fossiles, se trouve être pile à la charnière Australopithèques/premiers hommes. Mais on pencherait plus, de par sa morphologie, pour être un ancêtre de Paranthropus dont nous ferons bientôt la connaissance.

Cette grande diversité d'Australopithèques, mais présentant malgré tout des profils très proches, s'explique par leur très grande dispersion sur le continent africain et donc la très grande variété des terrains, des microclimats, des végétations, des ressources en eau, des disponibilités alimentaires. Entre forêts humides à l'Ouest et savanes sèches à l'Est, s'intercalent des espaces de savanes arborées. Trois types de végétation, pour simplifier, donc trois types de régimes alimentaires vont générer des parcours de déplacement et des types de locomotion différents : sédentarité dans les arbres, longs cheminements dans les plaines herbeuses (tendance à la bipédie) ou panachage entre arbres et savane. Les morphologies se forment en conséquence. Si la providence alimentaire – feuilles, fruits tendres – incite à la sieste et aux jeux dans la frondaison, la pénurie de denrées comestibles pousse à l'ingéniosité, la réflexion, la mise en place de stratégies. De plus en plus de connexions entre neurones s'établissent en même temps que s'accroît le cœfficient d'encéphalisation. On a trouvé auprès de fossiles d'Australopithèques des outils sommaires : bâtons à fouir pour déterrer les racines, bulbes, rhizomes ; pierres choisies pour casser les coquilles. Près d'Australopithecus garhi on a même déniché des silex plus ou moins grossièrement taillés. À partir des regroupements de fossiles appartenant localement à une même espèce on a tenté d'apprécier leur degré de vie sociale. Alors que la vie facile dans les forêts montre une tendance aux petits groupes, voire à l'individualisme – tiens, tiens ! – la vie rude exige, pour trouver sa subsistance, une existence sociale structurée et coopérative. Finalement l'opulence isole, le manque, s'il n'est pas excessif, développerait l'intelligence, pousserait au partage ? Là, on parle d'autrefois ! Et maintenant ? Attendons l'arrivée du train dans aujourd'hui.

Pourquoi ?

Déjà amorcé précédemment, le refroidissement s'accentue entre - 3 m.a. et - 2,5 m.a. par suite d'un changement des courants marins dans l'Atlantique : les eaux du pôle arctique se refroidissent et la calotte glaciaire se renforce, s'épaissit et s'étend vers le Sud. Un climat froid et sec succède à celui chaud et humide dont a profité la faune les millions d'années passées. Il existe une sécheresse encore plus accentuée à l'Est du rift suite à l'élévation d'une deuxième barrière montagneuse à peu près parallèle à la première, barrant définitivement le passage des influences océaniques. « East Side Story II » ou « East Side Story, le retour ». Si à l'Ouest subsiste encore une végétation à tendance forestière, à l'Est la savane sèche et herbeuse s'étend, monotone jusqu'à l'horizon. Et c'est à partir de ce moment, - 2,5 m.a., que disparaissent les Australopithèques, toutes les espèces d'Australopithèques, plus aucun fossile n'attestant de leur présence après cette date. Et c'est à partir de ce moment qu'apparaît la lignée des Homo. Il y a des moments forts dans toute histoire vraie.

Moins 2,5 millions d'années marquent l'âge d'or des fossiles et donc des paléontologues. Enfouis moins profondément – les fossiles, pas les paléontologues – leur état de conservation est meilleur. Dans le rift, des sites de l'Olduvai et de la vallée de l'Omo, on extrait des ossements qui commencent à permettre des reconstitutions partielles de squelettes. De même, mais dans une moindre mesure, en Afrique du Sud. L'ensemble des individus de cette époque (- 2,5/- 1,5 m.a.), famille des homininés, se subdivise en deux groupes : les Paranthropes et les premiers hommes.

Observant à leur insu nos voisins du Transunivers, comme si on les découvrait tout d'un coup, on leur trouve effectivement des traits et des caractères qui les différencient des Australopithèques qui nous étaient familiers depuis deux millions d'années. La boite crânienne est plus développée, laissant deviner un cœfficient d'encéphalisation croissant donc peut-être un début de capacités cognitives. Le visage aussi a changé, il est plus allongé verticalement, plus gracile, avec une réduction de l'appareil masticateur. La bipédie est plus aisée, plus fluide. Les mains sont plus souples, plus habiles, facilitant la manipulation des objets et des denrées alimentaires – aisance pour déplier sa serviette sur les genoux, tirer son casse-croûte du panier et manger tout en roulant dans le train ! Même peut-être des balbutiements de langage, certaines aires du cerveau (aire de Broca) le permettant, mais un problème anatomique, la position du larynx, ne donnant pas accès à une élocution claire. Nous sommes les premiers hommes. « Plus rien ne nous arrêtera ! » Déjà un profil d'aîné !

Les paléontologues différentient deux espèces de premiers hommes. L'*Homo habilis* (- 2,5/- 1,6 m.a.) et l'*Homo rudolfensis* (- 2,5/- 1,6 m.a.) dont le nom provient du lac Rudolfe ou lac Turkana où il a été mis en évidence pour la première fois. Les premiers ont une morphologie plus fine, un cœfficient d'encéphalisation honorable, une voûte plantaire favorisant la marche même si la bipédie était encore accompagnée de possibilité de déplacements dans les arbres. Ils ont surtout des mains agiles, habiles, d'où leur nom. Une savane un peu arborée semble avoir été leur terrain d'évolution. Les seconds ont un profil de vie en savane nue. Leur squelette est plus grand, plus fort, plus massif. L'appareil masticateur est prononcé, puissant, ils ont la face robuste. Par contre leur morphologie générale dénote une bipédie facile, pratiquement exclusive. Mais tous, les premiers comme les seconds, disparaîtront vers - 1,6 m.a. Que nous est-il arrivé à ce moment-là ?

PREMIERS HOMMES	MILLIONS D'ANNÉES
Homo habilis	- 2,5 / - 1,6
Homo rudolfensis	- 2,5 / - 1,6

ILLUSTRATION 113 : **Les premiers hommes**

Curieusement on parle assez peu des Paranthropes qui ont été nos contemporains. Heureusement quelques paléontologues les ont sortis de l'oubli. À partir des très nombreux fossiles extraits de sites situés dans les mêmes régions de l'Afrique de l'Est, on a pu dresser leur portrait. Une stature imposante. Des mâchoires énormes, de même que leurs dents attestent de leur apparte-

PARANTHROPES	MILLIONS D'ANNÉES
Aethiopicus	- 2,6 / - 2,1
Boisei	- 2,1 / - 1,1
Robustus	- 2 / - 1
• Stature imposante • Locomotion verticale • Mains agiles	

ILLUSTRATION 114 : **Les paranthropes**

nance aux gros masticateurs d'une nourriture essentiellement végétale et de piètre qualité. Leur face est surprenante, légèrement incurvée vers l'intérieur, en forme de soucoupe ou lune à son premier quartier. Leur squelette montre une tendance à une locomotion verticale et peu de prédispositions à la vie arboricole. Le cœfficient d'encéphalisation est respectable. Les mains agiles font penser à celles des *Homo habilis.* Ils n'ont peut-être pas les critères de beauté qui sont les nôtres aujourd'hui, mais, somme toute, sont assez proches des premiers hommes. Pourtant, toutes les espèces de Paranthropes disparaîtront vers - 1 m.a. Mais enfin, comment se fait-il que des espèces disparaissent comme ça ?

Avec du recul et grâce aux travaux des scientifiques, on peut se rendre compte à quel point c'est l'environnement qui oriente l'évolution et à quel point c'est l'alimentation qui a fait l'Homo et le Paranthrope. On sait aussi que la géographie et le climat font la végétation et que la végétation fait les aliments. Le régime alimentaire fait la morphologie, la structure osseuse, le mode de locomotion, la vie sociale, le développement de l'encéphale et les capacités cognitives et, de là, les stratégies pour se procurer de l'alimentation. Pour l'instant, dans le train de l'Univers, on vit pour manger. Et pourtant, parfois aussi, commence-t-on à sentir du côté du cœur des écharpes de tristesse comme ce jour ancien où nous avons vu partir Lucy ou bien parfois des élans de tendresse devant un sourire inconnu.

Paranthropes comme premiers hommes avaient, à l'évidence, leur dentition l'atteste, une nourriture très variée : des grains de céréales, des bulbes, rhizomes, tubercules, amandes... qui sont des substances végétales protéinées. Sans doute aussi avaient-ils une alimentation carnée, mangeant de petits animaux ou des charognes, carcasses laissées par des félins puisqu'on a trouvé près de leurs squelettes des outils grossiers permettant le raclage des os. Cette alimentation variée et protéinée aurait-elle contribué au développement de l'encéphale ? On peut effectivement le penser.

Mais quand sonne - 1,6 m.a., *Homo habilis* et *Homo rudolfensis* ont quitté ce monde, précédant de peu la disparition des Paranthropes, encore et encore. Mais entre-temps...

Se dégourdir les jambes

Un nouveau visage d'Homo se présente dans le Transunivers entre - 2 et - 1 m.a. C'est certainement sans aucune retenue que nous le décortiquons de la tête aux pieds – déshabiller quelqu'un du regard ne se faisait pas encore, apparaissant aux autres dans notre plus simple appareil – : un crâne imposant, un encéphale de bien 900 cm^3, un os frontal arrondi bien qu'un peu fuyant, une face plutôt plate, un appareil masticateur réduit mais pas de menton, une dentition d'omnivore. Nous sommes surtout frappés par sa taille, 1,70/1,80 mètre. Les détails, non moins importants, ne nous apparaîtront que plus tard : une cage thoracique ample permettant une respiration profonde et une modification de la position du larynx permettant l'émission de sons. Le voir se déplacer est aussi une surprise : l'aisance et la souplesse de sa démarche nous laissent deviner un besoin physique d'explorer de nouveaux horizons. Les paléontologues nous apprendront plus tard que l'ensemble de ses caractères (cœfficient d'encéphalisation respectable, bipédie aisée, alimentation variée incluant protéines d'origine animale, aptitudes à la fabrication d'outils sommaires) lui ont permis de quitter les niches écologiques fermées et sécurisantes pour partir à la conquête de nouveaux espaces. Outre les premiers fossiles (l'enfant de Nariokotome et le Turkana boy) découverts en 1985 et 1990, datés - 1,8 m.a., en Afrique, on trouvera aussi des traces (squelettes et outils) de cet individu, nommé *Homo ergaster*, jusqu'aux portes de l'Europe et de l'Asie. À n'en pas douter on commence à quitter l'Afrique, la mère patrie !

PREMIERS HOMMES	MILLIONS D'ANNÉES
Homo ergaster	- 2/- 1
Homo erectus	- 1,1/- 0,3
Homo d'Heidelberg	- 0,8/0,2

ILLUSTRATION 115 : **Les premiers hommes.**

L'*Homo erectus* est peut-être plus connu. On le situe entre - 1,1 et - 0,3m.a. On en trouvera des fossiles en Indonésie, sur l'île de Java (d'où l'homme de Java) et en Chine (d'où l'homme de Pékin). Même si des vestiges éparses et rares seront mis au jour en Afrique et en Europe, l'*Homo erectus* désigne plutôt l'espèce orientale qui a définitivement abandonné le berceau africain pour s'installer en pays exotiques jusque vers - 300 000 ans.

L'*Homo heidelbergensis* tire son nom du squelette trouvé à Heidelberg, daté de - 0,8/- 0, 2 m.a., qui semble se différencier des autres espèces. Mais il semble difficile de regrouper tous les fossiles de cette époque dans cette classe d'individus. Peut-être sont-ils les ancêtres de deux espèces célèbres qui vont émerger : *Homo néandertalis* et *Homo sapiens* ?

Un grand émoi traverse le convoi d'une extrémité à l'autre de notre univers visible : l'arrivée des Néandertaliens. Laissons en parler ceux d'entre nous qui seront plus tard les paléontologues à la recherche de leurs souvenirs lointains. Déjà, nous disent-ils, remarquez que nous n'allons plus dater les fossiles et les événements en millions d'années mais en années. Les Néandertaliens ont occupé la Terre entre plus ou moins - 400 000 et - 30 000 ans. Un frisson : « Moins 30 000 ans, c'était hier ! » On trouve des fossiles attestant de leur présence essentiellement en Europe du Sud (Espagne, Italie), beaucoup en France, un peu en Europe de l'Est et plus vers le Nord, un peu également au Moyen-Orient (Israël, Syrie, Irak, Iran). Ils ont traversé une période de grands changements climatiques, avec des alternances de glaciations sévères (la calotte glaciaire descendant jusqu'au Sud de l'Angleterre, les Alpes et les Pyrénées recouvertes de glaciers) et de réchauffements temporaires. Force leur a été d'évoluer au sein de paysages variés et de végétations très saisonnières et d'adapter en conséquence leur alimentation. Il y a nécessité de faire des réserves pour les périodes hivernales et d'adopter un régime plus carné.

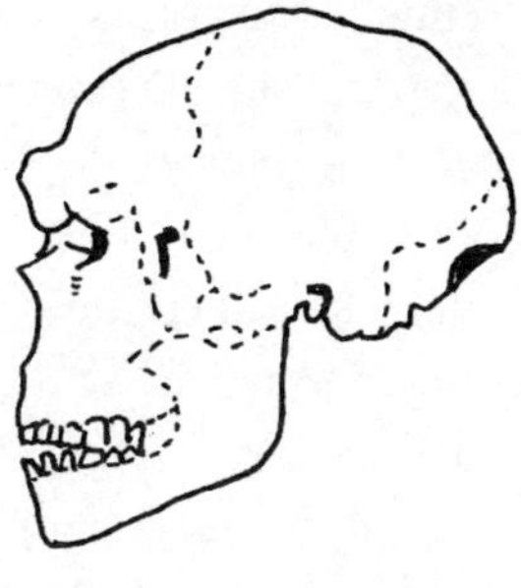

Illustration 116 : **Crâne de Néandertalien.**

Même si leur morphologie a évolué au cours des centaines de milliers d'années et en fonction de leurs lieux de résidence, les caractéristiques principales qui font d'eux une espèce bien typique sont nombreuses : un corps lourd, massif, ramassé sur lui-même permettant un métabolisme plus approprié au froid. Le crâne est allongé sur l'arrière mais la face est plate. Le bourrelet sus-orbitaire est très prononcé et le front fuyant. Le nez est fort et large, les pommettes effacées et le menton insignifiant. Pour les spécialistes, apparaissent un espace rétromolaire à l'extrémité intérieure de la dentition et la présence d'une vaste fosse entourant le trou occipital.

Selon les sites, des vestiges intéressants laissent deviner quelques éléments de leurs modes de vie. On repère leurs camps de base où ils devaient séjourner sur de longues périodes mais aussi, à l'écart, des ateliers de boucherie où était dépecée la viande de charogne et des ateliers de taille où étaient confectionnés les outils. Les premiers, sont faciles à reconnaître par l'accumulation d'os d'animaux variés et les seconds par l'amoncellement d'éclats de silex, chutes résiduelles des bifaces et autres ustensiles. Ici et là, au gré des découvertes on apprend qu'ils ont commencé à savoir emmancher sur du bois des armes en pierre, sans doute pour chasser de gros animaux, qu'ils ont su apprivoiser le feu, les traces les plus anciennes remontant à - 450 000 ans mais la maîtrise définitive ne semblant s'instaurer qu'à partir de - 250 000 ans. Et puis, avec les Néandertaliens, on assiste aux premiers exemples d'inhumation réfléchie, ici un squelette montrant que le corps a été posé volontairement sur le côté, là un enfant enterré aux pieds d'une femme, sa mère peut-on supposer. Un mort respecté signale souvent un cœur qui souffre. Le monde bascule.

Les vestiges de Néandertaliens les plus récents les montrent, entre - 40 000 et - 30 000 ans dans le Sud-Ouest de la France et dans la Péninsule ibérique. Comme s'ils s'étaient repliés dans ces régions plus chaudes avant leur extinction. Après 300 000, 400 000 ou 500 000 ans d'existence, d'épreuves et de bonheurs, de voyages et de découvertes, de travail, de chasse et de moult nuits à la belle étoile, d'amours, de naissances et de deuils... leur lignée disparaît. Encore une inexorablement effacée du monde des vivants.

On sait maintenant que dans le même intervalle de temps, - 40 000/ - 30 000 ans, ils ont côtoyé les hommes modernes ou hommes de Cro-Magnon. Avec apparemment peu d'échanges de techniques et de gènes... Espérons sans luttes ni guerres. Dès lors un nouveau peuple se lève.

Commencer à réfléchir

Au-delà des mots

Tout va trop vite. Ce train qui traverse les millions d'années comme un professeur qui saute d'un chapitre à un autre pour boucler le programme avant la date fatidique de l'examen. Ce serait cela la vie de - 700 m.a. à l'*Homo sapiens* ? Une succession de dates en attendant celle plus connue de + 1515 ? Des noms de bestioles impossibles à retenir ? Des montagnes de fossiles à trier et classer ? Des spéculations plus ou moins fumeuses sur la position des continents, les climats hypothétiques, les migrations supposées des différentes espèces ? Un récit long, ennuyeux, froid, impersonnel, sans sentiments. En me relisant, je vois l'horreur. Car vous lecteurs, qui avez vécu comme moi cette histoire, savez que la vie ne se résume pas à quelques mots clés, à quelque table des matières, à quelques plans détaillés ni exercices type d'un quelconque mémo-bac aussi bien fait soit-il. Non. Nous portons en nous les stigmates ineffaçables de cet effondrement géologique qui a enseveli en un clin d'œil toute la faune de Burgess au Cambrien. Un sourire effleure toujours nos lèvres quand, encore nautiles, nous avons découvert qu'en faisant varier la quantité de gaz au fond de notre coquille spiralée, nous pouvions monter et descendre verticalement dans la mer, tel un ascenseur. Et puis ce chaud au cœur quand, une nuit de pleine lune, dans une clairière d'une forêt du Crétacé, horribles tyrannosaures que nous étions à l'époque, nous avons ressenti les premiers émois de l'amour. Et ce printemps fin d'Éocène, tout calés l'un contre l'autre, nuit d'échange de tendresse et de mamours, singes catarrhiniens, nous avons rêvé d'un enfant à notre image. Et Lucy, ne serait-ce qu'un tas d'os laissé pour la postérité ? Elle est morte à vingt ans. Peut-être que ses parents géniteurs – eh oui ! Elle avait forcément un papa et une maman – vivaient-ils encore dans son proche environnement. Peut-être avait-elle un amoureux, peut-être avait-elle déjà enfanté. Vingt ans, ce n'est pas un âge pour mourir. Lucy ne peut pas être qu'un squelette qui a fait faire un bond à la paléontologie.

Repousser l'horizon

Horreur aussi en constatant, indécrottable terrien égocentrique, que j'ai réduit le train incommensurable de l'Univers à un train jouet miniature déambulant sur un minuscule grain de poussière sur lequel s'expérimentaient les chemins de l'évolution. Pendant que nous nous escrimions à manger plus et mieux et à trouver les parades pour ne pas être mangés à notre tour, pendant qu'on s'ingéniait à trouver des stratégies pour perpétuer nos espèces, l'Univers continuait son expansion. Mais cette façon de s'exprimer est sans aucun doute erronée car elle pourrait induire l'existence de deux mondes, le nôtre et celui de l'Univers. Nous et les autres ! Comme si les uns pouvaient exister, grandir sans les autres ?

On sait, par exemple, que c'est la présence de la lune qui assure la stabilité de l'axe de la Terre... résultat des calculs de physiciens férus de mécanique céleste. Le soleil inonde la Terre d'un flux de chaleur et de lumière qui régularise sa température, garantit le mécanisme de la photosynthèse et rehausse de plusieurs degrés le moral des troupes quand il réapparaît après une déprime nuageuse. Un ciel nocturne piqueté d'étoiles dorées répand une douce lumière diffuse bienfaisante sur les esprits agités et stressés. La masse de matière totale – visible ou invisible, connue ou inconnue – contenue dans la galaxie assure la stabilité des étoiles : le non-équilibre entre force centripète due à cette masse et force centrifuge résultant de la rotation de la galaxie conduirait à l'éjection des étoiles périphériques, peut-être le Soleil et la Terre avec ? Ici et là, dans les nébuleuses-maternité, aux extrémités des piliers de la création naissent de nouvelles étoiles, la vie stellaire se perpétue. Et d'autres étoiles achèvent leur vie apparente en bouquet final de feu d'artifice, libérant les atomes élaborés à l'intérieur, semences d'étoiles, de planètes, de vies futures. En même temps, elles se transforment intérieurement en étoiles à neutrons ou en trous noirs. Fantasmagoriques trous noirs, avaleurs inexorables de matière, bêtes célestes du Gévaudan, incontrôlables vampires, ne sont-ils pas les indispensables grands recycleurs de l'Univers ? Et, encore plus mystérieuse que la matière invisible, cette énergie noire dont on soupçonne l'existence et qui expliquerait peut-être l'accélération inattendue de l'expansion de l'Univers, comme si elle était nécessaire pour empêcher le monde de se rétracter, de finir en Big Crunch, pour laisser des perspectives d'ouverture, de futurs, de rêves d'infinis.

À ce jour, près de deux cents planètes extérieures au système solaire (exoplanètes) ont été découvertes dans notre seule galaxie. Pendant que nous bricolions sur la Terre les atomes pour en faire des biomolécules, des brins d'ADN et d'ARN, des protéines, du vivant, des algues et des méduses, des poissons volants, des dinosaures, des singes et des hominínés, peut-être que sur d'autres planètes, d'autres s'essayaient à l'assemblage de combinaisons atomiques identiques autour du carbone ou bien à d'autres regroupements autour du silicium (qui est un atome présentant quatre liaisons covalentes comme le carbone) ou encore à d'autres que nous n'imaginons pas. Installés sur une autre planète autour d'un autre soleil, cette histoire deviendrait tout autre. Et pourquoi un récit aurait-il la priorité sur un autre ?

L'Univers inclut tout, la matière et l'antimatière, la pomme de Newton et la théorie des supercordes, la relativité de Einstein et toutes nos ignorances, notre évolution de la matière à la conscience sur la Terre et celles hypothétiques sur d'autres planètes. L'histoire connue et relatée très rapidement dans ces pages ne couvrirait sans doute guère plus que la surface d'une seule feuille d'arbre parmi toutes les histoires qui pourraient peut-être être écrites sur toutes les feuilles de tous les arbres de toutes les forêts du monde si elles étaient rassemblées pour en faire un seul ouvrage, celui de l'Univers tout entier.

Alors le Transunivers n'est pas un espace clos qui enferme notre petite aventure du chaos primordial au système solaire, de la bactérie procaryote (sans noyau) au neurone humain, roulant entre - 14 milliards d'années et + 2007. Le Transunivers aurait dû déborder les limites de l'infini, explorer les hypothétiques univers parallèles, commencer avant le temps de Planck (limite physique du temps), contenir outre ce que l'on sait tout ce qu'on ne connaît pas !

De l'incompréhensible au compréhensible ?

C'est donc cramponnés à une loupe que nous avons retracé notre petite histoire sur la Terre dans l'Univers. Un résumé. Mais à vouloir trop simplifier l'Histoire terriblement compliquée qu'essayent laborieusement de reconstituer d'éminents chercheurs scientifiques, sans doute ai-je oublié des points importants, peut-être ai-je laissé se glisser quelques petites erreurs ou approximations. Probablement même. Mais mon intention était, en autres, de voir s'il était possible de voir se dégager une continuité du quark originel au neurone d'aujourd'hui, de la matière primordiale à l'être humain ; de voir si l'échelle de la complexité (succession de marches montrant l'organisation de la matière du plus simple au plus compliqué au cours du temps) ne contenait pas trop de barreaux manquants, de vides, si elle pouvait être gravie sans trop de difficultés, sans trop de passages acrobatiques, en suivant les voies traditionnelles des connaissances scientifiques communément admises par la majorité des chercheurs. Une base solide maintenant pour explorer les zones sombres, les articulations douteuses, les recoins qui posent question.

Le récit présenté ici s'inscrit donc dans le prolongement des écoles de pensée traditionnelles, celles de Lamarck, Darwin... et de tant d'autres scientifiques... après celle des tenants de la théorie du Big Bang.

Lamarck (1744-1829) est le père du transformisme. Morphologiste accompli, anatomiste scrupuleux, il est le premier à avoir décelé chez les invertébrés des exemples de passage graduel d'une forme animale à une forme voisine. Il pense que l'influence du milieu et le mode de vie en résultant, sont à l'origine des transformations et que les modifications engendrées se transmettent à la descendance. C'est la théorie de l'hérédité des caractères acquis. Sans toutefois pouvoir le prouver scientifiquement.

Darwin (1809-1882), par ses observations, a acquis la conviction de la variabilité des espèces. La lutte pour la vie, d'après lui, expliquerait le processus des modifications en cascade de la descendance. Il établit la théorie de la sélection naturelle, la nature exerçant un tri, ne retenant que les espèces les plus aptes à vivre. L'évolution biologique, par le jeu de la sélection naturelle, se ferait à partir de variations aléatoires des caractéristiques des individus. Cependant, dans un ouvrage ultérieur, il ajoutera la sélection sexuelle comme cause possible des étapes transitionnelles.

En 1887, Weismann montre que les modifications acquises ne peuvent pas se transmettre à la descendance, ce qui invalide les théories de Lamark et Darwin. Mais la notion de transformisme subsiste et les néo-darwiniens ne retiendront de leur maître que le rôle incontestable de la sélection naturelle.

Puis H. de Vries (1848-1935) avance la théorie mutationniste, le passage d'une espèce à une autre ne se faisant pas continûment mais par bonds suite à des mutations brusques et héréditaires. Évidemment la connaissance de la génétique, aujourd'hui, peut en expliquer les fondements. On se souvient que les gènes successifs qui constituent l'ADN codent pour les caractères d'un individu en désignant les acides aminés qui doivent être assemblés pour élaborer une protéine. Si une modification survient dans la séquence des nucléotides d'un gène d'une cellule germinale – autrement dit si le code est modifié – la protéine assemblée en bout de chaîne sera différente ou non réalisable et en conséquence un ou plusieurs caractères de l'individu en seront affectés. Si les nouveaux caractères ainsi acquis favorisent la vie dudit individu (alimentation, défense, reproduction) l'espèce nouvelle va proliférer et transmettre cette fois à sa descendance ses nouveaux atouts positifs. Ainsi une nouvelle branche évolutive peut être créée, se différentiant de la lignée dont elle est issue ; si elle est géographiquement isolée elle peut générer une nouvelle espèce. On se souvient probablement aussi qu'une mutation peut survenir suite à l'action d'un agent extérieur (rayons X, rayons □…) ou aussi selon un mécanisme interne lors de la reproduction sexuée à savoir des « accidents », mélanges,

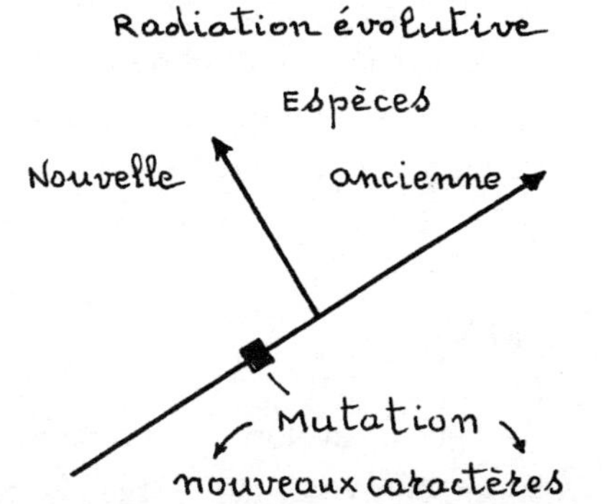

ILLUSTRATION 117 : **Après une mutation, une nouvelle espèce peut apparaître ; l'ancienne peut perdurer ou disparaître.**

réassociations aléatoires de gènes des chromosomes identiques des géniteurs lors de la méiose (voir page 145). L'œuf créé sera porteur d'un bagage génétique différent de celui de ses parents qui pourra l'orienter, dans certains cas, vers une variété, voire une espèce différente.

L'approche scientifique de ces mécanismes mutationnels permet de comprendre, dans le récit des chapitres précédents, comment on a bien pu passer du poisson osseux, type cœlacanthe à la grenouille – par bonds successifs ! – ou bien comment de la lignée des singes catarrhiniens s'est embranchée celle des hominoïdes puis celle des hominidés puis celle des homininés et enfin celle des Homo. Hommes et singes du zoo ont bien des ancêtres communs.

Menus

Tous les évolutionnistes ne manquent pas d'attirer notre attention sur le rôle du facteur temps. Si on a de la peine à imaginer un poisson, même pourvu de nageoires pectorales et pelviennes super-musclées, grimpant sur la rive d'un bras de mer ou d'un cours d'eau pour devenir une grenouille sauteuse, il nous faut penser que 160 millions d'années ont été nécessaires. Un million d'années c'est déjà long ! 160 millions encore plus ! Puis évaluer le nombre de mutations qui ont pu se produire pendant cet intervalle... sans doute autant que d'étoiles dans une galaxie... dont la quasi-totalité a été stérile et quelques-unes seulement ont conduit à ce batracien que l'on entend coasser à travers les roseaux les nuits d'été. L'histoire de l'évolution montre surtout que pour moult espèces éteintes, très peu, mieux adaptées, ont survécu et poussé la vie vers l'avant. Certains comparent l'évolution à la marée montante d'une mer qui, en dépit des vagues qui vont et viennent, s'élève toujours.

Inévitablement la génétique porteuse, avec la sélection naturelle, de l'évolution, introduit les sciences dans la métaphysique (spéculations sur le sens du monde et la place de l'homme dans le monde). S'il y a au cœur du noyau de la cellule, par le biais des gènes, un programme génétique, se pose inévitablement la question du programmateur et de la finalité, du but ultime du programme. Bien sûr les croyants mettront Dieu sur le siège du programmateur, la finalité étant le devenir de l'homme à l'image de Dieu. Les scientistes purs, mettant toute considération spirituelle de côté, parleront de hasard et de nécessité : le hasard des mutations et la nécessité de la sélection naturelle pour la perpétuation de la vie. D'autres verront dans cette longue montée de la vie vers l'hominisation, du quark jusqu'au neurone, la réussite du principe anthropique : théorie cosmologique stipulant que l'Univers a été créé pour que l'homme puisse l'observer et peut-être finir par le comprendre ! D'autres encore avancent la notion de *bootstrap* cosmique, à savoir la capacité de l'univers à s'autocréer et s'auto-organiser, mais jusqu'à un certain point seulement, celui de l'apparition de l'homme... qui peut alors décider de sa présence ou non dans ce monde. On en serait là. Signalons aussi, pour mémoire, les créationnistes, ceux qui pensent que chacune des espèces sur Terre a été créée d'un seul coup d'un seul et est restée telle quelle jusqu'à aujourd'hui. Mais ils doivent alors faire abstraction des fossiles exhumés continuellement des profondeurs terrestres attestant transformations et lignées évolutives.

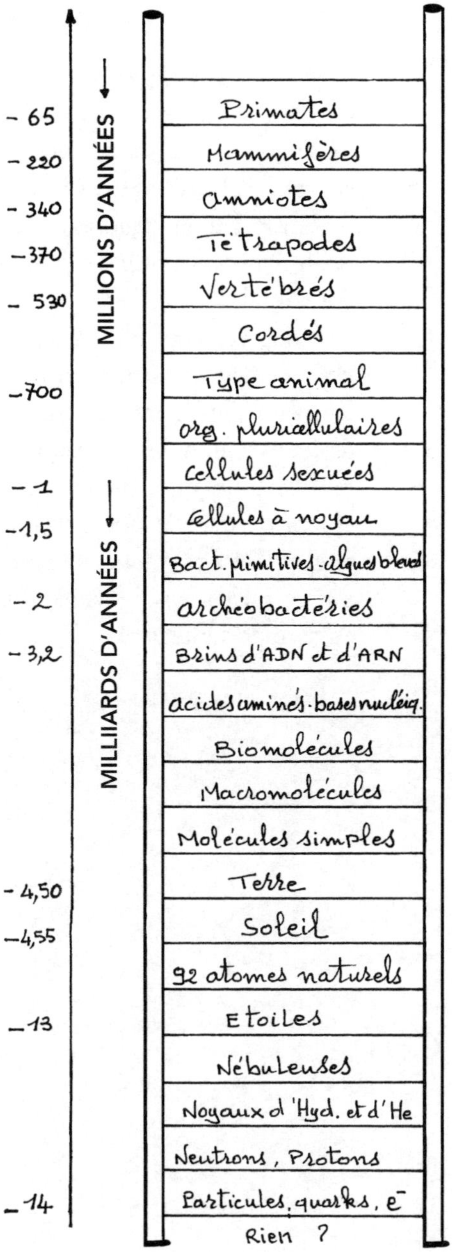

Illustration 118 : **Échelle de la complexité.**

Et puis il y a chacun de nous, en fonction de son éducation, de ses connaissances, de ses croyances, de ses réflexions... qui s'inscrira dans l'un ou l'autre de ces modes de pensée ou qui trouvera le sien propre pour éclairer le chemin de sa vie, lui donner un sens.

Un matin, un beau jour d'été, toute la nature ayant été lavée par une petite pluie nocturne, le ciel avait la couleur ensoleillée « bleu vacance ». Au bord de la route apparaît un arbre immense, un platane bien enraciné, au tronc énorme, marbré de taches claires. Trois branches impressionnantes s'élèvent harmonieusement et se poursuivent en multiples rameaux jusqu'aux plus hautes extrémités qui se perdent dans le ciel. Un milliard de feuilles luisantes les habillent d'une parure dentelée. La classe. Vu de loin, cet arbre majestueux, encore plus grand que dans l'imaginaire de tout enfant désirant le dessiner, quitte à dépasser, à sortir des limites de sa feuille. Cet arbre donc, ne représente-t-il pas la vie et chaque feuille une espèce ? Et nous humains, n'en sommes-nous pas qu'une seule feuille, aussi importante, mais pas plus importante que toutes les autres ?

CHAPITRE IV

LA CONSCIENCE

Homo sapiens sapiens

On arrive

Suffisamment de vestiges humains ont maintenant été étudiés pour savoir que la lignée des *Homo sapiens* n'est pas le prolongement de celle des Néandertaliens. Alors d'où sortons-nous ? Pas de la cuisse de Jupiter puisqu'il ne fera ses allers-retours entre Terre et ciel que quelque cent ou deux cent mille ans plus tard, quand les nymphes terriennes sauront qu'il vaut mieux s'adresser aux dieux pour connaître le septième ciel. Nous sommes encore loin de la mythologie gréco-latine.

Les spécialistes font remonter la morphologie moderne à 100 000 ou 150 000 ans. Il s'agit d'un crâne de forme générale arrondie avec une voûte élevée, élargie dans sa partie supérieure, permettant un volume cérébral conséquent, de l'ordre de 1 400 cm^3. Le système masticateur est réduit et placé totalement sous la boîte crânienne. Le squelette est gracile, les os minces, la démarche souple. La verticalité est bien posée. Inutile de continuer la description, ce beau spécimen c'est nous !

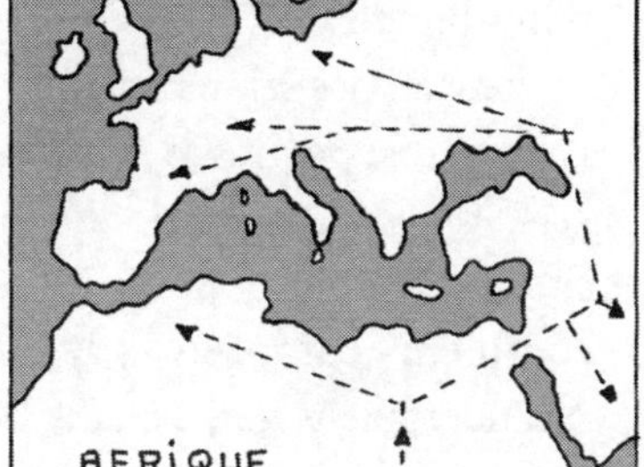

ILLUSTRATION 119 : **Progression des Homo sapiens à partir de l'Afrique.**

Les plus anciens fossiles d'*Homo sapiens* datent d'environ - 100 000 ans, - 95 000 ans par exemple pour le squelette de Quafzeh en Israël mais aussi pour ceux exhumés en Afrique de l'Est dans la vallée de l'Omo ou en Afrique du Sud sur les rives du fleuve Orange. Il est généralement admis que l'*Homo sapiens* est issu d'Afrique et que ses capacités morphologiques et cognitives lui ont permis d'émigrer très vite et de gagner progressivement la Terre entière. La sortie d'Afrique ne peut se faire que par le Proche-Orient, passage obligé par l'isthme de Suez et remontée de la vallée du Jourdain. Les portes de l'Eurasie sont alors franchies. Il peut gagner l'Asie du Sud-Est : Nouvelle-Guinée, Indonésie, Malaisie, Philippines, Bornéo et même l'Australie vers - 60 000 ans (après franchissement de mers sur des embarcations). On le trouve aussi en Chine. On le suit à la trace.

Pour les scientifiques analysant les fossiles trouvés d'*Homo sapiens* plus récents, dits *Homo sapiens sapiens*, la difficulté est de savoir si ce sont les descendants de ces derniers migrants précités ou des descendants de migrants beaucoup plus anciens – des sorties d'Afrique de - 1,5 m.a. que l'on a déjà évoquées avec l'*Homo ergaster* (voir page 204) –, hommes ayant évolué sur place vers l'homme moderne parallèlement aux autres. Ce qui complique un peu, même beaucoup, l'élaboration de l'arbre généalogique.

Les Amériques se sont peuplées d'hommes modernes suite à plusieurs vagues migratoires, semble-t-il. Les premières auraient pu commencer vers - 70 000 ou - 60 000 ans, mais la plus massive est celle qui se situe aux alentours de - 18 000 ans, les migrants profitant d'une grande glaciation (dite de Würm) pour passer, à pieds secs, de la Sibérie à l'Alaska.

Les études montrent que l'*Homo sapiens sapiens* ne s'est installé en Europe que progressivement – plus tard qu'en Asie et Eurasie – et de l'Est vers l'Ouest. On leur donne maintenant le nom de Cro-Magnon, celui du site dont certains ont été exhumés et étudiés. On les trouve partout sur le continent européen, gagnant progressivement du terrain sur les Néandertaliens qui, eux, disparaissent entre - 40 000 et - 30 000 ans.

Pour de vrai

À propos de train, puisqu'on a emprunté ce moyen de locomotion pour voyager dans l'Univers, il est un petit tortillard qui vaut le détour. On le prend tout près du bourg de Rouffignac dans le département de la Dordogne en France. Au milieu d'une forêt assez épaisse, agréablement rafraîchissante en plein été, se trouve l'entrée d'une grotte préhistorique authentique. Bien que située toute proche de Lascaux, on est loin ici des reproductions – aussi bien faites soient-elles – de sa célèbre voisine et des cohues qui s'y pressent. Non, là on entre dans la grotte presque comme ont dû le faire nos prédécesseurs il y a 13 000 ou 14 000 ans. Eux pour dessiner sur les parois des œuvres que nous, simples touristes, venons admirer, voire essayer de « comprendre ». Une visite...

Dès l'entrée sous la voûte à flanc de colline, dans une lumière déclinante, on sent tomber sur ses épaules une fraîcheur empesée d'humidité qui nous place d'emblée dans l'atmosphère de l'époque. C'est là, les doigts un peu gourds, qu'on prend son billet et qu'on nous ouvre les portes de l'antre. Une guide conférencière – ce jour-là – nous accueille dans une très grande salle caverneuse éclairée par sa torche et dont on voit la tache lumineuse parcourir chaotiquement les parois escarpées. Elle nous invite à prendre place sur un petit train, presque préhistorique lui aussi puisqu'il se compose de banquettes – plutôt dures et c'est tant mieux, surtout ne changez rien - alignées sur des plateaux munis de roues qui vont suivre les voies qui semblent se perdre dans l'obscurité des profondeurs. Le convoi – trois ou quatre wagons – s'ébranle. En silence, le moteur est électrique. Silence sans doute intentionnellement voulu par la guide qui ne pipe mot pour nous faire prendre conscience que nous entrons dans un autre monde, dans un autre temps. Nous nous faufilons dans des galeries successives, au plafond si bas parfois qu'on serait enclins à baisser spontanément la tête pour espérer effectuer la visite jusqu'au bout. De temps à autre, sur les côtés, s'ouvrent de vastes salles voûtées, sombres, des culs de sac probablement puisqu'on les laisse derrière nous. La conférencière a commencé maintenant la présentation de la grotte de Rouffignac. Nous restons suspendus à ses paroles, seul lien à notre civilisation actuelle car, s'enfonçant de plus en plus dans ces boyaux intestinaux – pléonasme, mais nécessaire ici ! – tous nos repères habituels se sont effacés. Nous sommes il y a 13 000 ou 14 000 ans, entrant dans une profonde grotte, tenant à la main une lampe à huile (sorte de coupelle en pierre creusée contenant quelque graisse animale combustible) pour guider nos pas. Non, là, j'exagère. On ne nous fournit pas à chacun une lampe d'origine ! Pas besoin, le train a un petit phare à l'avant qui fait étinceler les rails au détour des virages ou à l'arrivée d'aiguillages et la guide tient toujours sa torche... Le train s'arrête... et la lumière de son phare avec... Obscurité totale. Silence. Une panne ? Non, le faisceau lumineux de la guide s'allume subitement et se pose sur une paroi au bord de la voie et montre des éraflures verticales profondes, multiples, incrustées dans la roche : « Des griffures d'ours, nous dit-elle, qui hibernaient au fond de ces grottes et s'aiguisaient les griffes au printemps avant de sortir estiver dans la forêt. » Hum... cette même forêt dans laquelle nous avons fait quelques pas en attendant l'heure d'ouverture ! Le train repart. Mais quand finira donc cette longue descente vers les mondes infernaux ? Lors de la visite que vous aurez envie, j'en suis persuadé, d'effectuer prochainement, la guide saura mieux vous présenter et expliquer les particularités de cette grotte, une de celles dont les parois contiennent le plus de mammouths artistiquement dessinés.

Tu parles

Le Sud-Ouest de la France et l'Espagne sont particulièrement bien pourvus en grottes relevant de l'art pariétal. On sait d'après les fossiles que se sont côtoyées là pendant environ 10 000 ans – entre - 40 000 et - 30 000 ans, période nommée Transition entre le Paléolithique moyen et le Paléolithique supérieur – deux lignées d'hommes, les Néandertaliens et les hommes de Cro-Magnon. Rude tâche que celle des scientifiques, à partir de la profusion des matériaux exhumés, d'attribuer à chacun de ces deux peuples ce qui lui revient réellement. En effet, bien au-delà de l'art rupestre ce sont deux civilisations qui se coudoient.

Manifestement la vie a bien changé sur Terre. Les hommes vivent en petites communautés dispersées sur des sites protégés des vents dominants et bien exposés au soleil. Si les cavernes aménagées intérieurement servent toujours d'habitation, on sait aussi construire des abris solides avec structures en cornes de mammouth et parois en peaux de bêtes. Occasionnellement les communautés se retrouvent lors de grands rassemblements à la belle saison : fêtes, cérémonies de passage pubertaire, officialisation de couples, rites chamaniques mais aussi échanges de produits artisanaux et de connaissances, sans doute de cadeaux également. Cette époque montre une grande diversité des matériaux utilisés tant pour chasser que pour aménager l'habitat ou faciliter les activités de cueillette. On sait aussi se confectionner des habits – maniant même l'aiguille en os munie d'un chas pour enfiler un fil en nerf d'animal – qui, outre leur fonction de protection contre le froid, permettent l'affirmation de soi par l'ornementation et les parures choisies.

Illustration 120 : **Lampe à huile ornée.**

Mais les fossiles montrent autre chose. Les indispensables objets utilitaires – armes de chasse, outils, ustensiles – s'ornent maintenant de dessins et de gravures : par exemple, parmi mille autres, cette lampe à huile en pierre embellie de la gravure d'une tête de bouquetin avec de grandes cornes incurvées. Et puis il y a les statuettes sculptées dans de l'os ou de l'ivoire de mammouth – dans du bois probablement aussi mais ces objets ont aujourd'hui disparu – représentant la plupart du temps des animaux, quelque fois, mais assez rarement, des êtres mi-humains mi-animaux. Enfin l'inhumation des êtres chers, ou de ceux ayant une fonction particulière dans la communauté, prend maintenant un caractère bien intentionnel. Le corps est disposé en forme de fœtus ou bien allongé sur le côté dans une direction cardinale précise et entouré de présents, parures, colliers, bracelets ou de provisions alimentaires ; parfois les parois de la tombe ont été peintes en ocre rouge.

Même si des fouilles ont révélé en d'autres lieux qu'en Europe des sépultures particulières (Sungir en Russie par exemple) ou des gravures pariétales présentant des analogies avec les « nôtres » (en Tanzanie) à l'évidence il s'est passé dans le Sud-Ouest de la France et en Espagne quelque chose de fort au moment de la Transition (- 40 000/- 30 000 ans). Certains parlent de révolution, mais en tout cas une évolution extrêmement rapide vers l'hominisation moderne. Pourquoi ici, pourquoi à ce moment-là ? Les hypothèses sont nombreuses : les *Homo sapiens sapiens*, plus « intelligents » ou plus « malins », venus de l'Est, auraient-ils apporté dans ce cul-de-sac géographique leur savoir cumulé depuis plus de 100 000 ans ? Une confrontation entre Néandertaliens et hommes de Cro-Magnon aurait-elle, par le jeu de la concurrence et des rivalités, favorisé l'émergence d'une nouvelle façon d'être ? Et voilà qu'on pense aujourd'hui que les hommes de Cro-Magnon possédaient le langage, le même langage que nous, c'est-à-dire la possibilité d'émettre des sons chargés de sens, d'effectuer des constructions grammaticales (passé, présent, futur), de transmettre des notions abstraites, en somme, l'expression de phrases intelligibles – dans le sens de compréhensibles. Ce qui n'aurait peut-être pas été le cas des Néandertaliens même si des sons gutturaux et une gestuelle codée leur permettaient sans aucun doute de se comprendre, de se débrouiller. Mais attention, il ne s'agit pas de simplifier en pensant que certains étaient plus « intelligents » que les autres. Il ne s'agit pas de Q.I. – évaluation désuète et perverse de l'intelligence (ne prenant pas par exemple en compte, et entre autres, l'intelligence du cœur !). Au-delà de l'intelligence, émerge peut-être quelque chose ayant une tout autre dimension.

Explications

ILLUSTRATION 121 : **Quelques esquisses de dessins pariétaux.**

Revenons à l'énigmatique art rupestre. Si certains dessins sont aujourd'hui décelés à l'entrée des cavernes ou sous des abris sous roche, donc presque effacés à cause d'une exposition à la lumière, c'est au fond des grottes qu'on les trouve pratiquement intacts : sur les parois ou sur les voûtes, parfois simplement esquissés ou bien peints avec des ocres variés. Ce sont presque toujours des représentations d'animaux : bisons, chevaux, aurochs, mammouths, cervidés et plus rarement des félins. On trouve aussi des empreintes de mains, soit par application directe sur la peinture de la paroi ou dans la glaise soit réalisées par soufflage de peinture à l'aide d'un os évidé en suivant le contour de la paume et des doigts. Très souvent apparaissent des signes géométriques : points, lignes, grilles, chevrons. Les animaux n'ont généralement pas de positions relatives particulières - comme cela pourrait être s'il s'agissait de la reproduction de scènes champêtres réelles – parfois ils se superposent partiellement ou totalement, leurs tailles respectives ne sont pas conformes, la plupart du temps leurs pieds et leurs sabots ne figurent pas, comme s'ils reposaient sur rien – ni sur le sol ni sur l'herbe... Très souvent la texture de la paroi est mise à profit, bosses, arêtes, creux, fentes participent à la réalisation de l'œuvre. Mais presque toujours on reste saisi par la véracité de l'image, son mouvement, son expression, sa force, sa grâce.

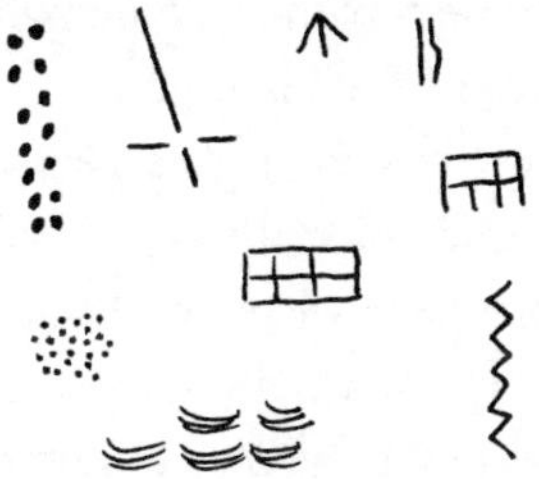

ILLUSTRATION 122 : **Quelques signes pariétaux.**

Comme si 30 000 ans après, la puissance de la représentation, restée intacte selon les cas, nous atteignait de plein fouet, nous touchait émotionnellement, nous parlait en direct ou faisait résonner en nous des fibres ancestrales profondément enfouies mais toujours présentes.

Et toujours revient cette question lancinante : pourquoi, pourquoi peignaient-ils ces figures ? Tant de scientifiques et d'auteurs d'ouvrages superbes ont essayé d'y répondre que nous survolerons seulement quelques hypothèses avant de nous arrêter plus particulièrement sur l'une d'elles. Bien sûr vient en premier la proposition de l'art pour l'art, le plaisir du beau, sorte de créativité intuitive. Mais alors pourquoi aller cacher les œuvres au fond des grottes obscures ? On pense à des mises en scène de parties de chasse, des pratiques magiques pour attirer les animaux, mais cette proposition laisse beaucoup de détails inexpliqués. Certains, notant des oppositions binaires fréquentes, du type cheval/bison par exemple, ont pensé à une expression de la dualité prégnante qui traverse l'humanité, à savoir la confrontation entre le masculin et le féminin, l'individu et la société – déjà la lutte des classes ? – le jour et la nuit, la vie et la mort... Peut-être que la dominante des dessins d'une grotte représentait le totem d'un clan, l'animal protecteur, l'affirmation d'une communauté par rapport à une autre. Ou bien était-ce un moyen d'afficher sa supériorité par une maîtrise plus performante des techniques. Ces deux dernières hypothèses présentent l'intérêt, peut-être, de soulever un coin du voile sur ce que devait bien être la réalité de l'époque, à savoir la cœxistence sur un même territoire de deux lignées d'hommes bien différentes. D'une façon générale, mais avec des réserves bien sûr, on attribuerait aujourd'hui les capacités cognitives avancées et artistiques aux hommes de Cro-Magnon, les Néandertaliens persévérant dans leurs acquis ancestraux, copiant peut-être parfois leurs nouveaux voisins.

Une autre hypothèse concernant l'explosion de l'art rupestre à la transition du Paléolithique moyen/supérieur est celle de l'expression de pratiques chamanistes. D. Lewis-Williams a exploré cette voie qui présente l'immense avantage d'avancer dans la connaissance de l'évolution de l'être humain.

Voyages, voyages

Un chaman explore le monde de l'esprit, ce qui nécessite préalablement d'essayer de définir certains termes. Le cerveau, d'abord, est un organe au même titre que les autres du corps, contenu dans la boîte osseuse du crâne, constitué de cellules particulières, les neurones. Ils sont reliés les uns aux autres par des synapses (fibres de jonction entre neurones) de telle sorte que, par le biais de substances chimiques, des impulsions électriques – donc des signaux – peuvent circuler à l'intérieur. La partie externe du cerveau, appelée cortex, ne contient pas moins de dix milliards de neurones - presque autant que d'étoiles dans une galaxie, d'où l'expression « avoir la tête dans les étoiles » ou bien de les voir carrément quand on a reçu un coup sur la tête ! On y trouve les aires de la vision, du mouvement, du langage etc. etc. Sans oublier la zone de stockage des informations : la mémoire. Une machinerie neuropsychologique aux capacités étonnantes, d'une extrême complexité mais que l'on commence à mieux connaître grâce aux techniques d'imagerie cérébrale. Dans tout ça, où peut bien se trouver l'esprit ? Et la conscience ?

Le mot « esprit » est à manier avec circonspection. Notre voyage dans l'Univers - 14 milliards d'années, un milliard de galaxies, des milliards et des milliards d'étoiles, une Terre parmi une multitude d'autres planètes, une infinité d'espèces végétales et animales, plus de six milliards d'hommes tous différents – s'est déroulé dans le monde de la matière. À l'exception peut-être de l'énergie primordiale qui a présidé à l'élaboration de la matière, nous n'avons jamais évoqué dans cette histoire de nous-mêmes d'autre réalité que celle de la matière, sa longue ascension constructive du quark au neurone. Et voilà que tombe comme un pavé dans une mare, l'esprit, une entité qui ne repose sur rien, une substance immatérielle, incorporelle.

Le mot « esprit » recouvre une large palette de sens aux colorations diverses. Nous nous en tiendrons pour l'instant à celui qui semble, peut-être, se rapprocher de celui qui conviendrait aux chamans, bien que je ne puisse parler à leur place. À leurs yeux, à côté de la réalité matérielle, tangible, existe une autre réalité qui émane d'un être – humain, animal, végétal – qu'il soit vivant ou mort. L'esprit serait l'essence de l'être, ce qui fait ce qu'il est ou a été, sa substance intime incorporelle, son rayonnement, son énergie, sa présence subtile intégrée dans l'ordre des choses de la Nature. L'Esprit, avec un E majuscule, représenterait alors ce monde invisible qui contiendrait l'essence de toutes les choses de la vie, de tous les êtres. C'est le monde spirituel, un monde invisible mais accessible à certains en mettant en œuvre des techniques particulières – ou en ingérant des substances particulières - favorisant l'envol de la « pensée ». Ce qui nous ramène au cerveau.

Or, nous, simples quidams, avons de temps en temps, furtivement, accès au monde de l'Esprit. Par les rêves, par des images dépourvues de sens, des pensées bizarres, des sortes de visions surprenantes, des impressions de « déjà-vu », des intuitions. Autant de signes que nous nous empressons de balayer de notre champ conscient, n'étant pas conformes à la normalité, aux conventions, au sociétalement correct. Les chamans, eux au contraire, explorent le monde de l'Esprit à la recherche de visions, de gestes, de manifestations, de sens... pour soigner, aider, guider ceux dont ils ont la charge temporelle au sein de leur communauté. Ils y partent à la rencontre des esprits de ceux qui sont déjà partis dans l'au-delà, qui ont déjà rejoint l'esprit universel, pour écouter leurs conseils de sagesse. Car ils savent que l'être humain est une parcelle de ce Tout, que s'en séparer n'est qu'une illusion ou un égarement.

Un candidat à un voyage dans le monde de l'Esprit passe par différents stades. Il « voit » d'abord des perceptions visuelles géométriques (points, lignes, grilles, zigzags...) qui sont des phénomènes entoptiques bien connus. Ensuite viennent des images, des formes iconiques vagues, des hallucinations... que le cerveau essaye de reconnaître, de décoder. Puis l'imagerie bascule. Dans les civilisations ancestrales ce peut être des orifices dans des parois, des trous dans le sol... un col étroit à franchir pour accéder à l'autre monde. Aujourd'hui, ceux qui ont frôlé la mort et en sont revenus parlent de long tunnel avec de la lumière au bout (expérience de N.D.E. : *near death experience*). C'est un surprenant parallèle avec la traversée de l'utérus que le fœtus effectue pour passer, lui aussi, d'un monde à un autre, de l'obscurité à la lumière.

Revenons à nos bisons. Évidemment, les images et les visions des chamans de l'époque étaient en relation avec les animaux qu'ils côtoyaient dans le quotidien : chevaux, mammouths, aurochs, bisons, cervidés, félins ici, ou bien éléphants, girafes, félins aussi là. Retrouver, lors de voyages extatiques ou en état de transe, l'esprit de ces animaux c'était communier avec eux aux forces de la Nature, chevaucher leurs caractéristiques analogiques et symboliques, se remplir de leur énergie, retrouver momentanément l'Esprit universel. Revenus les pieds sur terre, les chamans pouvaient retranscrire leurs visions, les dessiner, les peindre, en les confiant à des artistes. Ils projetaient alors sur la roche – comme on le fait aujourd'hui lors d'une soirée diapo sur le mur blanc du salon – les images qui leur étaient apparues, images flottantes, dépourvues de sens, de construction logique... animaux aux pattes sans sabots, de dimensions non conformes à la réalité... Un pêle-mêle d'images, images puissantes traduisant l'intensité des rencontres dans l'autre monde ; un monde sacré, le monde spirituel : celui qu'on affiche à l'abri du quotidien, à l'écart du profane, au fond des grottes, des lieux obscurs, cachés, passages obligés, étroits et mystérieux, entre ce monde et l'autre. Dans le cadre de cette interprétation des peintures rupestres, les marques géométriques apparaissant ici et là, à côté ou carrément sur les animaux, correspondent aux signes entoptiques du premier stade évoqué précédemment. Et, les mains plaquées aux parois pourraient peut-être indiquer que c'est là, de derrière cette membrane murale que proviennent les images ; qu'il suffit de traverser symboliquement le sol, la voûte, la roche du fond de la grotte pour accéder au monde de l'esprit. Toucher, c'est faire partie. Toucher, c'est croire.

Illustration 123 : **Empreinte de main par peinture soufflée.**

L'explication de l'art pariétal comme retranscription des images de la pensée non contrôlée des chamans évoluant dans l'énigmatique autre monde, celui de l'esprit, est donc une hypothèse possible parmi celles énumérées précédemment. J'avoue qu'elle m'a séduit. D'abord parce que l'ensemble des observations trouvent une cohérence explicative, ensuite peut-être parce qu'elle se trouve en adéquation avec ce que pressent mon esprit. Mais peu importe. D'autres explications peuvent être plus satisfaisantes. L'univers de la pensée est aussi vaste que l'univers de la matière.

Mains dans le cambouis

L'esprit et la pensée font partie d'un vocabulaire éthéré qui inclut évidemment la conscience. Cette fois encore il y a pléthore de sens. Nous retiendrons pour l'instant – avant d'y revenir largement plus loin – celui qui nous permettra d'avancer, peut-être, dans l'explication de l'explosion créative à la transition paléolithique moyen/supérieur. La conscience serait la faculté qu'a l'homme, par une pensée instantanée ou réfléchie, de percevoir sa propre existence. Il est : « Je pense, donc je suis », il est différent de l'autre, il se dissocie de son environnement, il n'est pas aujourd'hui ce qu'il était hier ou ce qu'il sera demain, mais il a la possibilité de relier tout ceci par la pensée et d'agir en conséquence.

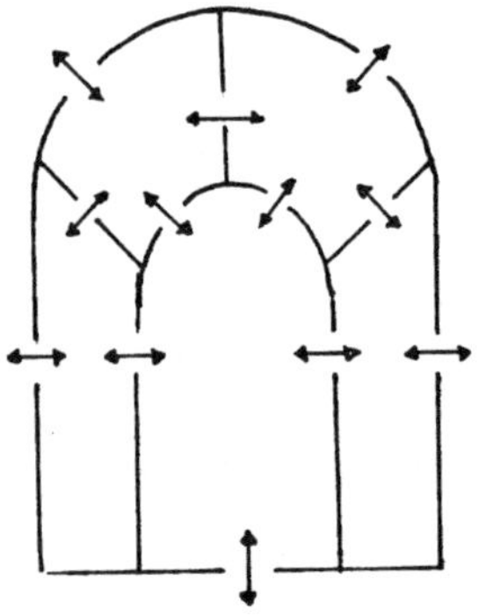

Illustration 124 : **Cathédrale d'intelligence (modules reliés) selon Mithen.**

Ces activités mentales nous ramènent au cerveau. Pour parler « technique », on pourrait dire qu'il est composé de modules, chacun doté de son domaine cognitif, d'une intelligence partielle. Ce sont des cases ! Si jamais les murs qui séparent ces modules deviennent franchissables, les informations circulent, des connexions s'établissent, l'intelligence se généralise. Pour prendre un exemple, si la case langage et la case conception technique communiquent entre elles, on va pouvoir transmettre sa connaissance, ses compétences à quelqu'un d'autre. Expliquer sans avoir à montrer. L'abstraction est possible.

> *Oingt et Vlak se lavent dans la rivière : « Tu vois, dit Oingt, je l'ai fait hier, tu prends un os d'élan un peu long, tu le coupes net aux deux bouts avec un silex, tu enlèves la mœlle, tu le fais sécher au soleil. Le lendemain, tu fais ta peinture dans une pierre creusée, un peu liquide ta peinture. Tu mets un bout de ton os dans le récipient, l'autre dans ta bouche. Tu aspires un peu. Tu mets ta main à plat sur un galet et tu souffles tout autour de tes doigts. Ca te fait le contour de la main en dégradé, super-chouette. » « J'essaierai, dit Vlak, je dois faire un cadeau à Anouna. Tiens, tu me passes la touffe de saponaire (plante à fleurs roses contenant de la saponine) que je me savonne... »*

Quittons la rivière pour revenir au long fleuve tranquille de l'évolution. Si la morphologie des espèces s'est transformée progressivement par mutations successives, il n'y a aucune raison de penser que le cerveau ne s'est pas graduellement lui aussi modifié, tant dans sa forme que dans sa façon de fonctionner. Avec le temps l'influx nerveux aurait pu circuler de plus en plus facilement, reliant, toutes portes ouvertes, les modules les uns aux autres. Les spécialistes distinguent dans le cerveau deux systèmes : le système limbique et le système thalamocortical. Le premier concerne les comportements fondamentaux, vitaux, instinctifs : l'appétit, la sexualité, les processus de défense, la respiration, la digestion, les cycles du sommeil... etc. Le deuxième reçoit et interprète les informations en provenance de l'extérieur – signaux sensoriels par exemple – et agit en conséquence en faisant aussi appel aux données accumulées dans la mémoire. Il a donc prise sur le présent et le futur en tenant compte du passé. D'une façon simplifiée on peut attribuer au système limbique la conscience primaire et en lui adjoignant le système thalamocortical on accède à la conscience d'ordre supérieur. D'après les évolutionnistes, le système thalamocortical est apparu après le système limbique, ce qui aurait permis aux animaux d'avoir dès le début le minimum d'acquis pour vivre, mais pas plus. Et on sait qu'au cours de l'évolution, morphologie et capacités cognitives se sont développées parallèlement.

Seuls

Dans son ouvrage L'*Esprit dans la grotte*, D. Lewis-Williams insiste bien sur le fait que la pensée, l'esprit, la conscience, relèvent du fonctionnement du cerveau. L'encéphale contient une multitude d'états, le spectre de la conscience est très large. On y trouve aussi bien la veille que le sommeil, les rêves, les fantasmes possibles et impossibles, les images enfouies, les hallucinations, tous les possibles de l'esprit, la spiritualité, l'Esprit avec un E majuscule. C'est à la totalité du bric-à-brac de cette cour des miracles qu'ont accès les chamans : un contenu universel. Ce qui explique, d'ailleurs, les similitudes des stades traversés et des processus de production d'images des chamans quel que soit leur pays d'appartenance, quelle que soit l'époque qu'ils traversent. Seule l'imagerie finale prend des aspects en rapport avec l'environnement du moment ou du lieu : des bisons ici, des éléphants là, des ours polaires ailleurs...

Ce long détour par les activités chamaniques et un inventaire rapide du contenu du cerveau et de son mode de fonctionnement nous ramènent à la Transition, entre - 40 000 et - 30 000 ans, époque qui a vu fleurir l'art pariétal et surgir un nouvel art de vivre.

Si les fouilles et études futures confirment bien ce que l'on est en passe d'admettre aujourd'hui, à savoir que rites funéraires sophistiqués, art rupestre, ornementations corporelles, sculptures sur objets utilitaires, langage clair... sont imputables aux hommes de Cro-Magnon, il est tentant de supposer que cette lignée humaine avait une conscience d'ordre supérieur que n'avaient peut-être pas les Néandertaliens. Ces derniers avaient évidemment une certaine intelligence, leurs propres capacités cognitives et techniques mais peut-être pas les connexions indispensables entre les modules mentaux pour manier les abstractions, pour établir des ponts de longue portée entre passé, présent et futur, pour associer les images de leurs rêves ou hallucinations au contenu de leur cerveau, pour mémoriser les images mentales pour les reproduire ultérieurement, pour associer leur monde intérieur au monde de l'Au-delà, pour se relier au spirituel. Bien sûr ils pouvaient imiter leurs voisins de Cro-Magnon, s'approprier quelques-uns de leurs atouts mais peut-être pas créer, parce que non reliés à l'universalité du monde. Les uns avaient alors dans la structure intime de leur cerveau quelque chose que les autres n'avaient pas ou étaient dans l'impossibilité de l'utiliser. Au regard de l'évolution, des modifications des capacités mentales par mutations successives sont tout à fait envisageables. Des chemins ont bifurqué et on sait que les *Homo sapiens sapiens* ne sont pas les descendants des Néandertaliens.

Se côtoyant sur les mêmes terres, chassant le même gibier, peut-être coopérant, peut-être guerroyant, ces deux lignées humaines n'ont pas pu se fondre en une seule ni perdurer dans la proximité car, même à force physique égale, l'une, celle des hommes de Cro-Magnon, possédait l'avantage d'une base neuropsychologique plus évoluée. En ayant choisi cette voie explicative des bouleversements cognitifs de la Transition et de la disparition progressive des Néandertaliens, j'espère ne m'être pas laissé entraîné à mon insu dans les champs obscurs de mon inconscient où s'exerce la dualité pathologique entre le fort et le faible, l'intelligent et le nul, le bon et le mauvais... Mais d'autres hypothèses existent et font l'objet d'études et de recherches tout autant intéressantes.

Quoi qu'il en soit, en l'an - 30 000 avant J.-C. les Néandertaliens ont disparu. Il ne reste plus qu'une seule espèce d'hommes. L'*Homo sapiens sapiens*. Nous.

La fin d'une histoire

Devinette (à partir d'un fait véridique)

Il s'extirpe du canapé et ferme la télé,
Un couteau à cran d'arrêt dans sa manche bien caché,
Il traverse le quartier cherchant une fille à niquer.
Elle a refusé.
Son corps a été retrouvé, ensanglanté, dans un fossé.
Aux flics il a déclaré :
Ça s'est exactement passé comme dans le film à la télé.

La question c'est : qui sera emprisonné ?

« Ah non ! Ah non ! je vous entends dire, vous n'allez pas recommencer comme l'autre fois, ce chapitre tout noir, sordide. Non, parlez-nous d'art, de Lascaux, des grottes de Niaux... » Trente mille ans séparent les images préhistoriques qui ornent les parois des grottes du Sud de la France de celles qui défilent sur nos écrans aujourd'hui. Trente mille ans, ce n'est rien, c'est hier. Un généalogiste scrupuleux et persévérant pourrait presque y retrouver ses ancêtres qui habitaient dans les gorges de la Vézère. Images de cerfs, de chevreuils, d'élans se désaltérant avec une prudente réserve dans les eaux transparentes de la rivière, humant la fraîcheur de l'aube, traversant à gué puis disparaissant dans les bois de feuillus sans même percer le silence d'un craquement de branche. Le soir venu, laissant ses aïeux, ce même passionné de filiations anciennes pourra, au hasard de ses *zappings*, tomber sur une rediffusion de ce film qui a conduit cet adolescent en prison, pour longtemps. Car, bien sûr, ni le réalisateur ni le directeur de chaîne n'ont vu frapper à la porte de leur bureau le moindre enquêteur de police. On ne dérange pas les faiseurs d'images d'aujourd'hui.

Non, je ne vais pas vous faire le coup du hier tout beau, du hier idyllique et du aujourd'hui tout moche, tout avili. Quoique. Si hier on tuait, c'était pour manger – les cervidés ont une chair fine et tendre. Aujourd'hui, on tue pour rien, par haine, par désœuvrement, par goût du sang, pour satisfaire ses besoins immédiats, pour s'approprier ce qu'a l'autre. L'autre ? Ben oui, maintenant c'est de l'humain qu'on tue, comme à la télé.

Entre descendre silencieusement au fond d'une grotte, une lampe à suif à la main, à l'occasion d'une cérémonie rituelle de la communauté ou pour se ressourcer ou pour trouver un lien spirituel avec ceux qui sont partis dans l'autre monde et s'avachir dans un canapé, un plateau-repas sur les genoux, pour se repaître des images intimes de la vie des autres diffusées en *prime time* car cela fait de l'audience... bien des événements ont filé sous les arches du temps.

Nous connaissons tous l'Histoire de ces dix mille dernières années, les livres d'art enjolivés de lettres calligraphiées ou les tristounets manuels scolaires, les romans historiques, les revues spécialisées, les musées avec expositions à thème, les DVD, les émissions culturelles de minuit, les tableaux, les peintures, les statuettes... nous savons tout de ces dix derniers millénaires. Issus des particules élémentaires du Big Bang, atomes façonnés dans le cœur incandescent des étoiles, pétris de terre primordiale, ensemencés de génétique, formés de gré ou de force à la vie dans les mers du Cambrien, sous le couvert des forêts du Carbonifère, à travers les savanes africaines... nous voilà, après avoir enfanté sur tous les continents, nous voilà donc maintenant nous attachant à un arpent de terre, un champ de céréales, une aire de pâture. Le passage de la chasse et de la cueillette à l'agriculture et à l'élevage – sans doute progressif selon les régions, les climats, les sols – se situe autour de - 10 000/- 8 000 ans. On trouve l'orge et le blé dans le Croissant fertile entre la Palestine, la Turquie et l'Iran ; le riz, le soja, le sarrasin, le millet en Asie du Sud-Est, Inde et Chine ; le sorgho et les pois fourragers en Afrique Centrale ; le maïs et les haricots en Amérique Centrale ; l'arachide, le coton, la pomme de terre en Amérique du Sud. Plus tard, au gré des voyages et des transporteurs, plants et semences circuleront. Aujourd'hui, à l'étalage de nos magasins d'alimentation, on parcourt le monde entier. Sur les toits plats et hideux des grandes surfaces atterrissent les avions chargés des fruits et légumes immatures et sans goût, hors saison, produits au détriment des cultures vivrières de populations sous-alimentées. L'OMC doit avoir ses petits préférés et bien les soigner. « Ah ! Non. C'est bon, on en a déjà parlé. » Bon. En - 7603, le 27 juin au matin, un vent léger soufflait sur la Galilée. Les parcelles de blé, autour du hameau de Jéricho, ondulaient en douceur. Les lourds épis dorés se laissaient bercer, alternativement dans un sens puis dans l'autre, allant jusqu'à effleurer parfois coquelicots et bleuets disséminés à leur côté, quand une bouffée plus forte que les autres traversait le champ de céréale. On était à quelques jours de la moisson car, sur les pavages de galets qui entouraient les maisons en briques de terre crue, on avait déjà sorti et nettoyé les meules en pierres choisies ou creusées pour broyer le grain. Cette année les familles du hameau de Catal Höyük viendront aider aux travaux. Plus tard la grande fête des récoltes rassemblera à nouveau les habitants des deux villages... Autres pays, autres terres... Ici on domestique l'auroch (ancêtre du bœuf), on élève ovins et caprins, là on apprivoise les rennes appropriés aux climats froids, ailleurs on apprend à monter les chevaux pour traverser au galop, cheveux au vent, les plaines d'Ukraine et de Crimée...

Dérapages

La sédentarisation s'accompagne donc de l'élévation de maisons pour un habitat durable et leur regroupement fonde les hameaux, les villages. Bien sûr on s'installe près des points d'eau, indispensable pour les hommes, les animaux et l'irrigation des cultures. Quand il n'y a pas de cours d'eau pour se poser sur sa rive ou au creux de ses méandres, on s'assemble parfois autour d'un puits qu'on a pu aménager en plein désert. Le soir, quand le soleil est boule rouge qui touche l'horizon, les habitants du village se retrouvent autour du chadouf, les yeux remplis des miroitements des eaux à la surface des vases et pots en terre posés sur la margelle. Les rires fusent. Le temps est suspendu. Aujourd'hui, à la même heure, sous d'autres latitudes, sous le ciel bas et gris des grandes villes, rentrant du travail, pare-chocs contre pare-chocs, avançant par intermittence dans un bouchon type accordéon, on... Stop, on avait dit.

Outils pour l'agriculture, matériaux pour l'habitat, ustensiles pour la vie domestique induisent le développement de l'artisanat. De nouveaux métiers apparaissent. Les potiers – mais déjà avant - 10 000 ans – manipulent la glaise, élaborent des formes, maîtrisent la cuisson. Et entre vases, coupes, pots, jarres... on s'adonne à l'art, pour le plaisir du beau, pour la jouissance de faire jaillir d'entre ses doigts, d'une motte de terre, une figure élancée, éthérée, œuvre inédite, œuvre intemporelle... Les potiers d'antan se sont aujourd'hui reconvertis dans la plasturgie : vases en plastique pour fleurs artificielles. Ah ! Cette fois vous n'avez pas eu le temps de réagir. On pense que c'est au Moyen-Orient, dès - 5 000 ans que les hommes ont construit les premiers fours pour fondre les métaux : cuivre, or, argent, plomb, étain. Est-ce au hasard des essais qu'est apparu le bronze, alliage issu du mélange de cuivre et d'étain fondus ? L'âge du bronze voit donc apparaître des outils plus faciles à confectionner, plus durs, plus résistants. Et de façon identique pour les armes, les techniques guerrières se perfectionnent. Puisqu'on a maintenant un bien, un quelque chose à soi - une maison, un jardin, des cultures, un troupeau, un puits... – il faut le défendre, repousser les envahisseurs, ou, à l'occasion, chercher à se procurer celui des autres ! C'est parti et ça ne s'arrêtera pas. Jusqu'au jour où un peuple dit civilisé, après avoir expérimenté la guerre atomique, inventera la guerre propre, celle qui... STOP. Après vient l'âge du fer, après seulement car nécessitant la maîtrise de températures plus élevées pour extraire le métal du minerai. Métal encore plus dur, il remplace progressivement le bronze dans la fabrication des outils et des armes. Parallèlement ces millénaires voient le développement d'autres industries s'autodynamisant les unes les autres – bâtiment, bois, textiles...

Oh la la ! Cette enfilade descriptive d'événements de la préhistoire me ramène sur les bancs de l'école, la voix monotone du maître, les paupières qui s'alourdissent, les têtes qui dodelinent à la limite de l'endormissement... Changeons vite de sujet. On pense que c'est le commerce, l'art des échanges, qui a impulsé l'invention de l'écriture. Sans doute autrefois comme aujourd'hui on ne devait pas bien aimer « se faire avoir ». Si une transaction est écrite, chiffrée, les contestations et recours peuvent s'appuyer sur des documents signés si des doutes subsistent ultérieurement. En - 3200, il y a donc 5 200 ans, en Mésopotamie, on grave dans la pierre des chiffres, des signes, des figures qui représentent des objets réels : idéogrammes et pictogrammes sont les balbutiements de la communication écrite, pouvant même voyager par le biais de porteurs spéciaux... les prémices du fax. Qui ne rêve pas d'être scribe sur les bords du Nil, penché sur sa tablette, alignant d'une plume légère sur un papyrus des hiéroglyphes pittoresques narrant le passage des oies cendrées au ras du fleuve ou bien Champollion s'essayant aux mots croisés sur la pierre de Rosette ? L'écriture ne deviendra simple et élégante qu'avec le passage de l'expression cunéiforme à l'expression phonétique (à un signe est associé un son). L'alphabet et les dictées ne viendront que plus tard. Voyelles et consonnes donneront des ailes aux langues anciennes. Mais on peut imaginer que les tablettes sumériennes ou égyptiennes ne servaient pas qu'à compter les sacs de grains ou les moutons. Sans doute évoquaient-elles déjà les premiers fragments de poèmes relatant la création du monde ou bien les péripéties du voyage de l'âme dans l'autre monde.

Si c'est vrai que c'est le commerce qui a acheminé l'écriture, la plus belle invention de ces dix mille dernières années, peut-être est-on en droit d'espérer aujourd'hui quelque chose de l'OMC ! Pour le moins sa révision, sa réécriture pour un monde juste, où le mot « profit », même en filigrane, serait totalement éradiqué.

Entre crues et décrues

L'histoire se décline maintenant avec les grandes civilisations qui naissent, traversent le temps, laissent des traces pour la postérité, connaissent leur apogée puis déclinent et disparaissent. Curieuses ressemblances avec les destins des espèces qui font trois petits tours sur la Terre puis s'en vont...

La Mésopotamie, le pays entre les fleuves (Tigre et Euphrate), a porté les Sumériens qui inventent donc l'écriture et, au niveau technique, la roue et le char tiré par des animaux. Ils ont jeté les bases d'une organisation politique et sociale et donné l'envol à la poésie avec les récits épiques (épopée de Gilgamesh). Sur les mêmes terres ou autour, apparaissent d'autres peuples prestigieux, les Babyloniens, les Assyriens, les Chaldéens... qui, entre la construction de quelques merveilles (par exemple les Jardins suspendus de Babylone), ont passé beaucoup de temps à faire la guerre. Avec cruauté.

Fresques délicatement peintes et surprenantes de fraîcheur, monuments tapissés d'adorables hiéroglyphes sculptés, gigantesques pyramides... la mythique Égypte ancienne a laissé un souvenir qui se prolongera jusqu'aux rives du XXIe siècle après J.-C. Après, on verra. Une civilisation qui dure plus de 3 000 ans a de quoi surprendre. Les égyptologues qui en étudient la raison voient dans ce peuple un équilibre toujours recherché entre le matériel (les capacités techniques sont surprenantes) et le spirituel (manifesté à travers le symbolisme des cycles de la nature, du Nil, de la vie qui perdure à travers morts et renaissances). Un peuple entre Terre et ciel, les pieds sur la terre et la tête dans les étoiles. Un peuple qui ne pratique pas le « n'importe quoi », qui respecte les générations futures (3000 : 20 = 150 générations !).

L'Inde, peuplée dès le Paléolithique, naît en tant que grande civilisation vers - 4 000 ans dans la vallée de l'Indus. Pays de toutes les géographies (du bord de mer aux sommets Himalayens), de tous les climats, de toute la faune imaginable (du python à la vache au tigre à l'éléphant), il sera aussi celui de toutes les bigarrures ethniques et religieuses. Quand naîtra sur les bords du Gange en - 563 Siddharta Gautama, futur Bouddha (être éveillé), une grande page de l'histoire spirituelle de l'humanité sera ouverte.

La Chine ancienne est bien connue pour l'invention de la boussole et de la poudre. Outre leurs étonnantes connaissances scientifiques dans des domaines très variés (astronomie, métallurgie, agriculture, textile...), les Chinois s'essaieront aussi dans la création artistique, la poésie, la réflexion philosophique. Lao Tseu (- 604) et peu après Confucius (- 551) tourneront aussi de nouvelles pages de la spiritualité.

Puis viennent les civilisations du pourtour de la Méditerranée, fondations sur lesquelles va s'ériger la nôtre. Outre celle des Crétois, ingénieux et intrépides navigateurs, commerçants dans l'âme, viendra plus tard celle des Phéniciens qui nous laisseront leurs galères ! (bateaux de guerre à voiles et à rames). Les Hébreux, infatigables nomades entre Chaldée et Palestine, de descendance en descendance nous dit la Bible, ouvriront à leur tour d'autres pages de la spiritualité, celles qui fonderont les religions du livre : le judaïsme, le christianisme, l'islamisme.

Les civilisations grecques et latines sont les deux mamelles qui ont commencé à ouvrir nos appétits de savoirs en lettres, en astronomie, en physique, en médecine, en poésie, en philosophie... Et s'éveille en même temps la conscience que les progrès techniques se font au détriment de la nature qu'on saccage de plus en plus – Ah bon ! déjà à cette époque ? – mais les mises en garde sont des coups d'épée dans l'eau : Platon, Cicéron, Pline l'ancien, Ovide, pour les plus connus, auront été les premiers à crier dans le désert.

Les temps modernes

An zéro. Derrière, 14 milliards d'années ; devant 2 000 ans et des poussières. « Deux mille ans d'histoire » constitue le fond de notre bagage scolaire et moult plaisanteries faciles qui, à l'occasion, émergent de notre mémoire de potache... pas toujours très fidèle... : les royaumes barbares comprenaient les Vandales, les Wisigoths et bien d'autres Ostrogoths... Charlemagne a inauguré l'école « Jean Jaurès » le 1er octobre 779... à l'époque féodale, les manants escaladaient les tours des châteaux pour séduire les princesses qui y étaient enfermées... Saint Louis meurt en Croisade en 1720 parce qu'il était fatigué, non, en 1270... la guerre de Cent Ans a duré un siècle avec des trous dedans... Vasco de Gama et Christophe Colomb sont partis en croisière ensemble, l'un s'est retrouvé aux Indes, l'autre en Amérique... après une période de vaches maigres, Henri IV propose la poule au pot... Michel-Ange repeint son plafond, c'est la Renaissance de son appartement... l'éclipse totale de soleil du 18 avril 1661 a été reportée au lendemain par Louis XIV qui souffrait ce jour-là de conjonctivite... la Terreur, sous Robespierre, consistait à tuer ses amis avant de se faire abattre par eux... en 1804 Bonaparte forme le triumvirat des empereurs avec Jules César et Auguste... Napoléon a pris ses congés à l'île d'Elbe et sa retraite à Sainte-Hélène... en 1852 Lincoln, aux États-Unis, abolit l'esclavage... Tiens, ça devient sérieux.

Je reconnais que tourner à la dérision l'histoire de la France et des pays autour était un moyen facile, mais pas très habile, de cacher mon ignorance en la matière. Vous aurez facilement deviné que je connais mieux ce qui s'est passé pendant les trois premières minutes de l'Univers que l'histoire récente. Cependant à partir de 1914, je ne peux plus employer un ton anodin tant nous tous, aujourd'hui, sommes pétris de ce proche passé. Nous en portons les stigmates dans notre corps comme dans notre mémoire. Nos grands-parents ont pataugé dans les tranchées, nos parents ont connu l'horreur hitlérienne, nos pères ou nos frères ont été marqués à vie par les guerres d'Indochine, d'Algérie... Un homme, qui qu'il soit, qui meurt sous la torture ne s'oublie jamais. Ses cris non plus. *Homo sapiens sapiens*. Le regard difficile à soutenir d'un irradié d'Hiroshima ou de Nagasaki ne peut pas laisser indifférent devant la prolifération des armes atomiques. Une mine antipersonnel qui explose sous le pied d'un enfant qui farfouillait dans un champ à la recherche de nourriture nous révulse quand on sait qu'au même instant des usines en fabriquent, des pays en vendent à d'autres et que j'en tire bénéfice. Une guerre, avec son cortège d'atrocités, déclarée à un pays sous de faux prétextes pour régenter et s'approprier sournoisement les réserves énergétiques de son sous-sol, nous répugne tout autant. Un chef d'état ou un gouvernement qui boycotte la visite d'un homme illustre, prix Nobel de la paix, parce que cela risquerait de porter préjudice aux perspectives commerciales avec 1,2 milliard de futurs consommateurs chinois, nous soulève le cœur de dégoût. Il est de bon ton aujourd'hui de faire repentance des génocides du passé – et c'est une bonne chose – et de réparer en organisant des journées souvenir tout en laissant s'en dérouler d'autres maintenant, sous nos yeux, pour ne pas risquer de compromettre de juteux contrats commerciaux. Je ne sais pas quelle expression est utilisée aujourd'hui sur les bancs des collèges et des lycées, de mon temps on appelait ça « être lèche-cul ». Le commerce est « l'art » de faire la guerre sans le dire, faussement, hypocritement et cyniquement, sous le couvert de l'OMC, *Homo sapiens sapiens*.

Mais *Homo sapiens sapiens* aussi ceux qui, émergeant de ces boues guerrières et des ornières de la lâcheté, ont présenté ou présentent actuellement, un autre visage de l'humanité. À chacun ses figures emblématiques, ses héros. Pour les uns ce seront Gandhi, Martin Luther King, Mandela, J. Baez, I. Betancourt, W. Maathai... Pour d'autres ce seront... Et aussi ceux qui aujourd'hui, connus ou anonymes, crient encore et toujours... dans le désert ! Avec, au fond du cœur, pas d'autre espoir que celui de bâtir les fondations d'un château dans lequel l'unique dernière espèce humaine aura enfin trouvé sa véritable demeure.

Arrive un moment où il faut savoir finir. Après 14 milliards d'années passés ensemble, on se quitte comme ça ? Se promet-on une carte de vœux pour le nouvel an ? Pour ceux qui le désirent c'est possible et merci de m'avoir accompagné jusque-là.

S'il y en a qui le souhaitent, ils peuvent tenter le chapitre suivant. C'est facultatif. Un chapitre écrit en *free-lance* !

Chapitre "facultatif"

Évidences

Mes oreilles sifflent. J'en entends certains dire : « Vous voyez, vous avez bien eu le temps d'aller jusqu'au bout de cette histoire. Vous prédisiez la fin de notre espèce ! Vous faites partie de ces prêcheurs d'Apocalypse, de ces oiseaux de malheur qui cherchent toujours à noircir le ciel, de ces incurables pessimistes névrosés qui gâchent notre entrée triomphante dans ce nouveau millénaire. »

Ouais.

C'est vrai, je suis arrivé au bout de ce roman. Mais au moment où j'écris ces lignes, vous, vous ne l'avez pas encore commencé. Et encore moins fini. Tant de choses peuvent arriver d'ici là.

Généralement un ouvrage romanesque se termine bien, par un dénouement heureux où les deux personnages sympas que la vie semblait vouloir séparer inexorablement finissent par se retrouver dans le même lit ; où les bons, après d'intrépides aventures, trouvent finalement le repos, la paix... sifflotant sur les quais d'une gare à la dernière page ou, au pire, ouvrant la porte du paradis ; où les mauvais sont, pour le mieux, derrière les barreaux d'une prison ou, pour le pire, à la morgue, sur une table d'autopsie pour corps troué par balles. Alors s'il faut un épilogue, je me lance sans harnachement de sécurité, sans filet de protection, sans autre bagage que mes neurones aiguisés par 14 milliards d'années d'aventures et qui se posent parfois, comme tout le monde, cette question : c'est quoi la vie ?

Nous avons déjà évoqué l'état de la Terre. Tout le monde sait que les eaux des rivières sont polluées, que les nappes phréatiques contiennent des nitrates et des pesticides, que les mers sont empoisonnées, saccagées, pillées. Sur tous les continents on respire un air chargé de poussières industrielles, d'acidité, de particules corrosives, voire radioactives. Les terres cultivables ne contiennent plus d'humus, seulement des engrais chimiques et des pesticides. Les aliments sont sans valeur nutritive, souillés, parfois dangereux pour la santé. On attend, en s'enfonçant la tête dans le sable pour ne pas voir, la montée inexorable des eaux suite au réchauffement climatique dû à l'effet de serre. On se lève le matin sous la menace d'un nouveau Tchernobyl tout en sachant qu'à l'étal du boucher des gigots d'agneau au thym portent encore des traces radioactives du précédent.

Ce n'est pas un scoop. Encore une fois tout le monde sait que la vie sur la Terre est condamnée à plus ou moins long terme ou à plus ou moins brève échéance, comme on veut. Mesures et études scientifiques l'attestent, le diagnostic est clair. Tout un chacun le constate quotidiennement. C'est d'ailleurs facile à comprendre. Le noyau terrestre et le rayonnement solaire, par leurs apports énergétiques, on l'a vu, font de la Terre une planète vivante, assurant le renouvellement et la purification de l'eau, de l'air, de la terre. La vie sur la Terre repose sur ces trois éléments. Si on les souille et les épuise plus vite que la dynamique terrestre et le Soleil ne peuvent les régénérer... pas besoin de sortir de polytechnique ou de l'ENA pour deviner ce qui nous attend. Oh ! bien sûr, une civilisation qui disparaît ce n'est pas grave – c'est déjà arrivé souvent – quand il y en a d'autres prêtes à prendre la relève. Mais nous sommes aujourd'hui sur la Terre une « monocivilisation » : du pôle Sud au pôle Nord, sur les cinq continents, nous sommes tous en blue-jean, nous alimentant de frites et de hamburgers, les yeux rivés sur un écran, l'oreille scotchée à un portable. Et si une « monocivilisation » s'éteint, il ne reste plus personne. En ce cas c'est bien de la fin d'une espèce qu'il s'agit.

Aussi catastrophique que puisse être l'état de la Terre aujourd'hui, il suffirait de vouloir qu'il en soit autrement, immédiatement, pour que dans dix ou vingt ans, elle ait retrouvé la santé – à part quelques effets rémanents qui s'effaceront plus lentement. Aussi dramatique que puisse être l'état de la Terre, ce n'est pas le plus inquiétant. Le pire est ailleurs.

Cherchons-le. Pas besoin d'aller bien loin.

Si on regarde bien au fond de nos yeux on n'y découvre pas toujours la lumière. Les dirigeants des pays, présidents, chefs de gouvernement, élus – c'est-à-dire nous tous, puisque c'est nous qui les élisons ! – portent généralement plusieurs casquettes, font de beaux discours sur l'environnement à vous tirer les larmes, participent à des sommets sur le développement durable et, hop, sautent dans un avion avec des chefs d'entreprise pour aller relancer une production pétrolifère ici, vendre des armes ou des centrales nucléaires là. On parle d'une voix ministérielle bien posée d'impulser le ferroutage pour atténuer l'effet de serre et en même temps on ferme des gares jugées non rentables qui auraient pu être reconverties. Quand j'étais enfant, on appelait ça mentir. On déplore, on se scandalise – à juste titre – de la pédophilie, des agressions, des viols... et on se met devant la télé pour en voir et revoir encore. On est touché au plus profond de nous-mêmes par le suicide des adolescents, leur lente descente aux enfers avec les drogues... sans voir que vivre dans la seule perspective de remplir son caddie, consommer comme des veaux, baver devant la télé, n'a rien d'enthousiasmant. S'étonner de la non-écoute, de l'agitation, de l'agressivité des enfants en classe est surprenant puisqu'ils voient les adultes faire de même à longueur de journées.

Cinq cents pages n'y suffiraient pas. Ce n'est pas la Terre qui est malade, c'est nous qui le sommes.

Canotage

À la célèbre maxime « Il n'y aura pas la paix sur la Terre tant que nous ne l'aurons pas faite en nous », en la parodiant, on pourrait ajouter : la Terre ne sera pas propre tant que nous n'aurons pas fait le ménage dans notre tête. Puisque l'échelle de la complexité que nous avons gravie tout au long de cet ouvrage est parvenue jusqu'au cerveau, le plus haut niveau d'organisation connu à ce jour, c'est bien là qu'il nous faut retourner maintenant. Non pas en spécialistes mais en amateurs, ce qui n'empêche pas de réfléchir.

Le sens du mot « esprit » dont nous avons parlé précédemment s'apparentait à l'essence de l'être, parcelle d'universalité, lien spirituel entre le soi et le tout. Nous avons vu que ce n'est pas une entité imaginaire de doux rêveurs mais qu'il est bien présent dans notre cerveau. Mais on peut aussi définir l'esprit comme l'ensemble des activités mentales associées à la pensée : réfléchir, réceptionner et classer des informations tant sensitives qu'affectives, fouiller dans la mémoire pour faire resurgir le passé, projeter le présent dans le futur, mettre en place des stratégies, même prendre des illusions pour des réalités ! Etc. Cet esprit fonctionne tout seul, continuellement en journée, occasionnellement la nuit en élaborant les rêves, qui sont généralement les reflets de la vie diurne mais parfois des ouvertures sur un autre monde.

En simplifiant, on pourrait dire que notre encéphale contient deux esprits : l'esprit ordinaire dans le sens d'usuel et l'esprit supérieur dans le sens d'universel.

L'esprit ordinaire est celui qui est à notre service pour satisfaire d'abord et avant tout notre « moi-moi » adoré. Assurer en priorité bien plus que nos besoins fondamentaux. Mentir un peu sur les bords si ça peut nous arranger. Enfoncer quelqu'un au passage si ça peut nous mettre un peu plus en valeur. Voir la responsabilité défaillante de l'autre avant la sienne. Soigner notre petit confort en espérant surtout ne pas être dérangé... Est-il nécessaire de continuer ? Cet esprit-là ne connaît pas le répit ni les 35 heures. Il calcule, combine et manie les couteaux.

Mais nous connaissons tout aussi bien l'esprit supérieur. Quand une musique nous emporte dans un autre monde. Quand une nuit d'été on touche les étoiles du bout des cils. Quand on nage dans un lac les yeux éclaboussés de gouttes de Soleil. Quand on est vague dans les vagues, tel un bouchon dans l'océan. Quand on est hirondelle découpant le ciel bleu. Quand on est coquelicot dans un champ d'herbes folles. Quand nos yeux se perdent et se retrouvent dans ceux d'une compagne et symétriquement. Alors le temps s'arrête. Alors pour un instant l'esprit universel nous habite. Alors naturellement le monde est beau. Le repos de l'esprit.

Comme pince-mi et pince-moi dans un bateau, quand l'esprit ordinaire tombe à l'eau reste l'esprit supérieur. Et inversement. Ils naviguent dans le même cerveau.

Synapses

Préalablement nous avons envisagé la « conscience » comme la possibilité qu'a l'homme de penser ou sentir qu'il est, qu'il existe, c'est le fameux « roseau pensant ». C'est la conscience de soi. Elle est fondamentale. On sait qu'un enfant qui n'a pas été spécialement le bienvenu ou qui crée déception à son arrivée – mince, ce n'est pas le bon sexe ! –, qui connaît le froid affectif, qui n'est pas rempli du regard parental, risque plus tard, devenu adulte, de ressentir, sans bien en savoir la cause, un vide intérieur, la sensation de ne pas exister aux yeux des autres. D'où peut-être une quête perpétuelle ou un désir insatiable de combler avec des substituts (excès alimentaires, boisson, tabac, drogues...) ou une recherche d'identification auprès d'autres adultes pour le meilleur ou le pire. À l'opposé l'enfant-roi va finir par croire que sur la Terre il n'y a que lui. Il fera l'adulte ma, mon, mes. Ma douche, ma voiture, ma femme, ma télé, mon match de foot, mon compte en banque, mon mari, mes frites, mes robes, mes actions en bourse.

Le mot conscience est formé de « con » qui signifie « avec » et de « science » qui égale « savoir ». La conscience est donc cette gymnastique mentale qui consiste à « savoir » comment je me comporte « avec ». Comment je me comporte « avec » mon corps. Combien de personnes qui pour rien au monde ne mettraient une huile de mauvaise qualité dans le moteur de leur voiture avalent n'importe quoi : résidus de pesticides et d'engrais, colorants synthétiques, nitrates avec les carottes et les épinards, OGM... etc. Comment je me comporte « avec » les autres : réaliser que je fais des choses que je n'aimerais sûrement pas qu'on me fasse. Comment je me comporte « avec » la Terre : quand je jette dans le caniveau le white-spirit usagé qui a servi à nettoyer mes pinceaux, je souille inévitablement l'eau de la nappe phréatique. Quand je laisse éclairé inutilement dans une pièce, je cautionne la construction de centrales nucléaires. Quand je prends inutilement ma voiture, j'empoisonne l'air et contribue à l'effet de serre. C'est aussi la manière dont je me comporte lors d'élections : mettre un bulletin dans l'urne en faisant confiance aux langues de bois qui blablatent sur l'environnement tout en maintenant en l'état la PAC et l'OMC, je tue de la vie sur la Terre : plantes, animaux et hommes confondus. Oui, des hommes aussi.

La conscience est donc ce qui relie, qui fait le lien entre les causes et les effets. Les neurones s'activent, les informations circulent entre les différentes aires cérébrales. Alors suffirait-il de « savoir » comment je me comporte « avec » les autres, « avec » l'eau, la terre, l'air, pour que demain règne la paix et que reluise la Terre ? Je crains qu'un professeur de maths ne mette en rouge sur la copie « nécessaire mais non suffisant ». Car tout le monde sait. Tout le monde tire les sonnettes d'alarme. Tout le monde rêve d'air pur, d'humus et de sources claires – les marchands d'eaux minérales l'ont bien compris. On rêve de vérité, de liberté, de paix. Y aurait-il entre la réalité et le rêve un gouffre infranchissable ? Entre l'esprit ordinaire et l'esprit universel un abîme infranchissable ?

Possible

Si on voit assez bien ce qu'est notre esprit ordinaire - ce discours intérieur fatigant, incessant, qui me ramène toujours à « moi-moi » – peut-être a-t-on plus de mal à cerner l'esprit supérieur, universel. Nous avons dit qu'il nous emmène dans un « ailleurs » mental où nous connaissons le bonheur parce que notre petite personne s'est estompée. Mais s'agit-il vraiment d'un « ailleurs » ?

Voyager permet généralement de prendre du recul par rapport à ce qu'on vivait avant de partir. Voyager 14 milliards d'années nous rappelle, si besoin était, à quel point nous sommes faits de la matière de l'Univers, porteurs de ses inénarrables aventures, de ses plus folles péripéties. Nous ne sommes pas, nous hommes du XXIe siècle, dans l'Univers, nous sommes l'Univers. Ce n'est pas une expression pour faire bien, ou vaguement poétique. Non. Il ne s'agit pas non plus d'une vue de l'esprit, d'une contorsion mentale d'intellectuel (le), d'un processus imaginaire fantasque. C'est une réalité. En bout de chaîne alimentaire nous avons goûté à toutes les chairs de la création, nous nous en sommes nourris, de génération en génération, d'espèce en espèce, depuis 700 millions d'années. Les atomes de notre patrimoine génétique (ADN) ont été fabriqués dans les étoiles. Quarks, électrons et autres particules de notre matière grise ont jailli du vide originel, du Big Bang. Bien plus, toutes les particules de mon corps et toutes les vôtres, lecteurs, – et celles de la tourterelle qui roucoule devant ma fenêtre ouverte – toutes nos particules donc étaient en contact – excusez pour la promiscuité – dans le creuset primordial. Nous avons parcouru l'Univers ensemble, joué à saute-étoile de nébuleuse en nébuleuse, allumé les feux des supernovæ… avant d'atterrir sur notre petite planète. L'expérience E.P.R. (voir page 63) généralisée nous suggère que même éloignés maintenant, vous et moi et la tourterelle et… ne faisons qu'un. Que nous sommes reliés. Que nous et notre environnement formons un tout. Nous sommes tous inexorablement intriqués. Alors, cracher sur la Terre c'est me cracher dessus. Asperger des arbres de napalm ou des cultures de pesticides c'est brûler ma peau. Tirer sur quelqu'un c'est retourner l'arme contre moi. Allons bon, voilà que je repars sur les activités de l'esprit ordinaire alors que je souhaitais mieux appréhender l'esprit universel…

Donc, on repart. Comme le pain – le vrai bon pain artisanal ! – est la sublimité d'un mélange de farine, d'eau, de sel et de levain, nous, nous sommes l'apothéose d'un soufflé de particules façonné par 14 milliards d'années de vie aventureuse. L'esprit universel est en nous. Pas besoin de le chercher ailleurs. Tomber amoureux, chanter sous la douche, dormir à la belle étoile, accompagner un saxo dans la nuit, gravir une montagne au soleil levant, grappiller des cerises dans une corbeille tressée à la main… c'est se retrouver soi, fleur d'étoile et fleur des champs. Pour un temps le temps n'existe plus. Pas plus qu'il n'existe pour celui qui plonge dans l'eau glacée pour sortir une personne qui se noie. Ou pour celui qui spontanément dit bonjour à son voisin qui vient d'emménager. Ou pour celui qui instinctivement partage son sandwich avec un autre sur un banc. Ou pour celui qui, au risque de sa vie, arrête un maffieux de la drogue. Ou pour celui qui, sans une hésitation – j'allais dire sans réfléchir – opte pour les énergies renouvelables. Ou pour celui qui… Une encyclopédie n'y suffirait pas. Ceux-là laissent naturellement l'esprit universel agir en eux, faire le premier pas. L'esprit universel, l'esprit clair et transparent, existe en nous depuis toujours.

Chercheur de têtes

L'histoire de l'évolution du vivant montre bien comment l'esprit ordinaire a pris racine en nous. Pour manger, se développer, se reproduire, sous la forme végétale ou animale, nous avons dû lutter. Tuer pour vivre. Liseron dans une forêt nous avons étouffé la plante qui nous soutenait. Serpent nous avons avalé des souris. Lion nous nous sommes repus de gazelles. Intégrant les lignées humaines nous avons encore tué : des animaux pour manger, peut-être des semblables si nous étions deux clans pour une même proie. Il a fallu mettre en place des stratégies, combiner, se camoufler, se déguiser, attaquer, étouffer, saigner. Petit à petit, avec le temps, nous avons été confrontés à un problème à trois dimensions : l'espace, le bol alimentaire, la population. C'est pire aujourd'hui. La Terre est inextensible, les réserves alimentaires sont à gérer attentivement, la population croît à la folie. Alors la lutte continue sur la lancée du passé, la poursuite des réflexes de survie acquis en 700 millions d'années.

Et on éduque nos enfants dans le contexte de cette équation à trois inconnues. Il faut se faire une place à tout prix, au besoin sur le dos de quelqu'un d'autre. Dès la petite enfance on privilégie les jeux éducatifs – comme si tout jouet ordinaire, même une ficelle ou une boite de conserve – n'était pas déjà en soi un enseignement. Non, il faut vite savoir compter, écrire pour essayer d'entrer en sixième avec un an d'avance, deux seraient encore mieux ; faire de l'informatique et de l'anglais pour apprendre à communiquer alors que les repas de famille se passent dans un silence pesant ou devant la télé. Il faut se former à la rivalité au lieu de s'initier à la collaboration, l'entraide, la réflexion commune. Découper la connaissance en rondelles de saucissons – les programmes – au lieu de sentir le lien entre toutes choses pour à la fin du cycle scolaire enfiler le costume de la conformité pour espérer décrocher un emploi, quitte à laisser sa personnalité au portemanteau.

Ainsi est formé, du berceau à la retraite, notre esprit ordinaire. Notre esprit supérieur est considéré comme inexistant, sans valeur. Ressorti parfois in extremis quand s'approche la mort et que la partie matérielle de la vie pour laquelle nous avons exclusivement vécu ne pèse plus bien lourd.

Mais la conscience, autre résident du cerveau, veille au grain si on ne l'endort pas ou ne l'étouffons pas. La conscience réflexive relie. Elle unifie mon corps et mes pensées (la conscience de soi). Elle fait le lien entre ma santé et ce que je mange, bois et respire (conscience planétaire). Elle me lie aux autres, ce qu'ils font pour moi, ce que je fais pour eux (la conscience professionnelle). Elle tend des fils entre mon cœur et celui des autres (la conscience de la souffrance, de l'empathie, de la joie partagée). Elle me relie au visible et à l'invisible (conscience de la vie et de la mort).

Et si la conscience réflexive s'avérait être alors le passeur possible (l'ascenseur) entre l'esprit ordinaire et l'esprit universel ? Mais entre les deux se trouve Pavlov ! Pavlov (1849-1936) bien connu pour avoir travaillé sur les réflexes conditionnels : le chien qui salive automatiquement à la simple vue de sa gamelle ! D'autres exemples ? Moi qui sais très bien que je ne dois pas mettre à la poubelle les piles usagées et le fais quand même car on faisait comme ça autrefois – et que personne ne me voit le faire ! Moi qui, d'emblée, entre en rivalité ou en conflit avec telle ou telle personne parce qu'inconsciemment elle me rappelle ma sœur ou mon frère ou ma cousine ou mon cousin... Moi qui, à la vue d'un oiseau, lève un fusil imaginaire parce que mon oncle m'emmenait à la chasse quand j'étais enfant et qu'il était mon modèle d'identification à l'époque. Les oiseaux, symboles de liberté, sont faits pour voler et nous entraîner dans leurs arabesques célestes... Moi qui...

C'est pas gagné

On ne se débarrasse pas si facilement des plis inconvenants de l'enfance, des habitudes héritées de la famille, des aberrations et égarements de la société dans laquelle on baigne, des blessures de 2 000 ans de guerres, des réflexes carnivores de 700 millions d'années. Il faut procéder à un vide grenier. Une introspection rigoureuse, un travail psychologique, un vouloir opiniâtre... peuvent contribuer à stimuler notre réflexion, nous faire mesurer le fossé entre notre conduite routinière et notre véritable nature, amorcer un nettoyage en profondeur des scories qui traînent dans les recoins. Acquérir progressivement une conscience claire. Alors, les pensées, les paroles, affûtées chaque jour, sans complaisance ni culpabilité, à la pierre à aiguiser de la clairvoyance devraient bien finir par s'épurer. Les gestes du quotidien devraient bien finir par s'affiner. Les actes devraient bien finir par être justes et bien posés. Finalement, se coltiner Pavlov à longueur de journée, lui tenir tête pied à pied, c'est utiliser notre conscience pour passer en continu de l'esprit ordinaire à l'esprit universel.

Il est courant de se poser la question du propre de l'homme, ce qui le différentie des autres animaux. Bien sûr ont été proposés l'usage de l'outil, la bipédie, le langage, le rire, la vie en société... etc. Puis on s'est aperçu que bien des animaux ont, à des degrés divers et sous des formes différentes, accès à ces attributs. Au terme de ce voyage je me demande si le propre de l'homme n'est pas sa capacité d'autotransformation.

Homo sapiens sapiens, peut-être ne sommes-nous pas sur le dernier degré de l'échelle de la complexité. Peut-être l'*Homo conscientus universalis* est-il le barreau suivant à atteindre.

On peut attendre une bienheureuse mutation génétique installant au milieu des neurones, tel un agent technique superqualifié, les connexions nécessaires. Les mutations bénéfiques sont extrêmement rares !

On peut aussi s'essayer à faire de notre quotidien une répétition de ce que sera la vie quand notre esprit, la Terre et l'Univers ne feront qu'un, une seule et même partition. On peut commencer demain. Demain ? Non, aujourd'hui. On peut choisir, par la chance de la démocratie là où elle existe, des dirigeants intègres, vrais, qui privilégient les hommes à l'attelage de l'économie et du profit à tout prix, qui font passer la Terre avant leur carrière. Ils existent. Mettons-les en place. On peut sélectionner et consommer les produits de saison, cultivés localement, sainement – et tellement meilleurs. Les autres resteront sur les étalages. On peut boycotter les produits industriels issus d'usines qui ne respectent ni les règles d'antipollution ni les lois sociales. Seules les entreprises saines perdureront. On peut nettoyer l'audiovisuel en modulant comme on veut les taux d'écoute en fonction de la qualité des images diffusées. On peut ramener à son juste niveau la publicité en cessant de croire aux illusions qu'on nous agite sous le nez. On peut exiger des IUFM (Institut universitaire de formation des maîtres) des programmes poussés en psychologie et en sciences éducatives : l'humain avant l'informatique. On peut faire appel exclusivement aux artisans qui forment les apprentis autant à la conscience professionnelle qu'à la maîtrise de leur technique : que ce soit inscrit en noir sur blanc dans les appels d'offres. On peut... Trois mille pages n'y suffiraient pas.

N'attendons pas la pilule miracle. N'attendons pas le grand soir. Le grand soir c'est chaque matin quand, se maquillant pour les unes, se rasant pour les autres, on voit dans la glace, au fond de nos yeux, cet appel à chevaucher le vent du large, à rejoindre l'esprit universel qui, bien que momentanément caché, existe en nous depuis toujours.

Alors c'est quoi la vie ?

La chance de pouvoir se transformer. Chaque jour. Chacun à son propre niveau. L'effet boule-de-neige se chargera du reste.

Les circonvolutions de notre cerveau contiennent déjà les neurones nécessaires et suffisants pour nous permettre de choisir ce que sera demain pour nous : une espèce disparue ou une espèce qui prolongera cette histoire en se hissant sur le niveau potentiel situé juste au-dessus de nous, si près. *Homo conscientus universalis.*

À s'endormir la tête dans les étoiles.

TABLE DES MATIÈRES

REMERCIEMENTS

Que d'ouvrages scientifiques de haut niveau m'ont permis de suivre, au fur et à mesure de leur parution, la longue ascension de la matière, de ses poussières originelles à sa plus haute organisation !

Que soient ici chaleureusement remerciés : Trinh Xuan Thuan, H. Reeves, E. Klein, C. Allègre, A. Brahic, B. Nicolescu, J.-M. Pelt, Y. Coppens, S.J. Gould, P. Picq, D. Denton, J.-C. Eccles, D. Lewis-Williams, Sogyal Rinpoché, et tout particulièrement Y. Paccalet pour son érudition et sa modestie.

Revues scientifiques et ouvrages scolaires m'ont aussi aidé à expliquer plus clairement (du moins je l'espère !) ce qui est parfois un peu compliqué.

Certains dessins de cet ouvrage sont issus de mon imagination, d'autres des livres des auteurs précités. Les textes sont passés sous le regard vigilant et amical de Brigitte Dieuaide. Qu'elle en soit remerciée ainsi que l'équipe technique qui a contribué à la forme définitive.

Merci infiniment à Monsieur Albert Jacquard. Bien sûr pour avoir été le premier à lire le manuscrit et avoir accepté d'y apporter une touche supplémentaire avec sa préface. Mais surtout pour la lucidité, la conscience, la persévérance et le courage avec lesquels il essaye, dans le quotidien, d'habiller l'humanité d'un peu plus d'humanité.

Un immense merci à H. Bonneuil et C. Albert pour leur indéfectible soutien et leur amitié.

À tous les auditeurs des conférences des universités pour tous de Lyon, Saint-Étienne et autres antennes de la région Rhône-Alpes pour leur enthousiasme à suivre assidûment le « transunivers » dans ses moindres détours, un voyage de 14 milliards d'années, du vide originel aux neurones fumants d'une petite peuplade s'accrochant à une planète en voie de disparition !

J'exprime toute ma gratitude à Messieurs D. Bigourdan et J.-P. Barriolade, éditeurs, qui aiment à faire se côtoyer les sciences dites exactes, les sciences de la nature et les sciences humaines sur les chemins de l'édition, au carrefour de toutes les connaissances possibles pour une Terre bien « habitée ».

Dans la collection

"LA PENSÉE ÉCOLOGIQUE"

LA DÉCROISSANCE.
Entropie, écologie, économie.
Nicholas Georgescu-Roegen
Préface de Jacques Grinevald

LA CONDITION ANIMALE.
Plaidoyer pour un statut de l'animal.
Laurianne d'Este
Préface de Allain Bougrain-Dubourg

ALERTE AUX VIVANTS ET À CEUX QUI VEULENT LE RESTER.
Pour une renaissance agraire.
Pierre Gevaert
Préface de Pierre Rabhi

LA FIN ANNONCÉE D'HOMO SAPIENS SAPIENS.
Sauver la planète, changer la société
Lauriane d'Este
Préface de Pierre Pfeffer

DU BIG BANG
À L'HOMO CONSCIENTUS UNIVERSALIS
ISBN 978-2-86985-176-4
Achevé d'imprimer : Jouve, Paris
Dépôt légal : premier trimestre 2007
Numéro d'édition : 86985
N° d'imprimeur : 421975G
IMPRIMÉ EN FRANCE

en collaboration avec la société AGM
48 chemin du bas des Vignes
85770 VIX

TWAPI MOA
Un lien entre les êtres

GRAPHISME • COMMUNICATION • ÉDITIONS

Maquette et mise en page : Delphine Brossard (contact@twapimoa.com)
assistée de Sandra Rousse